社区种子银行
起源，演变与展望

Community Seed Banks: Origins, Evolution and Prospects

〔荷〕罗尼·魏努力（Ronnie Vernooy）

〔尼泊尔〕潘泰巴尔·施莱萨（Pitambar Shrestha）编著

〔尼泊尔〕布旺·萨彼特（Bhuwon Sthapit）

宋一青　李管奇　田秘林　程伟东　谢和霞　等　译

李管奇　张艳艳　宋一青　校

U0287397

科学出版社

北京

图字：01-2021-2988 号

内 容 简 介

社区种子银行最早出现于 20 世纪 80 年代末，由国际与各国民间组织推动建立，在世界范围内得到快速推广。尽管社区种子银行已有 30 多年历史，数量、多样性和推广速度一直在迅速增加，但是人们对其作用、贡献和价值所知甚少。本书回顾了社区种子银行的历史、演变、经验教训、挑战和前景，同时包含了广泛的研究案例，是第一本关于全球范围社区种子银行历史与发展情况的图书。

本书可供从事农业生物多样性保护与利用的研究者和基层实践者，农业、环境保护部门的决策者和工作者，大专院校师生阅读、参考。

Community Seed Banks: Origins, Evolution and Prospects by Ronnie Vernooy, Pitambar Shrestha and Bhuwon Sthapit.

Copyright © 2015 Bioversity International. Authorized translation from English language edition published by Routledge, part of Taylor & Francis Group LLC. All Rights Reserved.

本书原版由 Taylor & Francis 出版集团旗下 Routledge 出版公司出版，并经其授权翻译出版。版权所有，侵权必究。

Science Press is authorized to publish and distribute exclusively the Chinese (Simplified Characters) language edition. This edition is authorized for sale throughout Chinese Mainland. No part of the publication may be reproduced or distributed by any means, or stored in a database or retrieval system, without the prior written permission of the publisher.

本书中文简体翻译版授权由科学出版社独家出版并在限在中国大陆地区销售。未经出版者书面许可，不得以任何方式复制或发行本书的任何部分。

Copies of this book sold without a Taylor & Francis sticker on the cover are unauthorized and illegal.

本书贴有 Taylor & Francis 公司防伪标签，无标签者不得销售。

图书在版编目（CIP）数据

社区种子银行：起源，演变与展望/(荷)罗尼·魏努力（Ronnie Vernooy），(尼泊尔)潘泰巴尔·施莱萨（Pitambar Shrestha），(尼泊尔)布旺·萨彼特（Bhuwon Sthapit）编著；宋一青等译. —北京：科学出版社，2022.3

书名原文：Community Seed Banks: Origins, Evolution and Prospects

ISBN 978-7-03-071430-5

Ⅰ.①社… Ⅱ.①罗… ②潘… ③布… ④宋… Ⅲ.①社区–种子库–历史–研究–世界 Ⅳ.① S339.3

中国版本图书馆 CIP 数据核字（2022）第 025692 号

责任编辑：陈 新 闫小敏/责任校对：杨 然
责任印制：肖 兴/封面设计：无极书装

科学出版社 出版

北京东黄城根北街 16 号
邮政编码：100717
http://www.sciencep.com

三河市春园印刷有限公司 印刷
科学出版社发行 各地新华书店经销

*

2022 年 3 月第 一 版 开本：720×1000 1/16
2022 年 3 月第一次印刷 印张：16 1/4 插页：8
字数：350 000

定价：228.00 元
（如有印装质量问题，我社负责调换）

《社区种子银行：起源，演变与展望》
翻译和校对人员名单

翻　译

宋一青　李管奇　田秘林　程伟东

谢和霞　王云月　张　啸　张艳艳

梁海梅　洪　蓓

校　对

李管奇　张艳艳　宋一青

译者的话

农业生物多样性就地保护与可持续利用是保障粮食及种子安全、促进农业绿色转型和乡村振兴的基石。过去 30 多年的时间里，国内外涌现出"社区种子银行"这一农业生物多样性就地保护与可持续利用的重要机制，并已成为小农户和妇女发挥首创精神、参与种子保护与利用的重要载体。当前，社区种子银行在全球范围内发展迅速，得到众多国家和地方政府的认可、支持。中国的社区种子银行也呈现蓬勃发展的势头，目前已有近 40 家且还在持续增加中，不断进步的实践探索要求国内外经验的相互借鉴，因此便有了《社区种子银行：起源，演变与展望》这本书的引进、翻译和出版。

该书英文版出版于 2015 年，是社区种子银行这一领域第一本对全球案例做出系统收集和分析的综合性专著。该书英文版编著者罗尼·魏努力（Ronnie Vernooy）、潘泰巴尔·施莱萨（Pitambar Shrestha）、布旺·萨彼特（Bhuwon Sthapit）是国际上最早的社区种子银行推动者，也是社区种子银行和种质资源保护与利用的资深研究者。该书的翻译出版将有助于促进中国的农业生物多样性就地保护与利用、社区种子银行推广，为中国的研究者、实践者、决策者提供理解框架与国际视野，为农业生物多样性保护与利用、农业绿色发展、乡村振兴提供有益启示。

宋一青博士是《社区种子银行：起源，演变与展望》引进、翻译的主要策划人，也是该书的统稿人和审校者。该书由宋一青、李管奇、田秘林、程伟东、谢和霞、王云月、张啸、张艳艳、梁海梅、洪蓓共同翻译，具体分工如下：李管奇负责第 1 章和第 33 章，田秘林负责第 2 章、第 3 章和第 26 章，张啸负责第 4 章和第 30 章，王云月负责第 5 章和第 38 章，张艳艳负责第 6 章和第 44 章，谢和霞负责第 7 章，程伟东负责第 8 章和第 34 章，梁海梅负责第 18 章，洪蓓翻译了其余章节。

该书的翻译和出版得到了原著作者罗尼·魏努力（Ronnie Vernooy）博士的大力支持，他为该书的翻译和版权引进提供了无私的帮助。中国参与式选育种团队的张宗文、高世斌、黄开建、覃兰秋、梁云涛等专家对译文提出了具体修改意见。杨莉女士协助校对了全书文稿。本书翻译得到了香港乐施会的大力支持，刘源女士、洪力维先生不仅针对翻译文稿提出了修订建议，也为该书出版提供了诸多便利和支持。科学出版社的陈新先生为本书出版付出了宝贵精力。在此，一并致谢。

译　者
2021 年 8 月

本书贡献者简介

阿新祥　发展学硕士，在云南省农业科学院从事水稻育种和遗传资源研究。

乔伊斯·阿多科拉克（Joyce Adokorach）　环境与自然资源科学硕士，乌干达国家农业研究中心研究员、民族植物学研究者。

安娜·克里斯提那·阿尔瓦伦加（Anna Crystina Alvarenga）　农业生态学硕士，巴西北米纳斯替代农业研究中心农艺学家、研究员。

卡洛斯·安东尼奥·阿维拉·安迪诺（Carlos Antonio Ávila Andino）　洪都拉斯农业参与式研究基金会（FIPAH）农艺学家和地区项目协调人。

伊拉贾·弗雷拉·安图尼斯（Irajá Ferreira Antunes）　农业生物多样性与作物育种学博士，在巴西农业研究公司（EMBRAPA）研究巴西大豆地方品种。

弗拉维奥·阿拉贡-奎瓦斯（Flavio Aragón-Cuevas）　遗传学学士、硕士，墨西哥农林研究所研究员，负责墨西哥瓦哈卡的本地品种基因库和社区种子银行。

白可喻　生态学博士，国际生物多样性中心东亚办事处副协调员、研究员，主要研究草场生态资源管理、农业生物多样性保护与利用。

布伦丹·贝尔曼（Brendan Behrmann）　图书与信息科学硕士，加拿大多伦多种子收藏馆首席管理员，热心于自留种、露营及替代性图书馆倡导。

凯蒂·伯格（Katie Berger）　环境研究科学硕士，可持续食物体系研究者，作家，反资本主义社区组织者，加拿大多伦多种子收藏馆创始人。

吉尔伯托·A. P. 比维拉夸（Gilberto A. P. Bevilaqua）　种子技术博士，巴西农业研究公司温带气候分部农艺学家。

巴拉特·班达里（Bharat Bhandari）　生物多样性科学硕士，加拿大一位论教派服务委员会（USC Canada）派驻尼泊尔的高级农业专家，工作方向为生态农业发展。

萨蒂·布杜（Satie Boodoo）　特立尼达和多巴哥 SJ 留种项目经理。

保罗·伯多尼（Paul Bordoni）　国际生物多样性中心研究员（农业生物多样性和知识管理），在南非开普敦大学研究正式种子系统与非正式种子系统。

哈马德恩·博雷（Hamadoun Bore）　马里博雷（Bore）村社区种子银行的农民管理员。

马尔温·约埃尔·戈麦斯·采尔纳（Marvin Joel Gómez Cerna）　洪都拉斯农业参与式研究基金会（FIPAH）农艺学家、地区项目协调人。

帕舒帕蒂·乔杜里（Pashupati Chaudhary）　环境科学博士，尼泊尔地方生物多样性研究与发展计划（Local Initiatives for Biodiversity, Research and Development, LI-BIRD）项目总监。

拉布·伊斯拉姆·楚努（Rabiul Islam Chunnu） 拥有社会科学学位，从事孟加拉国替代性发展政策研究。

戴陆园 遗传育种学博士，云南省科学技术协会副主席，从事云南野生稻和其他水稻种质资源研究。

萨拉·葆拉·达勒（Sarah Paule Dalle） 博士，加拿大一位论教派服务委员会（USC Canada）驻埃塞俄比亚"生存的种子"项目经理，负责机构规划、监测和评估。

卡洛斯·阿尔伯托·戴雷尔（Carlos Alberto Dayrell） 农业生态学与农村可持续发展科学硕士，巴西北米纳斯替代农业研究中心研究员。

拉沙娜·德夫科塔（Rachana Devkota） 农业经济学硕士，尼泊尔地方生物多样性研究与发展计划（LI-BIRD）项目协调人。

吕西安·D'. 德胡赫（Lucien D'Hooghe） 建筑与公共事务学学士，救济世界饥饿组织（Welthungerhilfe）驻乌干达和布隆迪国别代表、项目经理。

特莱辛哈·阿帕莱西亚·伯吉斯·迪亚斯（Terezinha Aparecia Borges Dias） 生态学硕士，巴西农业研究公司遗传资源与生物技术部门农艺学家。

马比章·安杰利内·迪比洛恩（Mabjang Angeline Dibiloane） 农业管理学学士，动物科学硕士，南非农林渔部粮食进出口标准制定办公室技术信息高级官员。

阿德·哈马德恩·迪科（Ada Hamadoun Dicko） 农村发展管理学硕士，负责加拿大一位论教派服务委员会（USC Canada）驻马里"生存的种子"项目的实施、监测、评估。

董超 硕士，在云南省农业科学院从事布朗族水稻品种研究。

纳迪·拉贝洛·多斯·桑托斯（Nadi Rabelo dos Santos） 巴西农业研究公司农业生态学研究助理。

格隆·杜克帕（Gaylong Dukpa） 不丹布姆唐地区农业官员。

莱昂尼达斯·杜森格蒙古（Leonidas Dusengemungu） 农业推广学硕士，卢旺达农业创新平台社会经济事务负责人，在国际生物多样性中心负责社区种子银行工作。

卡洛·法达（Carlo Fadda） 进化生物学博士，在国际生物多样性中心肯尼亚办公室工作，主要研究农业发展背景下保护工作的复杂性。

克里斯滕·塔瓦莱斯·菲乔（Cristiane Tavares Feijó） 原住民生物多样性和民族学硕士，人类学家，摄影师，在巴西佩罗塔斯联邦大学研究生物多样性管理。

胡安·卡洛斯·赫南德兹·冯塞卡（Juan Carlos Hernández Fonseca） 哥斯达黎加国家农业技术创新传承研究所豆类项目专家。

法比奥·德·奥利维拉·弗雷塔斯（Fabio de Oliveira Freitas） 作物育种学博士，巴西农业研究公司农艺学家。

杰亚·加卢齐（Gea Galluzzi） 农业生物多样性科学博士，与国际生物多样性中心合作研究拉丁美洲农业生物文化多样性保护与可持续利用。

让·鲁维哈尼扎·加普斯（Jean Rwihaniza Gapusi） 生物多样性保护学硕士，在乌干达中东部非洲农业研究协会下的东非作物资源网络担任项目经理。

阿卜杜拉哈曼·戈伊塔(Abdrahamane Goïta) 加拿大一位论教派服务委员会（USC Canada）驻马里"生存的种子"项目负责人。

奥维尔·奥马尔·加利亚多·古斯曼（Orvill Omar Gallardo Guzmán） 洪都拉斯农业参与式研究基金会（FIPAH）农艺学家、地区研究协调员。

梅诺尔·吉耶尔莫·帕翁·埃尔南德斯（Mainor Guillermo Pavón Hernández） 农业管理学学士，洪都拉斯乡村建设项目育种家、协调人。

托比·霍奇金（Toby Hodgkin） 国际生物多样性中心农业生物多样性研究平台协调人、荣誉和客座研究员。

特肖梅·洪杜马（Teshome Hunduma） 自然资源管理与可持续农业科学硕士，挪威发展基金（The Norwegian Development Fund）农业生物多样性政策顾问。

戴夫拉·I. 贾维斯（Devra I. Jarvis） 植物学博士，国际生物多样性中心首席科学家，主持全球多个作物种质资源多样性保护与利用研究项目。

迪利·吉米（Dilli Jimi） 尼泊尔农民带头人，管理塔马法克（Tamaphok）社区种子银行。

马尼沙·吉米(Manisha Jimi) 尼泊尔塔马法克（Tamaphok）社区种子银行成员。

贾哈基·阿拉姆·乔尼(Jahangir Alam Jony) 孟加拉国农业与生物多样性研究者。

帕特里克·卡萨萨（Patrick Kasasa） 农学学士，豆科植物学硕士，负责津巴布韦社区技术发展信托基金（CTDT）的农业生物多样性项目。

雅各布·凯瑞-莫兰德（Jacob Kearey-Moreland） 社会学与哲学学士，记者，公共演说家，系统设计者，在加拿大多伦多种子收藏馆培育种子。

卡迈勒·卡德卡（Kamal Khadka） 作物育种学硕士，尼泊尔地方生物多样性研究与发展计划（LI-BIRD）项目协调人。

E. D. 衣兹瑞·奥利弗·金（E. D. Israel Oliver King） 植物学博士，印度斯万尼瓦桑基金会（MSSRF）首席科学家，主要研究森林圣境、谷子品种、生物多样性社区管理。

凯西·基武卡（Catherine Kiwuka） 植物学硕士，乌干达国家农业研究所就地保护研究员。

N. 库玛（N. Kumar） 经济学硕士，印度斯万尼瓦桑基金会（MSSRF）生物多样性高级研究员。

K. M. G. P. 库玛拉辛赫（K. M. G. P. Kumarasinghe） 新农人，数学教师，斯里兰卡社区生物多样性管理项目田间协调员。

玛乔丽·基奥穆吉沙（Marjorie Kyomugisha） 乌干达国家农业研究所下属的姆

巴拉拉（Mbrara）地区农业研究中心研究员。

伊莎贝尔·拉佩纳（Isabel Lapeña） 环境政策学硕士，种质资源政策与立法方向的律师，目前就职于国际生物多样性中心。

法西马·卡图·里扎（Fahima Khatun Liza） 拥有社会学学位，在孟加拉国从事农作物种子就地保护、选育。

玛西亚·马赛尔（Marcia Maciel） 农学和民族植物学博士，生物学家，巴西种子就地保护独立环境项目顾问。

恩卡泰·莱蒂·马卢莱克（Nkat Lettie Maluleke） 植物学学士，南非国家种质资源中心收集项目官员，负责从生态区收集粮食和农业作物遗传资源。

托马斯·马克思（Thomas Marx） 人文地理学硕士，国际人道救援科学硕士，救济世界饥饿组织（Welthungerhilfe）总部办公室专员。

希尔顿·姆博齐（Hilton Mbozi） 津巴布韦社区技术发展信托基金（CTDT）生物多样性项目农艺学家。

托夫霍瓦尼·穆科马（Tovhowani Mukoma） 农业管理与园艺学学士，南非国家种质资源中心就地保护项目官员。

安德鲁·T. 穆希塔（Andrew T. Mushita） 津巴布韦社区技术发展信托基金（CTDT）执行主任，工作方向是种子、农民权益、农业文化多样性和地方知识系统。

罗斯·南克亚（Rose Nankya） 在国际生物多样性中心的乌干达农业生物多样性与生态系统服务项目中担任生物学专家。

泰奥菲勒·恩达恰伊森加（Theophile Ndacyayisenga） 作物育种学硕士，卢旺达农业部门马铃薯育种专家。

索尼比·N'. 达尼库（Sognigbe N'Danikou） 民族生物学与自然资源管理学硕士，主要研究西非的黄瓜、叶菜作物，以及非洲黑李子（*Vitex doniana*）的繁育。

麦克里斯琴·恩根达班卡（Christian Ngendabanka） 环境规划学硕士，救济世界饥饿组织（Welthungerhilfe）驻布隆迪项目粮食安全协调员。

戈德弗鲁瓦·尼永库鲁（Godefroid Niyonkuru） 农业工程学硕士，救济世界饥饿组织（Welthungerhilfe）驻布隆迪项目监测评估协调员。

安托万·鲁津达纳·尼里吉拉（Antoine Ruzindana Nyirigira） 生物统计学硕士，卢旺达农业部生物统计专家，卢旺达国家基因库生物统计项目负责人。

罗萨尔芭·奥尔蒂斯（Rosalba Ortiz） 生态经济学硕士，挪威发展基金（The Norwegian Development Fund）项目协调人。

格洛丽亚·奥蒂诺（Gloria Otieno） 硕士，国际生物多样性中心驻乌干达的农业经济学家，主要关注粮食与农业种质资源政策。

玛丽亚姆·西·沃洛盖姆（Mariam Sy Ouologueme） 农村发展专家，2013 年前担任加拿大一位论教派服务委员会（USC Canada）驻马里项目社区协调人，负责健康、废弃物管理、农民组织工作。

斯蒂法诺·帕杜罗熙（Stefano Padulosi）　生物学博士，作物种质资源保护与可持续利用专家，在国际生物多样性中心主持多样性市场化研究项目。

米尔顿·品拖（Milton Pinto）　遗传资源和作物技术学硕士，农学家，玻利维亚安第斯产品推广和研究基金会农业生物多样性项目负责人。

乌比拉坦·皮沃赞(Ubiratan Piovezan)　生态学博士，巴西农业研究公司动物学家。

弗劳·伊维特·伊利赞杜·波拉斯（Flor Ivette Elizondo Porras）　社会人类学者，商务管理专家，哥斯达黎加农业部农业技术推广项目和豆类研究项目协调人。

G. 拉吉谢卡尔（G. Rajshekar）　农业推广学博士，就职于印度可持续农业中心，致力于建设社区种子银行和复兴传统作物品种。

G. V. 拉曼贾尼鲁（G. V. Ramanjaneyulu）　农业推广学博士，就职于印度可持续农业中心，目前从事开源种子系统和社区种子企业工作。

马莱尼·拉米雷斯（Marleni Ramirez）　博士，生物学家，体质人类学家，国际生物多样性中心美洲地区主任，同时服务于不隶属其办公室管辖的哥伦比亚卡利（Cali）地区。

K. 拉达·拉尼（K. Radha Rani）　园艺学博士，伊索尔园艺大学科学家，研究蔬菜育种并在印度可持续农业中心从事与种子相关的研究工作。

维尔弗雷多·洛佳斯（Wilfredo Rojas）　作物科学硕士，种质资源专家，玻利维亚安第斯产品推广与研究基金会玻利维亚高原区域办公室协调员。

卡林娜·桑迪贝尔·薇拉·桑切斯（Karina Sandibel Vera Sánchez）　生物学家，担任墨西哥国家粮食与植物遗传资源系统中 11 个蔬菜和水果研究网络的技术评估专家，负责遗传资源的保护、利用及可持续管理。

克里希纳·桑杰尔（Krishna Sanjel）　学士，达尔绰基一名教师，尼泊尔达尔绰基发展委员会志愿者，尼泊尔社区种子银行秘书处成员。

朱丽安娜·圣蒂利（Juliana Santilli）　环境法学博士，律师，研究员，巴西联邦公诉人，主要工作方向是环境与文化遗产法律及公共政策。

罗莎琳达·冈萨雷斯·桑托斯（Rosalinda González Santos）　植物学硕士，在墨西哥国家粮食与植物遗传资源系统方面拥有 5 年多的协调工作经验。

克里斯·施密特（Chris Schmidt）　博士，美国"本土种子/搜寻"计划代理执行主任和前保护项目总监。

潘泰巴尔·施莱萨（Pitambar Shrestha）　农村发展学硕士，尼泊尔地方生物多样性研究与发展计划（LI-BIRD）项目官员。

普拉塔普·施莱萨（Pratap Shrestha）　传统知识管理学博士，加拿大一位论教派服务委员会（USC Canada）驻尼泊尔项目负责人和科学顾问。

阿马杜·西迪贝（Amadou Sidibe）　种子产业学硕士，马里农村经济研究所作物种质资源项目经理，为推动西非地区种子立法和国家育种系统发展做出了贡献。

M. A. 索班（M. A. Sobhan） 植物学博士，在孟加拉国从事作物育种和种质资源保护研究。

布旺·萨彼特（Bhuwon Sthapit） 植物生理学博士，国际生物多样性中心驻尼泊尔办公室高级科学家、地区协调人，主要关注以社区为本的生物多样性管理，在农业生物多样性就地保护、社区种子银行和参与式选育种工作中运用参与式工具方法。

萨亚尔·萨彼特（Sajal Sthapit） 可持续发展与生物保护学硕士，尼泊尔地方生物多样性研究与发展计划（LI-BIRD）项目协调人。

阿斯塔·塔芒（Asta Tamang） 不丹国家生物多样性中心高级项目官员（驻地在廷布）。

汤翠凤 硕士，在云南省农业科学院从事水稻育种和种质资源保护研究。

耶松·蒂卢克（Jaeson Teeluck） 特立尼达和多巴哥 SJ 留种者项目经理，布鲁美农业合作社理事长和 Agro Plus 2007 公司经理。

苏里亚·塔帕（Surya Thapa） 农学学士，参与尼泊尔"援助之手"项目的官员，负责实施南拉利普尔粮食安全项目。

埃弗特·托马斯（Evert Thoma） 国际生物多样性中心助理研究员，负责拉丁美洲和加勒比地区的森林遗传资源及生物多样性保护与利用工作。

朱瓦那·弗劳莱斯·提克纳（Juana Flores Ticona） 农学家，玻利维亚安第斯产品推广和研究基金会农业生物多样性技术项目专家。

塔博·芝卡纳（Thabo Tjikana） 作物遗传资源保护与可持续利用学硕士，在南非基因库负责作物收集工作，目前是南非基因库负责人。

卡罗琳娜·马丁内兹·乌玛那（Karolina Martínez Umaña） 联合国粮食及农业组织驻哥斯达黎加"种子发展"项目的农业经济学家和独立顾问。

迪帕克·乌帕德亚伊（Deepak Upadhyay） 农业经济学硕士，尼泊尔地方生物多样性研究与发展计划（LI-BIRD）项目官员。

雅各布·范·埃滕（Jacob van Etten） 国际生物多样性中心研究员，研究如何提升农业中的生物与环境多样性以应对多变的气候条件。

马尔滕·范·宗内维尔德（Maarten van Zonneveld） 应用生物学博士，国际生物多样性中心驻哥斯达黎加办公室生物多样性保护专家。

罗尼·魏努力（Ronnie Vernooy） 农村发展社会学博士，长期参与农业生物多样性和自然资源管理研究，目前是国际生物多样性中心的作物遗传资源政策专家。

鲁道夫·阿拉亚·维拉劳勃斯（Rodolfo Araya Villalobos） 豆类植物育种和种子生产专家，《中美洲农业振兴》（*Revista Agronomia Mesoamerica*）期刊编辑，哥斯达黎加大学教授。

雷蒙德·S. 沃都赫（Raymond S. Vodouhe） 育种学博士，农学家，从事亚洲稻抗稻瘟病和耐旱性研究，在西非地区基于作物多样性、种子系统研究可持续农业系统对抗不利气候影响。

C. L. K. 瓦库姆比尔（C. L. K. Wakkumbure）　斯里兰卡绿色运动社区生物多样性管理项目经理。

苏珊·沃尔什（Susan Walsh）　博士，加拿大一位论教派服务委员会（USC Canada）执行主任，主要关注加拿大和发展中国家种子与粮食安全问题。

穆伦巴·约翰·瓦斯瓦（Mulumba John Wasswa）　博士，乌干达作物遗传资源中心负责人、国家农业研究组织首席研究员。

徐福荣　博士，在云南省农业科学院传统中草药学院从事传统草药品种的收集、保护工作。

杨雅云　博士，在云南省农业科学院生物技术与种质资源研究所从事传统水稻品种的收集、保护和利用工作。

豪尔赫·伊朗·巴斯克斯·塞莱东（Jorge Iran Vásquez Zeledón）　硕士，森林学专家，尼加拉瓜全国农民联盟农民间学习项目顾问。

张恩来　硕士，就职于云南省农业科学院，参与云南水稻品种多样性与耐旱性研究。

张菲菲　硕士，在云南省农业科学院研究作物抗性生理学和细胞信号传导机制。

致　　谢

我们在全球范围内探寻社区种子银行的旅程之所以能成功，得益于许多同事和朋友的付出、投入，从讨论初步想法直至定稿，感谢他们对本书所做的贡献。

在我们制定本书的理念、设计案例研究、起草社区种子银行功能与服务的分析框架、收集第一本参考资料之时，埃尔萨·安德里厄（Elsa Andrieux）和杰亚·加卢齐（Gea Galluzzi）便加入了我们的"旅程"。杰亚还与他人合写了3篇研究案例。

感谢以下同事为我们找到许多有用的参考资料和联系人：赫尔曼·亚当斯（Herman Adams）、卡玛莱什·阿迪卡里（Kamalesh Adhikari）、露西娅·简·贝尔特拉姆（Lucia Jane Beltrame）、沃尔特·德·伯夫（Walter de Boef）、曼努尔·德拉富卢兹（Manuel Delafoulhouze）、迪马里·利夫雷罗斯（Dimary Libreros）、弗兰切斯卡·甘佩里（Francesca Gampieri）、玛丽亚·加卢奇奥（Maria Garruccio）、海尔佳·格鲁贝格（Helga Gruberg）、杨嬛（Yang Huan）、萨莉·汉弗莱斯（Sally Humphries）、利塞·拉特里姆里（Lise Latremouille）、洛伦索·马焦尼（Lorenzo Maggioni）、马勒尼·拉米雷斯（Marleni Ramirez）、扎卡里·鲁茨（Zachary Rootes）、劳伦特·S. 塞洛莱（Laurent S. Serrure）、弗雷迪·谢拉（Fredy Sierra）、贝尔·巴塔·托尔海姆（Bell Batta Torheim）、瓦莱丽·S. 图伊阿（Valerie S. Tuia）、卡米拉·赞扎纳尼（Camilla Zanzanaini）、南希·津叶巴（Nancy Zinyemba）。

埃利塞乌·贝当古（Eliseu Bettencourt）、格拉斯·德洛贝尔（Grace Delobel）、克劳定丁·皮克（Claudine Piq）和亚历山德拉·瓦尔特（Alexandra Walter）将一些案例研究由法文、葡萄牙文、西班牙文翻译成英文。马加里特·巴伊娜（Margarita Baena）、阿尔文·贝莉（Arwen Bailey）、尼克莱·布朗尼（Nicolle Browne）、埃韦利娜·克兰西（Evelyn Clancy）、玛丽亚·盖林（Maria Gehring）、曼尼德尔·考尔（Maninder Kaur）和玛丽亚·埃克西曼纳·奥坎波（Maria Ximena Ocampo）协助开展了沟通、汇报、行政等工作。迈克尔·海伍德（Michael Halewood）、丹尼·亨特（Danny Hunter）、伊莎贝尔·洛佩兹-诺列加（Isabel López-Noriega）和格洛里亚·奥泰诺（Gloria Otieno）在本书编撰过程中提供了技术与精神方面的支持。国际生物多样性中心原总干事埃米尔·弗里森（Emile Frison）和尼泊尔 LI-BIRD 执行主任巴拉拉姆·塔帕（Balaram Thapa）对本书给予的鼎力支持，让漫长的成书之旅在我们忙碌的日程中能够有条不紊地行进。

德国国际合作机构（GIZ）的迪特尔·尼尔（Dieter Nill）不仅为本书提供了

技术方面的建议，还提供了资金支持。GIZ 机构的阿尔贝托·卡马舒-亨里克兹（Alberto Camacho-Henriquez）从迪特尔那里接过书稿，严格审阅了"社区种子银行关键方面的比较分析"部分的各个章节及多个案例。在蒂姆·哈德威克（Tim Hardwick）和阿什莉·赖特（Ashley Wright）的指导下，出版过程朝着正确的方向迈进。桑德拉·加兰（Sandra Garland）娴熟地编辑了整本书，尤其是成功地"协调"了纷繁多样的案例研究。

我们要特别感谢提供案例研究的100多位作者，以及他们所代表的遥远、未知的农民社区。最后，我们感谢尼泊尔塔马法克（Tamaphok）社区种子银行的塔拉·吉米（Tara Jimi）、萨宾娜·吉米（Sabina Jimi）、卡玛拉·吉米（Kamala Jimi）、马尼沙·吉米（Manisha Jimi）、尚塔·吉米（Shanta Jimi）、比姆·库马里·吉米（Bhim Kumari Jimi）、比娜·吉米（Bina Jimi）愿意登上本书封面，她们7位的笑容为本书封面平添了亮色。

罗尼·魏努力（Ronnie Vernooy）

潘泰巴尔·施莱萨（Pitambar Shrestha）

布旺·萨彼特（Bhuwon Sthapit）

目　　录

第一篇　社区种子银行关键方面的比较分析

第1章 社区种子银行：丰富多彩却鲜为人知的发展历程

1.1 社区种子银行历经三十载方兴未艾

在乡村一级提出种子保护计划的倡议已有 30 年的历史，设计和实施这些计划的初衷是保护、恢复、振兴、加强与改善本地种子系统，此外保护对象包括但不限于本地品种。为此各种努力以不同的形式和名目付诸实施，如社区基因库、农民种子室、种子棚、种子财富中心、留种小组、协会或网络、社区种子储备库、种子收藏馆和社区种子银行等。所做的这些努力，针对的保护对象包括主要作物、小宗作物，以及那些被称为"被忽视"和"未被充分利用"的作物品种。这些形式多样的计划旨在促进农民和本地村社重拾或增强种子控制权，在农民之间、农民和其他参与农业生物多样性保护与可持续利用的群体之间加强或建立动态合作。

这些种子保护计划包括开展和支持各种类型的活动，如乡村基因库和种子银行、本地农民研究小组或委员会、参与式选育种团队、农民及其社区农业生物多样性委员会、留种俱乐部及网络、种子交换网络、种子繁育合作社及保管种子的农民网络等。本书的关注对象是社区种子银行，在大部分情形下它们由当地农民自行管理，通常以非正式制度来管理，其核心功能是保存当地利用的种子（Development Fund，2011；Shrestha et al.，2012；Sthapit，2013）。除了保存种子这一核心功能，社区种子银行还有更加广泛的用途，这些用途在范围、规模、技术、管理模式、基础设施等方面存在显著的差异，如种子的收集、储存和保护、记录和管理等（Vernooy，2013）。

社区种子银行成立、演变及可持续性的驱动因素因时因地而异。有些是在由饥荒、干旱或洪水造成本地种子供应短缺后建立的，有些则是在参与式作物改良试验后建立的，在这些试验中培育出新的栽培品种并发现了新的栽培技巧，得以在本地保证种子的健康和遗传纯度，也有一些社区种子银行的出现是由于农民缺少可靠、优质的种子来源。发达国家的社区种子银行往往是由农业和园艺爱好者通过保留与交换种子建立起来的（Nabhan，2013）。社区种子银行是基业长青还是昙花一现，取决于其管理水平、治理模式和类型，以及持续获得外部支持的水平和时间长短。

本书旨在填补科技文献中社区种子银行这一领域的研究空白。尽管社区种子银行的出现已有 30 年之久，数量也在持续不断地增加，然而迄今为止，尚无一本书对社区种子银行的历史、演变、经验、成就、挑战和前景进行总结评估。因此，我们相信本书的内容是独一无二的，因为它不仅汇集了全球 35 个丰富多样的社区种子银行案例，还对社区种子银行运行和可行性的关键影响因素进行了深入的比较分析。本书的案例研究遵从一个共同的框架，案例研究的对象有单个社区种子银行（来自 19 个国家的 23 个社区种子银行案例）、支持社区种子银行发展的机构组织（7 个案例）、支持社区种子银行发展政策的国家（5 个案例）。

1.2 文献简述

大多数关于社区种子银行的文献记录是实证性的，常见的为各种灰色文献（grey literature）[①]，或那些帮助农民保护和可持续利用本地品种的民间组织所发布的报告或简报（Vernooy，2013）。在种子系统和农业生物多样性管理的文献中有少量注释提及社区种子银行（如 Almekinders and de Boef，2000；CIP-UPWARD，2003；de Boef et al.，2010，2013；Shrestha et al.，2007，2008；Sthapit et al.，2012）。在这类文献中，社区种子银行被视为保存本地种子，特别是保存农家种的模式，用来应对作物多样性流失或因自然灾害造成的损失。令人惊讶的是，重量级国际出版物如联合国粮食及农业组织（Food and Agriculture Organization of the United Nations，FAO）发布的《世界粮食和农业植物遗传资源状况第二份报告》（*The Second Report on the State of the World's Plant Genetic Resources for Food and Agriculture*）对社区种子银行也只字不提。

据我们所知，《社区种子银行的类型学》（*A Typology of Community Seed Banks*）（Lewis and Mulvany，1997）这篇工作论文对全球范围社区种子银行的特点进行了概括，是目前仅有的尝试。在这篇论文中，作者主要关注的是种子储存的类型、方法，种子交换和扩繁的机制。在此基础上，作者归纳出 5 种类型的社区种子银行：实际运作的种子银行（尚无法律依据）、社区内部的种子交换、规范运作的种子银行、留种者网络、仪式性的种子银行。由于这篇论文关注的是种子分门别类的管理，可以说是以投入为中心展开论述，因此对社区种子保存工作广泛差异的早期研究是非常有用的。然而，该论文未能充分重视社区种子银行提供的多样化职能与服务。另外，这篇论文自 1997 年发表之后再也没有更新修订过。

Jarvis 等（2011）拟定了一个分析框架，用来梳理农业生产系统中传统作物品种（是农业生物多样性的关键组成部分）保护和利用的各种方式。在他们看来，草根留种者网络、社区种子银行、以社区为基础的制种小组、种子合作社都可作为能够有效提高作物种质材料可用性的参与机制。最新版的分析框架将利用社区种子银行促进植物遗传资源的保护与利用这一更广阔的视角整合进来，然而，它

---

① 灰色文献是指不被营利性出版商控制，而由各级政府、学术机构、工商业界发布的各类印刷物与电子资料，通常包括报告、博硕士论文集、会议论文集等。

并没有详细阐述种子银行实际的活动、发挥的作用、提供的服务，以及哪些因素会影响它们的持续性。

Sthapit（2013）指出，社区种子银行是社区共同管理农业生物多样性的平台，通过这一平台，农民的生物多样性本土知识得到认可，农民能够参与种子保护与惠益分享的决策过程，并得到政策和法律框架的支持，而这些均能有效保障农民的权益。他还认为，社区种子银行为非正式种子系统与正式种子系统之间的互动和整合提供了机会，可以通过加强就地保护和迁地保护之间的协同来保存本地种质资源，为促进作物改良、保障粮食安全和乡村可持续发展夯实基础。Sthapit（2013）对社区种子银行的政策、制度、社会经济及农业生态等多个方面进行了仔细研究，制定了一个连贯且全面的分析框架，而我们在本书中使用的框架便是以他的分析作为基础。

1.3　本书内容

本书分为两篇。第一篇，即第 2 章至第 8 章，对社区种子银行关键方面进行了全面的比较分析；第二篇包含 35 个全球案例。这两部分的阅读顺序可以自行斟酌，我们在编辑本书时经过讨论认为对宏观图景更感兴趣的读者可以按照既定顺序进行阅读，而喜欢翔实的、具体依据的读者直接阅读第二篇。结语是为探讨社区种子银行的发展前景提供的一些思想启示。在两篇之后，我们放了一组从研究案例撰稿人和编辑个人图库中筛选出的照片，这些来自实地的照片反映了全球社区种子银行的各个方面。

1.3.1　第一篇：社区种子银行关键方面的比较分析

虽然大多数社区种子银行是在非政府组织（NGO）提供的资金和技术帮助下建立的，但近年来，一些国家的政府也在制定计划、提供资金和技术，鼓励发展社区种子银行。为了建立独立运转机制，一些发展中国家新近成立的社区种子银行拓展了制种和扩繁服务，如危地马拉（FAO，2011）和菲律宾（Reyes，2012）的玉米种子银行。我们在第 2 章会更详细地描述世界各地社区种子银行的起源和演变。

社区种子银行是本地作物多样性就地管理的范例，它使得自然选择和人工选择均得以成为农业生产系统的一部分（Brush，2000；Frankel et al.，1975）。然而，令人惊讶的是，社区种子银行很少成为科学系统研究的对象。在第 3 章，我们提出了填补这一知识断层的框架，在这个框架中，种子就地保护经验的多重面向、功能及服务可以统一于一个共同的社区种子银行定义，这使得全面分析成为可能。针对这一分析框架的阐述基于本书编者对全球文献进行的综合回顾，并对案例研究进行了汇总分析，同时结合我们在世界各地不同环境下与社区种子银行合作的实地工作经验。

第 4 章着眼于社区种子银行的治理结构、管理及其成本。哪些做得好，哪些有待改善？存在哪些关键问题？我们提出了一种类型学上的方法，可以分门别类地对待案例研究中发现的各类治理问题。我们强调，在许多国家，女性是种子的保管者和照料者，她们在社区种子银行的日常管理中做出了贡献，并起到了积极作用。对如何实施和完成治理与管理任务，各案例之间存在着相当大的差别。尽管大多数种子银行重视治理和管理因素，但我们仍然能发现在执行严格性和规范性方面存在差异。

第 5 章讨论了社区种子银行运作的技术标准和门槛，以及需要重点解决的问题。虽然技术问题在某种程度上取决于种子银行的运行模式，但大部分技术问题还是与所有种子银行都息息相关。从初期选择哪些作物种类和品种来保存（这种选择会随时间发生变化），到品种的收集和利用记录，在种子管理的整个过程中都会出现技术问题。我们在案例中发现，一些种子银行能够很好地胜任收集、记录、扩繁、储存、分发和销售多样化的地方品种与改良种的工作。然而，整体的情况并不乐观。我们注意到，大部分案例中的社区种子银行依然还有大量工作需要做，如将科学方法应用于种子的收集、储存和扩繁，以及记录种子信息和传统知识，在种子银行的管理中使用最新的技术和创新理念。

社区种子银行通常是服务于周边村庄、提供短期储存种子服务的小组织。然而，一旦种子银行孕育出合作关系，与其他正式和非正式种子系统中的行动者建立连接并分享信息与种子，这种原本立足本地的努力就会带来成倍的影响。因此，小的社区种子银行有时会发展壮大，或者形成具有相当广度和深度的小型社区种子银行网络。第 6 章就社区种子银行网络的种类及其发挥的作用给出了一些观点。我们将案例研究的对象分为松散型（联系较少）和紧密型（联系较多）两大类。可惜的是，关于这些网络的性质如何影响种子银行的功能与可持续性这一问题，依据现有案例还无法进行深入的社会学评估。

世界各地的社区种子银行在不同的政治体制和政策法律环境下运行。我们通过回顾文献发现，对社区种子银行运行的政策和法律环境所做的分析很少，希望第 7 章能填补这一空白。这些案例为研究当前政策法律对社区种子银行产生的积极影响或消极影响提供了广泛途径。令人兴奋和鼓舞的是，最近几年，一些国家出现了可喜的变化。这一趋势似乎确证了社区种子银行存在尚未被发掘出的潜力，核心决策者也逐渐意识到这一潜力，他们对把社区种子银行纳入更广泛的政策、战略规划和项目框架表现出了兴趣。

第 2 章至第 7 章对社区种子银行关键方面进行了比较分析，为第 8 章讨论可持续性或长期组织的可行性提供了素材。这是社区种子银行面临的最艰巨挑战。社区种子银行必须具备哪些能力才能保持这一事业的活力？我们的案例研究表明，必须满足以下几个条件：法律的认可和保障、财务可行性、充分掌握技术知识的成员、有效的运行机制。从起步阶段就细致和系统地制定规划则是另外一个重要因素。第 8 章阐述了社区种子银行可持续性的如下几个方面，包括人力和社会资本、经济赋权、政策和法律环境及运行模式。

1.3.2　第二篇：全球案例研究

有赖于本书编著者所做的文献回顾及其在社区种子银行领域积累的 20 多年丰富经验，我们向世界各地直接参与社区种子银行的群体发出 50 份邀请函，请他们为本书提供案例。我们收到了 35 份积极的回复。尽管这 35 个案例已经体现出了相当多样化的经验，我们也没有刻意在统计意义上要求每个国家、地区或大洲都得有社区种子银行案例。但是，这些案例都强调了影响社区种子银行生存能力的运行模式和关键因素：起源和历史、作用与活动、治理和管理、技术问题、支持与网络、政策和法律环境及可持续性等。这 35 个案例描绘了社区种子银行丰富多样却鲜为人知的发展历史。案例的撰稿人包括社区领袖、保管种子的农民、非政府组织工作人员、研究员和研究项目经理。案例涉及的国家包括孟加拉国、不丹、玻利维亚、巴西、布隆迪、加拿大、中国、哥斯达黎加、危地马拉、洪都拉斯、印度、马来西亚、马里、墨西哥、尼泊尔、尼加拉瓜、挪威、卢旺达、南非、西班牙、斯里兰卡、特立尼达和多巴哥、乌干达、美国、津巴布韦，其中一个案例将中美洲作为整体进行研究。

我们希望，无论是第一篇详尽的比较分析还是第二篇的案例说明，都能对从事保护和可持续利用作物种质资源、种子系统、农业生物多样性、粮食和种子主权工作的研究者、实践者与决策者具有阅读吸引力和参考性。

撰稿：罗尼·魏努力（Ronnie Vernooy）

潘泰巴尔·施莱萨（Pitambar Shrestha）

布旺·萨彼特（Bhuwon Sthapit）

参 考 文 献

Almekinders C and de Boef W. 2000. Encouraging Diversity: Conservation and Development of Plant Genetic Resources. London: Intermediate Technology Publications.

Brush S B. 2000. Genes in the Field: On-farm Conservation of Crop Diversity. Boca Raton: Lewis Publishers; Ottawa: International Development Research Centre; Rome: International Plant Genetic Resources Institute.

CIP-UPWARD. 2003. Conservation and Sustainable Use of Agricultural Biodiversity: A Sourcebook. Laguna: CIP-UPWARD.

de Boef W S, Dempewolf H, Byakweli J M and Engels J M M. 2010. Integrating genetic resource conservation and sustainable development into strategies to increase the robustness of seed systems. Journal of Sustainable Agriculture, 34(5): 504-531.

de Boef W S, Subedi A, Peroni N, Thijssen M and O'Keeffe E. 2013. Community Biodiversity Management: Promoting Resilience and the Conservation of Plant Genetic Resources. London: Earthscan from Routledge.

Development Fund. 2011. Banking for the Future: Savings, Security and Seeds. Oslo: Development Fund. www.planttreaty.org/sites/default/files/banking_future.pdf, accessed 3 September 2014.

FAO (Food and Agriculture Organization). 2010. The Second Report on the State of the World's Plant Genetic Resources for Food and Agriculture. Rome: FAO.

FAO (Food and Agriculture Organization). 2011. Agricultores Mejoradores de su Propia Semilla: Fortalecimiento de la Producción de Maíz a Través del Fitomejoramiento Participativo en Comunidades de Sololá. Guatemala City: FAO.

Frankel O H, Brown A H D and Burdon J J. 1975. The Conservation of Plant Biodiversity. Boston: Cambridge University Press.

Jarvis D I, Hodgkin T, Sthapit B, Fadda C and López-Noriega I. 2011. An heuristic framework for identifying multiple ways of supporting the conservation and use of traditional crop varieties within the agricultural production system. Critical Reviews in Plant Sciences, 30(1-2): 115-176.

Lewis V and Mulvany P M. 1997. A Typology of Seed Banks, Natural Resources Institute. UK: Chatham Maritime.

Nabhan G P. 2013. Seeds on Seeds on Seeds: Why More Biodiversity Means More Food Security, Grist, 2 November. www.grist.org/food/seeds-on-seeds-on-seeds-why-more-biodiversity-means-more-food-security/, accessed 3 September 2014.

Reyes L C. 2012. Farmers have more access to good quality seeds through community seedbanks. Rice Today, 11(2): 16-19.

Shrestha P, Sthapit B, Shrestha P, Upadhyay M and Yadav M. 2008. Community seedbanks: experiences from Nepal // Thijssen M H, Bishaw Z, Beshir A and de Boef W S. Farmers, Seeds and Varieties: Supporting Informal Seed Supply in Ethiopia. Wageningen: Wageningen International: 103-108.

Shrestha P, Sthapit B, Subedi A, Poudel D, Shrestha P, Upadhyay M and Joshi B. 2007. Community seed bank: good practice for on-farm conservation of agricultural biodiversity // Sthapit B, Gauchan D, Subedi A and Jarvis D. On-farm Management of Agricultural Diversity in Nepal: Lessons Learned. Rome: Bioversity International: 112-120.

Shrestha P, Sthapit S, Devkota R and Vernooy R. 2012. Workshop Summary Report: National Workshop on Community Seedbanks, 14-15 June 2012, Pokhara, Nepal. Pokhara: Local Initiatives for Biodiversity, Research and Development.

Sthapit B. 2013. Emerging theory and practice: community seed banks, seed system resilience and food security // Shrestha P, Vernooy R and Chaudhary P. Community Seedbanks in Nepal: Past, Present, Future. Proceedings of a National Workshop, 14-15 June 2012, Pokhara, Nepal. Pokhara: Local Initiatives for Biodiversity, Research and Development; Rome: Bioversity International: 16-40.

Sthapit B, Shrestha P and Upadhyay M. 2012. On-farm Management of Agricultural Biodiversity in Nepal: Good Practices (revised edition). Rome: Bioversity International; Pokhara: Local Initiatives for Biodiversity, Research and Development; Khumaltar: Nepal Agricultural Research Council.

Vernooy R. 2013. In the hands of many: a review of community gene and seedbanks around the world // Shrestha P, Vernooy R and Chaudhary P. Community Seedbanks in Nepal: Past, Present, Future. Proceedings of a National Workshop, 14-15 June 2012, Pokhara, Nepal. Pokhara: Local Initiatives for Biodiversity, Research and Development; Rome: Bioversity International: 3-15.

第一篇

社区种子银行关键方面的比较分析

第 2 章　起源和演变史

社区种子银行已经存在了大约 30 年，正如本书所述，全球各地都能发现它们的身影。这些社区种子银行的形式和功能多种多样，其历史也不尽相同。在一些国家，如巴西、印度、尼泊尔和尼加拉瓜，其社区种子银行数量相对较多，虽然难以确切计算，但估计也有一百到几百个。而其他一些国家如不丹、玻利维亚、布基纳法索、中国、危地马拉、卢旺达和乌干达，只有少数几个不太成熟的社区种子银行。一些同行认为，在中亚、东欧或中东还没有建立社区种子银行，但我们还尚未对此深入调查。此外，太平洋地区亦有社区种子银行，但没有纳入本书案例中。

社区种子银行的起源很难准确地说清楚，但在许多国家，非政府组织发挥了至关重要的作用，并且这些组织还在为此继续努力。近年来，在一些国家如不丹、玻利维亚、巴西、南非和中美洲国家（见第二篇内容）等，国家层面或地方政府开始对建立和支持社区种子银行感兴趣，并作为国家就地保护和农家保护战略的一部分。

在本章，我们对主要的灰色文献和收集的案例进行了回顾，并借此对社区种子银行起源的理解做出总结，然后仅仅基于这些案例，我们提出了一个社区种子银行演变历程的时间表。

2.1　根　　源

在发展中国家，非政府组织建立社区种子银行旨在保护本地的稀有品种和农家品种，从而应对由社会压力（农业商业化、工业食品部门扩张和种子生产垄断）和自然灾害频发（最显著的是旱灾、洪水和飓风）等因素导致的遗传多样性丧失。

社区种子银行的先驱之一是国际农村促进基金会（Rural Advancement Foundation International），现在称为"侵蚀、技术和集聚行动小组"（Action Group on Erosion，Technology and Concentration，ETC 小组）。1986 年国际农村促进基金会制作出了一个"社区种子银行工具包"，据我们所知，这是第一份指导如何建立在地种子银行的操作指南。

在加拿大一位论教派服务委员会（USC Canada）的案例（见第 37 章）中，作者描述了社区种子银行如何从一个想法发展成为"生存的种子"（Seeds of Survival）这一宏伟计划的一部分（见 www.usc-canada.org/what-we-do/seeds-ofsurvival）。1989 年，这个计划发起之初是为应对埃塞俄比亚的灾难性旱灾和继发性饥荒，开始是与农民合作，旨在重建受干旱影响严重的本地种子系统。埃塞俄比亚政府下属的科研机构埃塞俄比亚植物遗传资源中心（Plant Genetic Resource Centre of Ethiopia；现为生物多样性保护研究所，Institute of Biodiversity Conservation）的科学家，在旱灾影响最严重的地区扩繁尽可能多样的、适应当地的高粱、小麦和玉米品种（Worede and Mekbib，1993；Feyissa，2000；Feyissa et al.，2013）。这些品种随后由参与的农民重新纳入本地种子系统，并分发给数以千计的其他农民。为保证这些品种的本地库存而就此建立了社区种子银行。总部设在渥太华的 USC Canada 一直在与世界各地的非政府组织继续合作开展"生存的种子"项目（Green，2012；见第 37 章）。

1992 年，在国际农村促进基金会的启发下，东南亚社区赋权区域倡议（Southeast Asia Regional Initiatives for Community Empowerment，SEARICE）协助另一个菲律宾非政府组织建立了社区种子银行（Bertuso et al.，2000）。总部位于智利的非政府组织教育和技术中心（The Chile-based Centro de Educación y Tecnología，CET）则开始在一些拉丁美洲国家建立社区种子银行。在巴西，全国各地出现了各种有关社区种子银行的倡议，其中一些是由当地发起的，另一些则与国际非政府组织有关（见第 12 章、第 13 章、第 39 章）。其他的例子还包括孟加拉国的非政府组织——孟加拉国替代性发展政策研究所（Unnayan Bikalper Nitinirdharoni Gobeshona，UBINIG），20 世纪 80 年代后期该组织建立社区种子银行最初是为了应对洪水和飓风（Mazhar，1996；见第 9 章），埃塞俄比亚的蒂格雷救济协会（The Relief Society of Tigray）（1988 年）和埃塞俄比亚有机种子行动（Ethio-Organic Seed Action in Ethiopia）（Feyissa et al.，2013）。

1992 年，津巴布韦发生了一场严重的干旱，随后津巴布韦社区技术发展信托基金（The Community Technology Development Trust，CTDT）建立了该国第一个社区种子银行，称得上是社区种子银行的先驱（Mujaju et al.，2003；见第 38 章）。在印度，一些社会组织起了带头作用，其中有绿色基金会（GREEN Foundation）（1992 年）、发展科学院（The Academy of Development Sciences）（1994 年；Khedkar，1996）、德干发展协会（The Deccan Development Society）（Satheesh，1996）、斯瓦米纳坦夫人研究基金会（The MS Swaminathan Research Foundation）（2000 年；见第 18 章）和基因运动组织（Gene Campaign）（2000 年）。在尼泊尔（Shrestha et al.，2013b），起带头作用的组织有加拿大一位论教派服务委员会（USC Canada）亚洲分部（1996 年；见第 24 章）和地方生物多样性研究与发展计划（Local Initiatives for Biodiversity，Research and Development，LI-BIRD）（2003 年；见第 34 章）；在尼加拉瓜，这样的带头组织有 CIEETS（The Centro Intereclesial de Estudios Teológicosy Sociales）和农民间学习计划（PCaC）（The Programa Campesino a Campesino）（SIMAS，2012；见第 26 章）。

在几个国家都颇为活跃的挪威发展基金（The Norwegian Development Fund）也是社区种子银行的持续支持者（Development Fund，2011；见第 35 章）。其他支持社区种子银行的国际非政府组织还有行动援助（ActionAid）和乐施会（OXFAM）。国际生物多样性中心（Bioversity International）率先在一些国家（如玻利维亚、布基纳法索、中国、埃塞俄比亚、印度、马来西亚、尼泊尔、卢旺达、南非和乌干达）支持建立社区种子银行，将其作为农业生物多样性保护和可持续利用研究的一部分，近年来该组织还开展了有关以社区为基础的适应气候变化研究。

在发展中国家建立种子银行的同时，甚至在此之前，西方国家已经形成了许多"种子保存者"团体、协会和网络，它们主要由感兴趣的农民、育种者和园丁组成。这些组织通常相隔千里，但对保持传统和当地作物多样性的活力有着共同的兴趣。这些种子保存者形成的是一个超越地理意义的实践社区。

总部位于美国的"种子保存者交换组织"（The Seed Savers Exchange）由黛安娜·奥特·惠利（Diane Ott Whealy）和肯特·惠利（Kent Whealy）在 1975 年创立，是一家会员制的非营利性组织（见 www.seedsavers.org/）。该组织旨在通过建立一个致力于收集、保存和分享种子与植物的网络来保存家传品种，帮助家传品种代代相传。在北美洲，历史上许多种子是由欧洲国家的移民带来的。该组织设在艾奥瓦州一个 360hm^2 的传统农场，开展扩繁、登记和传播种子，同时举办相关教育活动。这个农场的成功运营使得该网络得以延续。

1986 年，米歇尔（Michel）和裘德·凡顿（Jude Fanton）受美国案例的启发，在没有政府支持的情况下，创立了"澳大利亚种子保存者组织"（Australian Seed Savers）。后来这一地方组织扩展到澳大利亚全国，成为澳大利亚首个全国性的种子保存者组织（Fanton and Fanton，1993；Seed Savers' Network and Ogata，2003）。自 1995 年以来，澳大利亚的种子保存者网络已经支持了将近 40 个国家和地区建立与发展这种类似的组织，这些国家和地区包括阿富汗、波斯尼亚、柬埔寨、克罗地亚、古巴、意大利、日本、肯尼亚、帕劳、葡萄牙、塞尔维亚、所罗门群岛、南非、西班牙、中国台湾和汤加（见 www.seedsavers.net）。

在加拿大，慈善机构"多样性种子"（Seeds of Diversity）致力于保护、登记和利用对加拿大具有重要意义的公共领域性的非杂交植物。该组织的 1400 个会员致力于种植、繁殖和分发 2900 多种蔬菜、水果、谷物、花卉和草药。多样性种子组织在 1984 年成立，并将自己定位为"一个活的种子银行"。每年，该组织会制作一本会员种子目录，鼓励会员互相之间索取彼此提供的种子和植物样本，以换取回寄邮资（见 www.seeds.ca）。

在欧洲，许多种子保护团体与协会在会员组成和活动范围方面存在很大差异。这些组织分布在奥地利、法国、德国、希腊、荷兰、爱尔兰、意大利、西班牙和英国。

2.2　演变和趋势

2.2.1　范围和功能持续增加

根据案例中描述的经验，可以看出一些趋势。其中一个趋势是社区种子银行的功能和范围在不断扩大，这主要是边做边学的自然结果。许多社区种子银行最初是为了保存种子而设立的，但随着时间的推移也增加了其他功能：提供获得有效种子的途径，作为社区发展的平台，保障种子和食物主权。在一些情况下，保存种子工作取得的成功，以及当地农民或其他社区的农民对种子银行里保存材料日益增长的需求，也促使社区种子银行的功能不断增加。但在一些其他案例中，主要是由于缺乏继续工作的动力，社区种子银行在保存种子方面遇到了重重困难。

两个率先支持社区种子银行的国际非政府组织的经验就说明了这一点。加拿大一位论教派服务委员会（USC Canada）支持加强社区种子供应系统，从一个应对埃塞俄比亚干旱和基因流失的种子恢复计划已经发展成一个全球性计划，其重点是通过农业生物多样性的可持续利用来保障食物安全和食物主权。社区种子银行已经发展为围绕种子进行试验和创新的中心，可以应对变化莫测的气候和极端天气，并协助农场社区围绕他们的生产权益组织起来，开展农场社区能够负担得起、有效的并且尊重景观与植物遗传资源完整性的生产活动（见第37章）。由挪威发展基金（The Norwegian Development Fund）支持的社区种子银行通过参与式选育种方式，已经从种子恢复与修复中心发展为有组织的种子种植协会，繁育和销售当地种子（见第35章）。来自特立尼达和多巴哥加勒比地区（见第29章）唯一的一个案例描述了小型种子供应单位如何演变为拥有土地进行试验和种子选择的先进储存设施。种子银行的协调员还建立了农民小组，他们通过"脸书"（Facebook）互相联系。此外，种子银行还与民间社会基金会建立联系，与社区合作开展家庭后院园艺等项目。

玻利维亚（见第11章）和洪都拉斯（见第33章）也有关于社区种子银行成长的案例。最初的参与式品种改良逐渐演变为范围更广的项目，包括农业生物多样性的保护和利用。在玻利维亚，社区种子银行从藜麦和苍白茎藜储存银行转变为农业生物多样性乡村银行。除了保护，社区种子银行还发展了新的感兴趣领域，如种子健康、土壤肥力、增产和农业生物多样性产品的商业化。在洪都拉斯，当农户和与他们合作的非政府组织开始意识到保存及记录他们收集的当地材料的重要性时，他们决定在社区和地方层面保护种子。

2.2.2　努力达到更高水平

第二个趋势是社区种子银行在保护种子方面努力达到比当地社区更高的水平。

通过反思过去的经验、与其他机构合作开展针对性的培训，促进了社区种子银行网络或协会的形成。2012 年，在尼泊尔举行的第一次社区种子银行国家研讨会上，参会者总结说：尽管尼泊尔有大量的种子银行，但除了农民团体和从业人员有少量的交流访问，种子银行之间并没有进行彼此之间的分享和学习（Shrestha et al.，2013a）。不过接着在 2013 年的研讨会上，参与管理社区种子银行的农民和团体就已经成立了特别委员会，并建立了一个全国网络作为社区种子银行之间学习和分享的平台，促进了种子和种植材料的交换，编写了保存在社区种子银行里的遗传资源的登记册，促进了社区种子银行与国家种质库联系，必要时代表社区种子银行参加国家论坛，并促进将植物遗传资源保护纳入未开展此项活动的社区种子银行里（见第 34 章）。需要注意的是，尼泊尔的社区种子银行得到了国际生物多样性中心、挪威发展基金、尼泊尔农业部、乐施会和 USC Canada 的支持。在巴西，社区种子银行已成为地区运动的一部分，如所谓的区域种子屋代表了一种保护战略，将农民、农业生态领域的组织、社会运动、联邦政府教学与研究机构实施的保护和可持续利用计划的各种要素结合起来（见第 13 章）。

2.2.3　数量持续增长

基于在一个国家某个地区积累的成功经验或是受到其他国家榜样的激励，出现的另一个趋势是支持机构或其他组织加倍努力。在马里，该国北部地区的 8 家社区种子银行成立了一个网络，与马里南部的社区种子银行合作，开展提高农民种子价值并保护农民种子的重要活动，如种子市集、在南方繁殖不适应北方条件的种子、为提高不同品种生产力而进行种子交换和提供建议，从而增加保护农民种子活动的价值。

位于布隆迪的救济世界饥饿组织（Welthungerhilfe）制定了建设和管理种子商店的计划与培训方案，这是社区种子银行的一种特殊类型（见第 32 章）。后来，该计划和方法激发了其他组织也投资于此类种子商店，这些组织包括救济世界饥饿组织（Welthungerhilfe）的合作伙伴 2015 联盟（Alliance 2015）、关注国际（Concern International）、比利时技术合作机构（The Belgian Technical Cooperation）和后冲突农村发展项目（Program Post-Conflit de Développement Rural）。当地政府为所有种子商店提供支持项目。在美国，种子保护组织"本土种子/搜寻"（Native Seeds/SEARCH）的开创性工作成为地区种子工作的模范，激励了其他组织，并成功地引发了公众对美国西南部及其他地区农作物多样性重要性的关注（见第 31 章）。

受到布基纳法索、埃塞俄比亚和马里等一些国家以往经验的启发，近来国际生物多样性中心在中国、卢旺达和乌干达建立与支持社区种子银行。USC Canada、挪威发展基金和 LI-BIRD 也从类似的学习路径中受益。在不丹和南非，支持建立社区种子银行的主要政府机构吸取过去的经验教训，采取谨慎的做法：在扩大计划之前首先建立少量的社区种子银行并监督其发展。

　　这里需要警示的是，好的案例并不总是适合其他地方。马来西亚案例（见第20章）表明，文化问题会妨碍人们就如何最好地建立社区种子银行达成共识。这个案例还强调，需要考虑是否有足够多的有能力的人愿意花时间建立和运营社区种子银行。在城镇化的背景下，劳动力方面受限制的情况在世界许多农村地区已经变得普遍。

2.3　政　府　支　持

　　第四种趋势是国家和地方政府开始对建立和支持社区种子银行感兴趣。本书包含的案例来自不丹、玻利维亚、布隆迪、中美洲国家、墨西哥、尼泊尔和南非。社区种子银行及其支持组织长期致力于提高人们对社区种子银行作用和成就的认识，包括社区种子银行作为一种机制实现农民权利所起到的作用，可能是形成这一趋势的部分原因。另一个可能的因素是政府越来越关注加强国家应对气候变化的能力。在中美洲，社区种子银行也被认为是一种有效的组织，用于应对自然灾害和相关问题（特别是飓风经常导致山体滑坡和洪水，并由此造成种子损失）。

　　在过去几年里，巴西的3个州（帕拉伊巴、阿拉戈斯、米纳斯·吉拉斯）批准了旨在为现有社区种子银行提供法律框架的法律，这些社区种子银行由小型农民协会在非政府组织或地方政府的支持下创建和维护。现已批准的一个法规规定将社区种子银行繁育的种子纳入到常规推广计划中。其他4个州（巴伊亚、伯南布哥、圣卡塔琳娜和圣保罗）也在立法议会中讨论了类似的法律议案（见第39章）。

　　在尼泊尔，《2025年种子愿景》（Seed Vision 2025）是一份重要的政策文件，明确声明通过社区种子银行、基因库、基于社区的种子生产，以及种子生产者和其他生产者群体的能力建设，来促进生产和获取优质种子（早些时候，政府发布了社区种子银行操作指南，但并未广泛传播）。该政府文件还设想在国内确定、绘制和开发种子生产区，并重视私营部门的投资。尼泊尔政府已开始为国内少数社区种子银行提供技术和资金支持（见第41章）。2013年，在国际生物多样性中心的支持下南非政府开始做出类似的努力（见第43章）。

2.4　评　　　估

　　近期出现的第五个趋势是开展评估性研究和影响评价，以更好地理解和记录有助于社区种子银行可持续性发展的因素。支持社区种子银行的几个组织正在带头做这类研究和评估，如ActionAid、国际生物多样性中心、挪威发展基金、LI-BIRD、尼泊尔乐施会和USC Canada，并在近年来编写了一些回顾性研究报告（Development Fund，2011；SIMAS，2012；Sthapit，2013；Vernooy，2013）。本书介绍了具体战略的设计和实施，以发展社区种子银行的组织和财务可持续性，也是对社区种子银行功能及其未来前景进行批判性反思的研究报告中的一例。

世界各地数个社区种子银行的一个目标是获得正式的组织地位，特别是对于合作社。例如，在布隆迪（见第 32 章）、马里（见第 22 章）和尼泊尔（见第 24 章）这一目标已经得以实现，生产合作社不仅销售种子，还销售由社区种子银行网络保存的本地植物品种制成的传统产品（见第 42 章），墨西哥也在试图实现这一目标。在印度的科利山，社区种子银行已经发展成乡村谷子资源中心，不仅涉及保护，还涉及技术和价值链的发展（见第 18 章）。在墨西哥瓦哈卡州，社区种子银行正在转型为农村社区的私营公司。这种合法地位允许农民从市、州或联邦政府获得资源（见第 23 章）。

最后一章将讨论上述趋势是否能够延续到未来，以及如何在未来进一步发展。

撰稿：罗尼·魏努力（Ronnie Vernooy）

潘泰巴尔·施莱萨（Pitambar Shrestha）

布旺·萨彼特（Bhuwon Sthapit）

参 考 文 献

Bertuso A, Ginogaling G and Salazar R. 2000. Community genebanks: the experience of CONSERVE in the Philippines // Almekinders C J M and de Boef W S. Encouraging Diversity: Conservation and Development of Plant Genetic Resources. UK: Intermediate Technology: 117-133.

Development Fund. 2011. Banking for the Future: Savings, Security and Seeds. Oslo: Development Fund. www.planttreaty.org/sites/default/files/banking_future.pdf, accessed 3 September 2014.

Fanton M and Fanton J. 1993. The Seed Savers' Handbook. Byron Bay: Seed Savers Foundation.

Feyissa R. 2000. Community seedbanks and seed exchange in Ethiopia: a farmer-led approach // Friis-Hansen E and Sthapit B. Participatory Approaches to the Conservation and Use of Plant Genetic Resources. Rome: International Plant Genetic Resources Institute: 142-148.

Feyissa R, Gezu G, Tsegaye B and Desalegn T. 2013. On-farm management of plant genetic resources through community seed banks in Ethiopia // de Boef W S, Subedi A, Peroni N, Thijssen M and O'Keeffe E. Community Biodiversity Management: Promoting Resilience and the Conservation of Plant Genetic Resources. UK: Earthscan from Routledge: 26-31.

Green K. 2012. Community seedbanks: international experience. Seeding, 25(1): 1-4.

Khedkar R. 1996. The academy of development sciences rice project: need for decentralized community genebank to strengthen on-farm conservation // Sperling L and Loevinsohn M. Using Diversity: Enhancing and Maintaining Genetic Resources On-farm. New Delhi: International Development Research Centre: 50-254.

Mazhar F. 1996. Nayakrishi Andolon: an initiative of the Bangladesh peasants for a better living // Sperling L and Loevinsohn M. Using Diversity: Enhancing and Maintaining Genetic Resources On-farm. New Delhi: International Development Research Centre: 255-267.

Mujaju C, Zinhanga F and Rusike E. 2003. Community seed banks for semi-arid agriculture in Zimbabwe // Conservation and Sustainable Use of Agricultural Biodiversity: A Sourcebook. Laguna: CIP-UPWARD: 294-301.

Satheesh P V. 1996. Genes, gender and biodiversity: deccan development society's community seedbanks // Sperling L and Loevinsohn M. Using Diversity: Enhancing and Maintaining Genetic Resources On-farm. New Delhi: International Development Research Centre: 268-274.

Seed Savers' Network and Ogata M. 2003. Grassroots seed network preserves food crops diversity in Australia // Conservation and Sustainable Use of Agricultural Biodiversity: A Sourcebook. Laguna: CIP-UPWARD: 284-288.

Shrestha P, Gezu G, Swain S, Lassaigne B, Subedi A and de Boef W. 2013a. The community seedbank: a common driver for community biodiversity management // de Boef W S, Subedi A, Peroni N, Thijssen M and O'Keeffe E. Community Biodiversity Management: Promoting Resilience and the Conservation of Plant Genetic Resources. UK: Earthscan from Routledge: 109-117.

Shrestha P, Vernooy R and Chaudhary P. 2013b. Community Seedbanks in Nepal: Past, Present, Future. Proceedings of A National Workshop, 14-15 June 2012, Pokhara, Nepal. Pokhara: Local Initiatives for Biodiversity, Research and Development; Rome: Bioversity International. www. bioversityinternational.org/uploads/tx_news/Community_seed_banks_in_Nepal_past_present_ and_future_1642.pdf, accessed 3 September 2014.

SIMAS (Servicio de Información sobre Agricultura Sostenible). 2012. Bancos Comunitarios de Semillas: Siembra y Comida. Managua: SIMAS.

Sthapit B. 2013. Emerging theory and practice: community seed banks, seed system resilience and food security // Shrestha P, Vernooy R and Chaudhary P. Community Seedbanks in Nepal: Past, Present, Future. Proceedings of a National Workshop, 14-15 June 2012, Pokhara, Nepal. Pokhara: Local Initiatives for Biodiversity, Research and Development; Rome: Bioversity International: 16-40.

Vernooy R. 2013. In the hands of many: a review of community gene and seedbanks around the world // Shrestha P, Vernooy R and Chaudhary P. Community Seedbanks in Nepal: Past, Present, Future. Proceedings of a National Workshop, 14-15 June 2012, Pokhara, Nepal. Pokhara: Local Initiatives for Biodiversity, Research and Development; Rome: Bioversity International: 3-15.

Worede M and Mekbib H. 1993. Linking genetic resource conservation to farmers in Ethiopia // de Boef W et al. Cultivating Knowledge: Genetic Diversity, Farmer Experimentation and Crop Research. UK: Intermediate Technology: 78-84.

第 3 章　功能与活动

社区种子银行不仅仅是货币库，更是生命库。

——一位来自津巴布韦的农村妇女（见第 38 章）

社区种子银行具备多种功能。根据其成员设定的目标，社区种子银行具有提高知识和教育水平，记录传统知识和信息，促进种子收集、生产、分配和交换，分享知识和经验，促进生态农业，参与作物改良试验，举办成员创收活动，促进交流网络搭建、政策倡导及其他社区企业发展等功能。除了上述这些功能，农民以个人或小组方式参与其中还可以更好地被赋予权利。我们回顾全球社区种子银行的工作后得出结论：有些社区种子银行主要关注保护农业生物多样性，包括恢复消失的当地品种；而另一些则把重点放在保护农业生物多样性的同时考虑如何帮助当地农民获取和利用适合多种农业生态的种子与种植材料。除了这两个主要功能，保障种子和粮食主权则是一些社区种子银行的另一个核心功能。

根据本书汇总的经验和其他分析结果（Sthapit，2013；Vernooy，2013），我们将社区种子银行的功能和活动分为 3 个核心领域：保护，获取和可用性，种子和食物主权。理论上，这可能产生 7 种类型的社区种子银行：3 种单一功能的社区种子银行、3 种同时具备其中两种功能的社区种子银行，以及一种同时具备 3 种职能的多功能社区种子银行。然而，基于本书第二篇所收集到的社区种子银行案例，我们将其分为 3 种类型（表 3.1）。

表 3.1　基于功能的社区种子银行分类

功能 *	案例（章）
保护	不丹（10）；马来西亚（20）；墨西哥（23，42）；卢旺达（27）
获取和可用性；保护，获取和可用性	布隆迪（32）；加拿大（14）；哥斯达黎加（16）；乌干达（30）；玻利维亚（11）；巴西（12，13）；中国（15）；危地马拉（17）
保护，获取和可用性；种子和食物主权	洪都拉斯（33）；印度（18，19）；马里（21，22）；尼泊尔（24，25，34）；尼加拉瓜（26）；南非（43）；斯里兰卡（28）；美国（31）；特立尼达和多巴哥（29）；津巴布韦（38）；孟加拉国（9）；巴西（39）；西班牙（36）

* 保护：保护本地品种、祖传品种和恢复丢失的品种；获取和可用性：在社区层面，促进参与式品种的交流和种子生产；种子和食物主权：保护本地种子，分享农业生物多样性知识，促进生态农业。

3.1　注重保护功能

保护地方作物品种是社区种子银行最重要的功能之一。事实上，除了少数案例，大多数社区成立种子银行是为了阻止当地品种的迅速流失，并通过抢救和恢复来重建当地作物品种的多样性。许多因素导致了作物多样性的丧失，而且目前在全球许多地方，这种情况还在继续。我们可以把社会因素区分开来，如农民效仿他们的邻居，用现代种取代农家种；政策因素，公共部门在推广改良品种和杂交品种时并未考虑当地作物多样性的丧失；自然因素，如长期干旱和毁灭性洪涝导致当地作物的完全毁灭；经济因素，如用改良的杂交品种替代当地品种，增加产量和家庭收入。另一个因素是农业社区目前对本地品种当下价值和未来潜在价值的认知缺乏。举个具体的例子，在农业现代化进程开始前，尼泊尔农民种植的当地水稻品种曾超过 2500 个，现在估计只剩下几百个。

社区种子银行通过农民就地（农田和庭院）保护来保护本地品种的多样性。然而，大多数社区种子银行拥有种子的存储管理设施。这是社区层面的迁地保护设施，类似于国家或国际种质库。在实践中，除了极少数情况，社区种子银行只储存当季种子，然后每年通过不同方式繁种。

例如，尼泊尔巴拉的社区种子银行因地制宜地设立了一块水稻多样性种子田，每年种植、鉴定超过 80 个当地水稻品种，并为下一季繁种（见第 34 章）。另外，它们还以借贷的形式把每个品种的种子分发给一个或多个社区的成员进行种植。因此，种子银行每年会有两种渠道获得新种子。此类农家保护通过自然和人工选择使作物品种不断进化。最近在不丹建立的一个社区种子银行努力通过保护现存的荞麦品种和抢救即将消失的品种，来恢复该地区的作物多样性，从而增强农民应对气候变化的能力（见第 10 章）。在墨西哥，社区种子银行成为就地保护和农家保护国家战略的一部分，形成了由 25 个社区种子银行构成的网络，已被纳入国家粮食与农业植物遗传资源体系。这些社区种子银行保存了大量的玉米、豆类、南瓜和辣椒本地品种（见第 42 章）。许多国家有类似的例子，如危地马拉的圭灵哥（Quilinco）社区种子银行保存了 657 种玉米种子，孟加拉国和尼泊尔保存了大量的水稻、瓜类及其他未被充分利用的作物品种，在卢旺达和乌干达，品种多样的豆类和谷子可以在社区种子银行里找到。如果没有这样的社区种子银行，许多本地品种很可能已经消失了。

3.2　关注获取和可用性功能

一些社区种子银行的核心业务是为农民提供大量的他们喜欢的品种，以及本地品种或改良品种。这些种子银行的目标是为有需求的农民提供其需要的种子。根据经营种子银行的农民组织制定的规章制度，以现金或借贷形式来提供种子。社区种子银行出售种子时，往往基于服务动机而不是盈利来设定一个有竞争力的价格。关于种子借贷，借贷人收获后返还时必须高出所借种子数量的50%～100%。例如，在乌干达，基济巴的社区种子银行每年给 200 多位农民提供普通大豆种子，借贷人必须归还两倍的种子量（见第 30 章）。在布隆迪，社区种子银行一直与社区粮库相联合，为那些由于糟糕的储存条件、种子失窃或在资金短缺时出售完种子而缺少种子的农民提供种子。社区粮库还为农民提供了一个安全的空间，储存下一季种植用的种子（见第 32 章）。

社区种子银行涉及参与式选育种、受农民欢迎的新品种选育及商业化制种等行动，这也是获取与利用新改良品种的另一种途径。哥斯达黎加南方的一个社区种子银行每年生产32t多的豆类种子,直接卖给种子生产者联盟的成员（见第 16 章）。尼泊尔巴拉的社区种子银行与当地的研究机构合作，通过参与式选育种，已选育出一种名为 Kachorwa 4 的水稻新品种。该社区种子银行现在每年生产销售 5～10t 的 Kachorwa 4 种子，获得的收入反过来用于支持种子银行（见第 34 章）。这些大量生产出来的种子很有意义，说明组织良好的社区种子银行可以作为真正的种子供应者。更多的技术和财政支持对这一功能进一步专业化将大有裨益。

加拿大多伦多种子收藏馆希望农民除使用大公司销售的转基因种子外，还能有替代的选择，因而采用一些不同的方法为种子保存者和园丁提供种子。种子银行从多伦多市内或周边地区的个人、种子公司和种子店免费获得种子，同时免费分发给尽可能多的人（见第 14 章）。

除了上述这些提供种子的方式，许多社区种子银行还通过种子或多样化市集，以及种子交换来促进其非正式交流。社区种子银行的座右铭就是种子传播得越多越好。

3.3 将保护、获取和可用性二者相结合

我们调查的社区种子银行大多数同时具备保护和获取的功能。在许多国家，社区种子银行是当地品种种子的主要来源，可以保证农民获得当地种子。这些种子银行对大量的本地品种进行农家保护，并通过销售、借贷等方式甚至免费为农民提供各种优质种子。种子银行的日常工作主要是每一季生产几千克到数吨的种子，并对其进行储存、清洁、分级、包装、推广和销售等。总的来说，社区种子银行优先考虑提供当地农家品种，也提供受农民喜欢的推广改良品种或国家登记的改良品种。

还有一些例子，如美国的种子保护组织"本土种子/搜寻"收集了 1900 份被驯化的农作物，其中以玉米、豆类、南瓜等作物的传统品种、老品种及野生近缘种为主。同时，每年其分发 5 万多包的当地品种种子（见第 31 章）。在津巴布韦，

由 CTDT 支持的 3 个社区种子银行长期以来保存了 31 ~ 57 个当地品种，其中主要为高粱、珍珠粟、豇豆等。与这些社区种子银行相关的农民已经与种子公司建立了联系，每年生产和销售超过 350t 的高粱、豇豆和珍珠粟的改良品种种子（见第 38 章）。在尼泊尔，15 个社区种子银行保存了 1195 份不同种类的作物，每年近 2000 名农民使用这些种子银行的种子（Shrestha and Sthapit，2014）。在巴西、危地马拉、印度、马里和尼加拉瓜也有此类社区种子银行的案例。如果管理得当，将保护与获取和可用性相结合可以为社区种子银行提供更强大的运营活力，也有助于社区种子银行的可持续发展。

3.4　将保护、获取和可用性与种子和食物主权相关联

一些社区种子银行除行使保护农业生物多样性、为社区农民提供种子功能之外，其成员还正持续开展与此相关的工作，诸如农业社区赋权、促进生态农业、实施参与式植物育种和基层育种活动、确立农民有关种子的权利，以及在社区层面促进使用公平的遗传资源惠益分享机制。虽然社区种子银行主要由民间社会团体所推动，但已经将种子主权发展到了一定程度。例如，在孟加拉国，由非政府组织孟加拉国替代性发展政策研究所（UBINIG）支持的纳亚克瑞什（Nayakrishi）种子屋和社区种子财富中心已经能够在该国 30 万农户中推广生态农业（见第 9 章）。

西班牙种子网络（The Spanish Seed Network）正呼吁立法，旨在允许农民生产、销售自家保存的种子，推动文化遗产的恢复，重视小规模和有机生产并反对农业相关专利，减缓转基因品种带来的冲击影响（见第 36 章）。

在尼泊尔，非政府组织赋予社区权利，制定了以社区为基础的生物多样性管理措施，可以使农户保存农业生物多样性，并强化有关生物多样性的生计策略。这种方法采取的部分措施就是实施基层植物育种。在尼泊尔，正是受惠于农民育种计划，已经消失多年的两个当地水稻品种 Kalonuniya 和 Tilki 又重新成为常规品种（Shrestha and Sthapit，2014）。这种方法采取的其他措施包括建立社区生物多样性管理基金，这一基金已发展成惠益分享的关键机制（Shrestha et al.，2013）。通过加强有关生物多样性的生计，该基金赋予农户权力，推动了当地生物多样性的管理。此外，它也有助于实现社区种子银行的多个目标（见第 34 章）。

在巴西的米纳斯·吉拉斯州，社区种子银行又称为地区种子屋，代表着一种保护策略。该策略是对由男女农民、农业生态领域的组织，以及联邦教育研究机构组成的网络所运用的保护策略的补充。地区种子屋的目的是加强农业生物多样性的社区管理，鉴定评价生物多样性、物种密度及可抵抗气候变化的品种，扩大

本地食物的种类，确保地方和地区的食物安全与主权，保护当地传统品种的种子和该地区农业系统的生物多样性（见第 13 章）。

撰稿：潘泰巴尔·施莱萨（Pitambar Shrestha）

罗尼·魏努力（Ronnie Vernooy）

布旺·萨彼特（Bhuwon Sthapit）

参 考 文 献

Shrestha P and Sthapit S. 2014. Conservation by communities: the CBM approach. LEISA India, 16(1): 11-13.

Shrestha P, Sthapit S, Subedi A and Sthapit B. 2013. Community biodiversity management fund: promoting conservation through livelihood development in Nepal // de Boef W S, Subedi A, Peroni N, Thijssen M H and O'Keeffe E. Community Biodiversity Management: Promoting Resilience and the Conservation of Plant Genetic Resources. UK: Earthscan from Routledge: 118-122.

Sthapit B R. 2013. Emerging theory and practice: community seed banks, seed system resilience and food security // Shrestha P, Vernooy R and Chaudhary P. Community Seedbanks in Nepal: Past, Present, Future. Proceedings of a National Workshop, 14-15 June 2012, Pokhara, Nepal. Pokhara: Local Initiatives for Biodiversity, Research and Development; Rome: Bioversity International: 16-40.

Vernooy R. 2013. In the hands of many: a review of community gene/seed banks around the world // Shrestha P, Vernooy R and Chaudhary P. Community Seedbanks in Nepal: Past, Present, Future. Proceedings of a National Workshop, 14-15 June 2012, Pokhara, Nepal. Pokhara: Local Initiatives for Biodiversity, Research and Development; Rome: Bioversity International: 3-15.

第4章 公共治理和日常管理

在本章，我们将探讨社区种子银行如何处理公共治理和管理方面的问题，包括成本问题，检视工作进展顺利与否，以及出现了哪些关键问题。我们提出了一种针对公共治理的分类学方法，对案例研究中的不同治理形式进行分类。公共治理和管理都受到社会与性别因素的影响，第二篇的案例研究将为阐明这种情况是如何发生的提供一些思路。

公共治理是指一组成员集体为保障组织正常运行所做的工作的过程。它一般包括道德、法律、政策和财政方面。问责制的处理方式是公共治理的核心。本书中所定义的社区种子银行代表了一种社区管理方法，包括从家庭层面的种子储存到村级层面（有时甚至更高层面）的社区植物遗传资源保护和可持续利用实践。社区种子银行的日常运行是集体行动的体现，其价值在于它由当地人根据当地制定的规章制度进行管理。通过动员本地村社存和取种子这一过程建立起社区资本，进而赋权于社区。另外，通过利用和保护，社区种子银行创建了由社区进行日常管理的农业生物多样性学习平台。

社区种子银行的管理是指短期和长期内，为完成社区种子银行的重要任务所需的日常协调、执行和监测。它通常涉及人力资源，以及技术、行政、组织和财务等要素。在多数国家，社区种子银行的工作大部分为志愿性质，对管理的组织方式有直接影响。

4.1 公 共 治 理

纵观本书的案例研究，只有少数涉及公共治理和日常管理结构的所有基本要素。有些社区种子银行具有详细的、规范化的规章制度，有些只有一般的工作准则，而更多的在公共治理和日常管理方面采用非正式的方式。案例研究中种子银行的公共治理和日常管理可以分为5种类型（表4.1）。在许多案例中，无论哪种类型的社区种子银行，女性都发挥了重要作用，有时是由外界干预所促使的，但更常见的是因为女性在家庭和社区中对种子管理有着浓厚兴趣与起主导作用。

表 4.1　社区种子银行的治理和管理结构

类型	治理的基本要素	案例（章）
初级实施阶段，无公共部门参与	由外部利益相关者运作，通常是项目管理者，一般为非政府组织或捐赠者。保管种子的农民因与本地作物多样性具有密切关系而被鼓励发挥带头作用	玻利维亚（11），卢旺达（27）
纳入国家种质库管理系统，由公共部门管理	由公共部门运作。就地进行植物检疫。为确保质量和遗传纯度，从技术上制定推动计划	不丹（10），中国（15）
基于正式成员的种子网络，由志愿者委员会管理	由兼具保护和商业功能的小委员会管理，并由私人公司、会费和种子售卖收入来支撑运作	巴西（13），洪都拉斯（33），马里（21，22），墨西哥（23，42），西班牙（36），特立尼达和多巴哥（29），美国（31）
由集体选举的委员会（男/女农民）主导，运作计划公开透明，遵守本地化规则和约定	运行委员通常由男女比例平衡的代表组成，具有收集、清理、烘干、储存、分发和扩繁种子的职责 本地化发展来的运作计划配套必需的技术委员会。成员具有清晰的角色和责任。有时包括迁地备份系统、社区生物多样性基金及社会审计	孟加拉国（9），哥斯达黎加（16），尼泊尔（24，25，34），尼加拉瓜（26），津巴布韦（38）
基于自由获取、公开来源、秉持种子主权的观念和意愿	基于志愿者或留种者网络（规范程度不一） 坚信种子不应被私有化，有些案例更倾向于用"种子收藏馆"的概念来描述自身的定位	加拿大（14）；也可以参考 Kloppenburg（2010）

　　关于这种分类有一点需要预先说明。大多数种子银行是通过"边做边学"的方式发展的，过去和现在都是如此。久而久之，公共治理和日常管理内容的差别将会越来越明显，规章制度将变得更加细化和正式，而且总的来说，公共治理和日常管理相关的活动将变得更加复杂。例如，在马里，社区种子银行已经正式注册为在公共治理和日常管理方面遵循内部条例的合作社。每个社区种子银行都组建有一个会员大会、一个董事会和一个监督委员会。会员大会作为决策机构每年至少召开一次会议，此外就特殊事由会召开临时会议。会员大会的决议由董事会执行，而监督委员会则确保这些决议得到正确施行（见第 22 章）。令人惊讶的是，许多登记在册的社区种子银行在法律的灰色地带运作。只有少量的社区种子银行进行过正式的注册，如在非营利性民间社团组织的庇护下运作种子银行（如斯里兰卡的案例），或作为合作社来运作（如布隆迪、马里、墨西哥和尼泊尔的案例），或作为种子企业来经营（如印度的案例）。这些内容将在第 7 章——政策和法律环境中进行详细的讨论。

除了适当的管理基础设施和技术设施，社区种子银行中责任问题最清楚的是种子使用的规则和条例。所有社区种子银行都对此采取了明确的原则。阅读框4.1给出了一些例子。

阅读框4.1　种子上架（案例学习）

尼加拉瓜

种子借贷申请必须在4月，即第一个种植周期（5～6月）前提交到管理委员会。管理委员会审阅这些申请，评判申请农户的诚信度，这是确保种子银行能够收回种子的一个重要因素。农户收到借贷的种子后，必须签署一张期票和一份合同，合同中声明他（她）同意归还所选取的、称重的、清洁的、干燥的且无霉变的相同质量种子。即使社区种子银行成员具有优先权，但当种子充足时，非成员同样可以被授予借贷的资格。种子借贷利率为50%。例如，当借出100g种子时，必须归还150g。

中国

通过作物种子多样性展览活动和本地展出海报的形式，鼓励来自不同城镇的农户将他们的种子存到社区种子银行中。在田间活动日，农民可以检测水稻、玉米等各种作物的品质。为了获得其他农户的种子，农民必须将种子按照1∶1的比例存入社区种子银行。例如，储存100g的种子可以允许农户从种子银行中借出100g的种子。

4.2　管　　理

通常社区会选举出一个管理委员会，该委员会通过正式分配任务，包括协调和领导、讨论解决技术问题、处理财务事务、管理、交流和拓展，来开展社区种子银行的工作。但是，大部分情况是每个成员的角色和责任在其中并没有被很好定义。组成管理委员会的农户人数在3（如瓦卡哈、墨西哥的案例）～6（如尼加拉瓜的案例）人。少数案例中，委员会以农民拟定的章程作为指南（如尼加拉瓜），或者，有些案例以非政府组织的外部章程作为指南（如尼泊尔巴拉和津巴布韦的社区种子银行）。少数案例则建立技术和管理委员会，承担专业的功能并提供专家指导（如孟加拉国、特立尼达和多巴哥）。其中，由于女性在许多国家为种子的保管者和管理者，对社区种子银行的日常运作发挥了积极的作用。在尼加拉瓜，数个社区种子银行完全由女性运作。

技术委员会通常负责决定以下内容：

- 收集方法（如通过种子展览会和农场/田间收集、农家种子储存、由农户保管收集等）。

- 植物检疫标准（如保证种子无病虫害、剔除杂草种子并晒干等）。
- 文档编制方法（如标准格式数据表、品种目录、社区生物多样性登记等）。
- 种子扩繁和评价（基于农民的描述习惯）。
- 储存方法（如短期或长期存储，储藏容器或科学方法）。
- 种子样本的监管（如种子的萌发力和活力测验，规划期和种植期）。
- 复壮（如每年在不同的地块进行种子扩繁，开发种子优选决策工具及控制开放授粉作物的花粉来源等）。
- 种子的分发（如开发改进准入和可用性系统，根据不同类型的使用者采取多样化的准入机制：男或女，收入高或低，种子银行内部或外部人员，研究人员，私人机构等）。

通览所有的案例研究，在任务执行方面存在着相当多的差异。即使大多数社区种子银行关注该因素，但在任务执行的严格性和规范性方面仍然可以观察到存在很多差异。

在评估内部治理和日常管理的状况后，案例研究似乎提供了证据，表明许多非政府组织支持的社区种子银行可以通过强化技术委员会成员的作用和能力来获益。公共事业部门运作的或者种质库支持的社区种子银行可以通过改进公共治理方式来获益，使社区在这一过程中发挥更强的领导作用。在这些案例中，本地社区可以通过科学方面的投入和不同来源的支持来增强其能力，从而使种子银行的活动具有长期性、有用性和可持续性。技术委员会和管理委员会必须在种子收集、扩繁与评价过程中，以及在制定向所需人群分发种子的战略方面发挥联合作用。

4.3　成　本

建立一个社区种子银行的成本是多少？每年的运营成本又是多少？这类信息在案例分析中是很难获取的。更好地了解社区种子银行在保护和利用农业生物多样性方面发挥的作用及其所涉及的成本，对于获得能够提供技术和制度支持的正式种子机构与政策制定者的认可是非常重要的。社区种子银行结合就地保护和迁地保护，在种子容器、包装袋或者专用的种子田中储藏不同品种，但是这些作物品种也可以直接在本地使用。因此，种子再生所需要的物理设备、存储单元和装备，田间和存储设备的日常运行与日常维护花费是最主要的成本。

现代形式迁地保护的成本估算是既有的。相比之下，大多数社区种子银行的物理设施、储存材料和装备通常非常简陋与廉价。虽然有些社区种子银行雇佣当地人进行日常的运作，但是劳动强度大的工作一般由志愿者完成。费用也因活动涉及的范围不同而异，有些种子银行只涉及小部分本地品种并且提供少量的种子（如不丹和中国），而另一些种子银行则要处理数吨的种子（如哥斯达黎加和津巴布韦）。据我们所知，到目前为止并没有对种子银行进行彻底周密的成本计算。

有些社区种子银行起步时仅依靠少量的（1000～2000 美元）种子资金，而其他种子银行利用 5000～10 000 美元的起步经费来建立社会资本和包括种子储存单元在内的基础设施。社区通常调动本地的资源，如建筑材料、土地（有时从地方政府获得）和劳动力，同时，外部支持机构通过定期的项目活动来承担社区种子银行建立的社团、人力和实物资本的部分费用。在少数案例中，政府机构承担这些开支。

当外部支持机构与社区种子银行长期合作时，一个社区种子银行一年的总成本（包括专业员工工资、旅费、会议费、培训费及材料费等）很可能会多出数百美元。然而，长期的能力发展对于建立成功的社区种子银行非常关键。通过投入优秀和经验丰富的社区组织者来调动社区成员及当地的领导阶层，是合作的重要组成部分。

社区种子银行作为一个中心节点，使得农户能够通过自己的网络或种子展览会类的社会活动来交换种子。种子银行也是分享种子相关技能和知识的平台。同时，其是优质本地品种的关键来源，特别是没有被商业植物育种家发掘的品种，因此对保护农业生物多样性做出了重要贡献。社区种子银行立足于本地并在本地运作（通常是由女性来运作），坐落于使用其的社区附近。种子工棚、种子展览会和种子交换的本地化活动，可以减少分发种子的开销，使种子更易获取。

4.4　关键问题和挑战

4.4.1　建立合法和有效的地方制度

无论是在没有其他地方组织的情况下，还是作为另一种地方组织形式，社区种子银行都可以成为调动现有社会资本（信任、网络和习惯做法）的有效机制。不管怎样，作为一个合法形式的组织，得到认可和支持是非常重要的。即使当外部环境并不能给予充分的支持时，社区种子银行在建立与发展过程中也能以社区驱动的参与为基础，将新知识和实践与当地的社会制度、条例及规范相结合，则社区种子银行在短期和长期发挥效能的机会就越大（Sthapit et al.，2008a，2008b）。为建立和增加社区种子银行经营所需的社会资本，地方生物多样性研究与发展计划（Local Initiatives for Biodiversity, Research and Development，LI-BIRD）制定了以下流程：

- 向社区宣传。
- 强化本地组织。
- 拟定规则和条例。
- 建立种子储存设备。
- 接收种子存单或收集本地种子。

- 以注册/存货/标准格式数据记录社区生物多样性。
- 调动社区生物多样性管理资金进行社区的发展和保护。
- 扩繁种子。
- 监测种子交易和产生的影响。

这种方法主要以机构的建立为中心，在尼泊尔的施行已经卓有成效（见第25 章和第 34 章），并且得到其他国家从事社区种子银行工作的组织效仿，如斯里兰卡（第 28 章）。社区种子银行的成功和可持续性依赖推动者的科技知识与管理能力，以及种子银行如何被赋权进行自主决策的过程。我们可以从美洲的案例，如尼加拉瓜（见第 26 章）、墨西哥（见第 23 章）和美国（见第 31 章）发现相似的经验。

4.4.2　认可，准入与惠益分享机制

正如案例研究所揭示的那样，社区种子银行作为一个合法的、高效的以社区为基础的组织，可以改善本地重要作物多样性的准入和惠益分享机制，但是在许多国家社区种子银行尚未得到政府的正式认可。认可有不同的形式，如本地、国家或者外国政府官员视察；获得政府授予的特别成果和成就奖励；邀请参与本地和国家重要的政策事务；获得本地或国家政府和国际捐赠机构的资金；得到本地、国家甚至国际媒体的宣传（Sthapit，2013）。除了少数案例研究（孟加拉国和尼泊尔，见第 9 章和第 24 章），大部分案例并没有提及这些认可形式，说明还有更多的工作需要去做。

虽然认可很重要，但是准入和惠益分享机制的形成同样重要。民间社会团体和私人机构在应用优良的管理手段来确保高品质种子的保留与改良，以及可靠、有用遗传资源的维护方面具有共同的兴趣。一方面，社区种子银行不得不面对杂交种和现代栽培种技术优势的挑战，另一方面，社区种子银行还要面对大多数栽培种与知识产权的相关约束。因此，社区种子银行必须为地方品种和农户改良栽培品种建立专营批发市场，并加强本地生产或培育品种的营销。社区种子银行所做的这些努力在玻利维亚、危地马拉、洪都拉斯、印度（两个案例）、尼加拉瓜和尼泊尔（巴拉）的案例研究中有所体现（分别对应第 11 章、第 17 章、第 33 章、第 18 章、第 19 章、第 26 章和第 34 章）。

基于社区种子银行保护多样性的经验和教训，还存在另一种使准入和收益概念化的方式：作为一个机构平台来保障农民的权利。在认可、参与决策制定，惠益分享和支持政策及种子管理框架方面，政策制定者可能考虑将社区种子银行视为保障农民权利的一种机制。这也为非正式和正式种子系统的互动与融合，促进就地保护和迁地保护的连接来备份本地遗传资源（作为作物改良和食品安全的构成模块），以及确保社区可持续发展提供了机遇。少数案例突出了这个策略，尤

其是发展基金（见第 35 章）和津巴布韦 CTDT（见第 38 章）的案例。目前，国际生物多样性中心（Bioversity International）也在努力推进相似的案例（Vernooy，2013），但是社区种子银行要想得到认可和回报的确还需要时间。

　　建立一个社区种子银行需要艰辛的努力，但是正如案例研究所展现的那样，社区种子银行要想长期保持活力更是一个挑战。尤其是非常依赖外部资源和支持的社区种子银行，它们时常面临困境。第 8 章将就这一挑战进行更详细的讨论。

撰稿：布旺·萨彼特（Bhuwon Sthapit）

罗尼·魏努力（Ronnie Vernooy）

潘泰巴尔·施莱萨（Pitambar Shrestha）

参 考 文 献

Kloppenburg J. 2010. Seed sovereignty: the promise of open source biology // Wittman H, Desmarais A A and Wiebe A. Food Sovereignty: Reconnecting Food, Nature and Community. Halifax: Fernwood: 152-167.

Sthapit B R. 2013. Emerging theory and practice: community seed banks, seed system resilience and food security // Shrestha P, Vernooy R and Chaudhary P. Community Seed Banks in Nepal: Past, Present, Future: Proceedings of a National Workshop, 14-15 June 2012, Pokhara, Nepal. Pokhara: Local Initiatives for Biodiversity, Research and Development: 16-40.

Sthapit B R, Shrestha P K, Subedi A, Shrestha P, Upadhyay M P and Eyzaguirre P E. 2008a. Mobilizing and empowering community in biodiversity management // Thijssen M H, Bishaw Z, Beshir A and de Boef W S. Farmer's Varieties and Seeds. Supporting Informal Seed Supply in Ethiopia. Wageningen: Wageningen International: 160-166.

Sthapit B R, Subedi A, Shrestha P, Shrestha P K and Upadhyay M P. 2008b. Practices supporting community management of farmers' varieties // Thijssen M H, Bishaw Z, Beshir A and de Boef W S. Farmer's Varieties and Seeds. Supporting Informal Seed Supply in Ethiopia. Wageningen: Wageningen International: 166-171.

Vernooy R. 2013. In the hands of many: a review of community gene/seed banks around the world // Shrestha P, Vernooy R and Chaudhary P. Community Seed Banks in Nepal: Past, Present, Future: Proceedings of a National Workshop, 14-15 June 2012, Pokhara, Nepal. Pokhara: Local Initiatives for Biodiversity, Research and Development: 3-15.

第5章 技术问题

最近兴起的社区种子银行引发了对技术问题的思考，即在当地特定的环境条件下，种子银行能否解决其自身运作中存在的技术问题。如果不能正确认识种子管理的复杂性，那么社区种子银行建立后也很难长期运行。因此，本章主要探讨社区种子银行运行过程中必须面临的关键技术及基本原则，尽管某些技术问题在一定程度上取决于种子银行的类型（见第 3 章的分类框架），但同时各类种子银行都面临普遍存在的问题。关键技术贯穿于种子管理的整个周期，例如：早期对作物及品种的选择（这种选择可能会随着时间而变化），后期对库藏作物品种及其用途的登记、存档等。虽然已有一系列指南为这些关键技术提供了可参考的理论知识和实践经验（如 Fanton M and Fanton J，1993；Saad and Rao，2001；Fanton et al.，2003；Seed of Diversity，2014），但我们发现大部分种子银行在运行管理过程中没有充分了解并利用好这些资源。

种子管理的基本要求：所收集和入库的种子应该保持农艺性状和遗传一致性，没有病虫害，种子发芽率高，记录该种子相关的信息和土著知识。本书中的案例研究描述了社区种子银行针对各种技术问题的解决方法，所用的技术方法既有简单的也有复杂的，有的需要传统知识，也有的需要依赖村社以外专家（如农学家、植物育种专家、基因库管理者、专业机构等）提供的专业技术方法。不同技术方法的成本存在差异，需要从临时制定到经过周密计划安排。但这些案例都清楚地表明，无论从短期或是长期来看，关键技术仍然是社区种子银行面临的一项重大挑战。因此，随着种子库管理能力的提升并获得更强有力的技术支持，社区种子银行的运行管理将更为顺畅和富有活力。

5.1 选择作物种类和品种

社区种子银行应该保存和管理哪些作物及品种应由社区农民讨论决定，可以参考非政府组织、政府部门、研究单位或技术推广人员的指导和建议。不同国家的案例研究显示，大部分社区种子银行主要收集保存对全球和当地都有重要价值、在当地就能够获取种子的传统作物及品种（如孟加拉国、印度和尼泊尔的社区种子银行）；而有些社区种子银行则专门收集保存本地起源的作物，如危地马拉保存的玉米和豆类，墨西哥及美国西南部保存的玉米、豆类、瓜类和辣椒，玻利维亚保存的马铃薯，津巴布韦保存的高粱、珍珠粟和豇豆。总体来说，社区种子银行更倾向于保存在当地具有重要价值的作物及品种。

社区种子银行有些会优先恢复和保存与当地文化相关的传统作物及品种。例如，在不丹曾经作为主食的荞麦，在 20 世纪 70 年代末因政府干预，许多荞麦品种被马铃薯种植取代（见第 10 章）。在埃塞俄比亚，经历多次严重干旱和小麦品种改良项目的失败后，社区将保存在国家基因库并在农田已"消失的"地方小麦品种重新恢复种植（见第 37 章；Development Fund，2011）。近年来，社区种子银行对适应当地各种逆境胁迫（如炎热、干旱、洪水）和更能适应恶劣土壤条件的品种进行优先鉴定、繁育和分发（见第 9 章、第 21 章、第 27 章、第 29 章和第 31 章）。在墨西哥，社区种子银行一直致力于保护野生玉米和豆类等重要的农作物。

社区种子银行在选择作物及其品种时，面临的重要问题是，只选择保存地方品种还是选择同时保存地方品种和改良品种。对这个问题，当地人各抒己见，社区能否做出明智的决定是选择作物品种保存的关键。例如：在孟加拉国（见第 9章）、墨西哥（见第 23 章）和美国（见第 31 章）等国家，社区种子银行通过前期分析作物多样性丧失现状，侧重选择地方品种的保存和推广；在哥斯达黎加（见第16 章）、尼泊尔（见第 34 章）、特立尼达和多巴哥（见第 29 章）和津巴布韦（见第 38 章）等国家，有些成功运作多年的社区种子银行选择同时保存地方品种和改良品种，这能够以合理的时间和经济成本为农民提供所需的各类种子，也能够通过销售改良品种来增加收入，有利于扩大作物种类及品种，维持地方品种的保护，增加社区种子银行的职能，保障机构的持续发展。

5.2　收集种子和种植材料

每个社区种子银行收集和保存的当地作物及品种数量各不相同，主要取决于：①当地作物品种的数量及可获取渠道的可能性；②社区和周边地区可用于种子鉴定的方法，以及种子收集的人力和技术能力等资源；③对当地种质资源价值认识，以及在环境保护方面的作用；④推动社区种子银行发展的动力；⑤有利的环境条件。

目前已有可提供协助当地人完成决策的方法，如地方生物多样性研究与发展计划（Local Initiatives for Biodiversity, Research and Development，LI-BIRD）和国际生物多样性中心（Bioversity International）开发的参与式分析方法，可帮助了解本地农业生物多样性现状，识别哪些品种是地方特有的、哪些是广泛分布的、哪些是常见的、哪些是濒危的、哪些是珍稀的、哪些是已经消失的。在建立社区种子银行之前，尼泊尔组织了一次生物多样性展示活动（Adhikari et al.，2012），通过活动来搜寻罕见的品种，然后在乡村生物多样性数据库中完善作物品种的种类、数量及其相关信息（Subedi et al.，2012）。这类活动有助于提升人们对生物多样性价值的认识，并确定珍稀种质资源的提供与保存者，同时有助于为社区种子银行收集种子和种植材料提供广泛的资源基础和来源渠道。此外，也有些社区种子银行成立了由两三名成员组成的委员会，委员会成员通过邻居、朋友、亲属和推广人员来寻找和收集社区种子银行感兴趣的生物种植材料和种子。

在收集种子的过程中，需要考虑的关键问题是如何取样和选择健康的材料。收集时最好从一块田地不同区域随机取样，而不能仅从某一角落取样；取样要保证一定的数量，并避免收集邻近道路的样本；收集样本应是健康的植株、花朵或果实。在此过程中，应尽可能在田间就完成病虫害的鉴别，对不明晰的样本材料可以带走后进一步鉴定。

现有的案例研究仍缺乏对社区种子银行科学管理方面的经验，这些经验包括种子库建档和信息管理、种传病害与检疫、种子发芽力及活力监测等。

5.3 信息记录，分享和交流

社区种子银行不仅储备着大量的种子和种植材料，还记录着地方品种的相关信息和传统知识，这些信息通常在外部机构帮助下以标准格式记录下来，一般包括种质资源的当地名称、特殊价值与用途、现状、一般特征、栽培方法、相关的农业生态环境、栽培的范围和分布、对田间生物和非生物胁迫的抗性、已知的营养价值、文化宗教价值及用途。

这些记录在很大程度上取决于相关的组织所提供的实践经验和指导。例如，尼泊尔自建立社区种子银行以来，地区生物多样性记录和种质基本信息被保存为基本档案，并进一步被纳入"社区生物多样性管理计划"，作为规划保护和发展相关活动的资料。

为了加强迁地保护和就地保护的联系，LI-BIRD 采用了国家基因库种质基本信息的标准格式，以避免信息传输错误（见第 34 章）。同样，墨西哥也保存了种质的基本资料、形态特征和种子储存记录等相关信息（见第 23 章）。而西班牙种子网络则通过农户访问复原了本地品种相关的传统知识及管理经验（见第 36 章）。因此，每个社区种子银行都应有一种健全的机制来记录基本数据、相关信息及传统知识，包括农民保存和推广种质资源的方式。本书中所涉及的种子银行并不是全都采用这些好的做法。

社区种子银行的另一个重要作用是为会员、非会员及其他相关人员提供信息分享、经验交流和材料交流的平台，不同的社区种子银行有着各自独特的实施管理办法。例如，哥斯达黎加（见第 16 章）、墨西哥（见第 23 章）、尼加拉瓜（见第 26 章）和津巴布韦（见第 38 章）等国家的社区种子银行充分利用种子集市及生物多样性展示为农民提供了相互学习、知识分享和经验交流的动态开放交流平台。通过种子集市及展览可以简便易行地评估当地作物多样性状况，还可以监测和收集稀有濒危的种质资源，并从种子保管人那里搜集到相关信息，从而便于规划今后的收集工作。与此同时，农民利用舞蹈、歌唱和诗歌等文化活动来传承作物种质资源的价值。

尼泊尔的一些社区种子银行每季度会组织公众参与种子交换活动，以分享种子及其相关知识（Shrestha et al.，2013）。墨西哥的社区种子银行每年会举办地方、州或国家级的种子交易会，并建立线上交流平台作为国家种质资源保护战略的一部分（见第42章）。近年来，随着信息技术的发展和社交媒体的盛行，在加拿大多伦多（见第14章）的一些社区种子银行通过开展田间日、巡展、相关信息分享教会活动、社区会议、培训和社交聚会等活动，为种质资源的交流和知识经验分享提供平台。

5.4　种子储藏：设施和方法

储藏设备和方法对于保持种子的清洁、健康与活力至关重要。各个国家的种子银行有不同的种子储藏方法，有临时性的也有永久性的，具体方法取决于各种子银行的宗旨、目标、核心价值观及现有资源。有些种子银行虽然有项目投资建设规模较大的基础设施，却没有维持这些设施运转的社会资本，导致种子银行后期无法维系。只有保障人力社会资本及组织支持后才能支撑种子银行的自我维持和发展。有些种子银行主要储藏当地种质资源，有些则储藏外来种质资源。有些种子银行比较简陋、空间狭小，而有些种子银行则配有包含两层楼的较大空间。大部分社区种子银行缺乏控温控湿设备，而这些设备是保证种质资源长期储藏的关键因素。

社区种子银行多采用传统方法根据作物的种类来储藏种子和种植材料，这些方法不仅管理简便，而且农民熟悉，因此操作过程基本不会出错。有的农民用泥、竹、稻草、干葫芦等材料来制造储藏设备，他们把种子晒干、冷却后储藏在泥封容器中。孟加拉国的每个社区种子银行均有用当地材料建成的一个储藏区和一间会议室，种子则储藏于传统容器陶盆中（见第9章）。大部分社区种子银行只有一个房间用于开展所有活动，但在津巴布韦和尼泊尔则有几个房间来储藏本地种质资源，并用于办公或开会。

为了保持储藏种子的健康和活力，社区种子银行正逐渐使用现代设备来取代传统储藏设备，如密封透明的塑料罐或玻璃罐、金属箱、一种具有密封防潮层的多层塑料袋"超级谷物袋"，这些设备在中国、危地马拉、墨西哥和尼泊尔等国家的使用日益普遍。在尼泊尔，人们采用沸石（铝硅酸盐基吸附剂）来控制湿度。而在美国种子保护组织"本土种子或搜寻"案例中，种子银行拥有冷藏室和冷冻库的先进储藏设施，并用于核心种质资源的短期储藏。

5.5　种子再生产：种子繁殖和质量保障

一般来说，社区种子银行保存了大量的本地农作物品种和少量的商业品种。

商业品种的生产，可根据当地和区域的需求量来确定每年需要生产的数量。在津巴布韦和哥斯达黎加，社区种子银行与种子公司合作每年生产和销售数吨种子。社区种子银行为了能大量生产种子，需要更多的土地、水、人力资源、运输设施，以及大型加工和储藏设备。但大规模商业化种子生产很容易对保护当地作物多样性产生影响并改变社区种子银行的发展方向。我们已经发现有些案例导致了这样的后果，但有些种子银行并未意识到这些后果。

大多数社区种子银行每年都会通过繁种来保存种子，但这一做法并不普遍。有些社区种子银行会根据当地需求、种子银行资源及自身能力，来决定当地品种大规模的种植面积和种子销售量。关于某品种生产一定数量的种子需要多大的种植面积，目前尚无技术指南可供参考，案例研究也没有更多可参考的经验。

位于尼泊尔特莱（Terai）地区中部的巴拉种子银行在 $9m^2$ 的田地上种植了 80 多个水稻品种，每个品种平均每年约产出 5kg 种子。这种小规模的种植有利于农民降低成本，并且易于管理，同时这种方法在全球气候变化的大背景下更利于品种进化和筛选。

社区种子银行采取了各种措施来确保种子不受有害生物的侵害，不与其他品种混杂，从而保障种子质量。有些国家（如孟加拉国、哥斯达黎加、乌干达）的社区种子银行建立了小型技术委员会，而另一些国家则由种子银行的执行委员会负责监测田间种子及贮存种子的质量（如尼泊尔）。尼泊尔的社区种子银行雇用本地人负责保障库内种子质量。在孟加拉国，由非政府组织孟加拉国替代性发展政策研究所（UBINIG）资助建立的社区种子银行则由"专业妇女种子网"这一组织来负责种子的日常管理和每年的繁种。

5.6 田间鉴定和评估

世界各地的社区种子银行正在保护和推广具有重要意义的许多地方作物种质资源，并适应当地的气候条件。多数种子银行以各种形式记录了种质资源的相关信息和传统知识，并发现了作物地品种所具有的优良性状，如抗旱、抗涝、抗病虫害，具有良好的食用品质、市场偏好、采收期，具有宗教和文化重要价值等。通过培育和推广等活动，这些记录能够为进一步开发作物优良性状奠定基础。

然而，很少有社区种子银行能够正确鉴定并详细记录所保存的种质资源多样性并提供目录，社区种子银行可能需要与研究机构密切合作来开展这项工作。除传统知识以外，社区种子银行也很少记录所保存地方品种的营养和药用特性。

5.7 知 识 缺 口

在各个国家的案例中，有些社区种子银行在地方品种和改良品种的收集、记录、繁种、储存、分配和营销方面能力较强且运作良好，这些社区种子银行也能够通过培训和其他活动提升其成员的能力。我们评估的社区种子银行中大部分设有关于田间的生产、管理、减轻病虫危害、保障种子质量、加强地方品种保护等培训课程。通过参与式的育种，农民利用地方品种和现代品种杂交选育自己所需的品种。尼泊尔巴拉（Bara）的社区种子银行用 7 年时间改良培育出一种新的优质水稻品种 Kachorwa 4，并开始繁育种子和向其他社区出售种子，从而获得收入来支持种子银行的运行并保护了地方品种（Sthapit，2013）。在此过程中，社区不仅意识到保护地方品种的重要性，还获得了植物育种、选种和营销方面的知识，这进一步推动基于社区的作物多样性管理，并调动社会资本进行种质资源的保护工作。

　　每月定期开展一次例会有利于农民共享信息和讨论问题，组织农民去国内外进行实地考察也是提升农民能力和弥补知识空白的一种方式。在乌干达，农民通过学习研究象鼻虫的生命周期，发现了适时采摘和妥当干燥的方法能够防止象鼻虫为害豆类种子。在马里，社区种子银行成员可以进入育种田间学校学习知识和提高技能。在孟加拉国，非政府组织孟加拉国替代性发展政策研究所（UBINIG）则开展了宣传培训活动，介绍传统农业生产方式的不足之处。

　　虽然在本书的种子银行案例中已有相关的实践，但对于大部分国家的社区种子银行，仍需考虑如何弥补知识缺口，将科学方法应用于种子收集、储存、育种、传统知识和信息建档等工作中，将最新技术和创新方法引入社区种子银行运行管理。

撰稿：潘泰巴尔·施莱萨（Pitambar Shrestha）

布旺·萨彼特（Bhuwon Sthapit）

罗尼·魏努力（Ronnie Vernooy）

参 考 文 献

Adhikari A, Upadhyay M P, Joshi B K, Rijal D, Chaudhary P, Paudel I, Baral K, Pageni P, Subedi S and Sthapit B. 2012. Multiple approach to community sensitization // Sthapit B, Shrestha P and Upadhyay M. On-farm Management of Agricultural Biodiversity in Nepal: Good Practices (revised ed), Local Initiatives for Biodiversity Research and Development, Pokhara, Nepal, 21-24. www.bioversityinternational.org/uploads/tx_news/On_farm_management_of_agricultural_biodivesity_in_Nepal_Good_Practices_revised_edition_2012_1222_.pdf, accessed 24 July 2014.

Development Fund. 2011. Banking for the Future: Savings, Security and Seeds. A Short Study of Community Seed Banks in Bangladesh. Costa Rica, Ethiopia, Honduras, India, Nepal, Thailand, Zambia and Zimbabwe, The Development Fund, Oslo, Norway.

Fanton J, Fanton M and Glastonbury A. 2003. Local Seed Network Manual. Byron Bay: The Seed Savers' Network.

Fanton M and Fanton J. 1993. The Seed Savers' Handbook. Byron Bay: The Seed Savers' Network.

Saad M S and Rao V R. 2001. Establishment and Management of Field Genebank. A Training Manual. IPGRI-APO, Serdang, International Plant Genetic Resources Institute, Office for Asia, the Pacific and Oceania, Serdang, Malaysia. www. bioversityinternational.org/uploads/tx_news/ Establishment_and_management_of_field_genebank_786.pdf, accessed 24 July 2014.

Seeds of Diversity. 2014. Micro-seedbanking: A Primer on Setting Up and Running a Community Seed Bank. Toronto: Seeds of Diversity. www.seeds.ca/int/doc/ docpub.php?k=2f6ffc26420e3ea79 473956419b097c700001004, accessed 24 July 2014.

Shrestha P, Sthapit S and Paudel I. 2013. Participatory Seed Exchange for Enhancing Access to Seeds of Local Varieties [in Nepali]. Pokhara: Local Initiatives for Biodiversity, Research and Development. www.libird.org/app/publication/view.aspx?record_id=109&origin=results&qS=q S&fl_4417=Pitambar+Shrestha &fl_4501=5&fl_4554=2013&union=AND&top_parent=221, accessed 24 July 2014.

Sthapit B R. 2013. Emerging theory and practice: community seedbanks, seed system resilience and food security // Shrestha P, Vernooy R and Chaudhary P. Community Seedbanks in Nepal: Past, Present, Future. Proceedings of a National Workshop, 14-15 June 2012, Pokhara, Nepal. Pokhara: Local Initiatives for Biodiversity, Research and Development; Rome: Bioversity International: 16-40.

Subedi A, Sthapit B, Rijal D, Gauchan D, Upadhyay M P and Shrestha P. 2012. Community biodiversity register: consolidating community roles in management of agricultural biodiversity // Sthapit B, Shrestha P and Upadhyay M. On-farm Management of Agricultural Biodiversity in Nepal: Good Practices (revised ed). Pokhara: Local Initiatives for Biodiversity, Research and Development: 37-40. www.bioversityinternational.org/uploads/tx_news/On_farm_management_ of_agricultural_biodivesity_in_Nepal_Good_Practices_revised_edition_2012_1222_. pdf, accessed 24 July 2014.

第6章 支持系统和网络

社区种子银行组织了一批从事植物种子保护、选育和促进农村发展的志愿者，以寻找与农民合作的新方式，加强农民种子系统的多功能性。社区种子银行往往规模较小，它们可以短期储存种子，并为周边的村庄提供相应的服务。如果社区种子银行与其他非正式和正式种子系统建立伙伴关系，形成共享信息和种子的网络，就可以相互促进，产生倍增效应。

一些社区种子银行在建立关系方面表现出色，但总体来讲，本书案例描述的社区种子银行所形成的网络差异很大。有些网络是稳定的，但范围窄、连接少；而有些网络则覆盖范围广，连接了许多来自不同领域的社会行动者，并且交流密切，与非政府组织、合作社、农民企业和农民协会等农村发展组织类似，这类社区种子银行已经或正在成为正式程度不一的社区种子银行联盟/群体/网络/协会的一部分。这类种子银行连接增加了获取新材料和信息的机会。目前，巴西有一个州一级网络包含 240 多个社区种子银行（见第 39 章）。同样，西班牙种子网络"登记和交换"（Resembrando e Intercambiando）也是一个非正式的联盟，聚集了遍布全国的 26 个地方种子银行网络（见第 36 章）。

一些社区种子银行定期与研究人员互动，虽然会深受研究人员的影响（如巴西、哥斯达黎加、危地马拉、马来西亚、马里和乌干达的案例）或推广机构的影响（如不丹、中国和津巴布韦的案例），但来自两者的倡议并非总被采纳。而其他案例中的社区种子银行与这些研究人员几乎没有联系，或者不愿与他们互动（如印度的一些案例）。在印度，个别有热情的科学家和种子管理者通过个人关系从周围村庄收集当地种子，建立了他们自己的社区种子银行（如 Debal Deo in Orissa，印度拉克瑙的拉克斯曼·舒克拉的芒果；见 Sthapit et al.，2013）。有的社区种子银行与负责保护植物遗传资源的国家基因库或国家级机构（如不丹、埃塞俄比亚、墨西哥和津巴布韦）开展合作，而有的已开始探索合作（如印度和尼泊尔）或有计划这样做（如南非）。但是各地仍然没有来自国家层面的指导去阐明这类合作的角色、权利和义务。

在一些国家，社区种子银行是正规研究系统中动态网络的一部分，二者进行参与式植物育种、参与式品种选择、知识和经验的交流。一些社区种子银行已经不仅仅是以种子为导向的组织，而是更广泛地作为社会学习、动员和发展的平台（如尼泊尔的案例）。

在我们的案例研究中，最常见的是社区种子银行和国际/本土非政府组织合作［如津巴布韦社区技术发展信托基金（CTDT）、挪威发展基金（The Norwegian Development Fund）、尼泊尔地方生物多样性研究与发展计划（Local Initiatives for Biodiversity, Research and Development，LI-BIRD）、加拿大一位论教派服务委员会（USC Canada）、救济世界饥饿组织（Welthungerhilfe）、行动援助（ActionAid）与荷兰乐施会，这些在本书中都有描述］。在某些情况下，国家和国际研究组织［特别是国际生物多样性中心（Bioversity International）］提供技术与资金支持。通过这些支持组织，一些社区种子银行已开始与制定植物遗传资源保护政策的国家政府机构进行互动（如洪都拉斯）。即便存在长期合作关系，但由于种子银行往往具有高度的个人特质，因此很不稳定，而且这些组织的资金来源不确定，可能导致种子银行未来也很难稳定。

有时社区种子银行的领导人会带头建立和维护网络，而有时会员的参与度会更高一些。在一些案例中，女性农民在社区种子银行的工作中发挥着重要作用；但在其他案例中，女性和男性共同承担角色与参与活动。发达国家中的社区种子银行（如澳大利亚、加拿大、美国和欧洲国家）在有高忠诚度的成员、明确的目标和健全的自筹资金机制的情况下，似乎运作良好。在发展中国家，至少在开始的时候，捐助者或国家或国际非政府组织为大多数网络的建立提供了帮助，而得到本地的认同则需要时间，有时还会因为不信任而受到阻碍。

这些方面都会受到许多因素的影响，如地理、道路和通信基础设施、地方文化、地方领导人的作用、市政或地区政治、自然灾害的发生、内乱或战争、国家政策发展、国际发展优先事项和国际金融形势等。关系网的性质是如何影响社区种子银行的运作和表现的？用何种方式推广网络更有意义？对于以当地为重点的组织，构建更广泛的有效关系网络的难易程度如何？社区种子银行做哪些事情可以有利于建立当地的联系网络，如组织年度种子多样性交易会和参与式交流？

遗憾的是，因为不能进行长期的实地研究，案例研究无法对网络性质进行深入的社会评估，从而无法了解关系网络性质对社区种子银行绩效和可持续性的影响，但它们提供了一些深刻的见解。我们将在以下部分展开这些见解，将案例研究分为两类：松散型网络和密集型网络，松散型网络连接较少，密集型网络连接较多。不过，把网络分析作为统一的概念框架的一部分，应用于深入评估社区种子银行及其作为种子和信息交换网络动态且可行的核心参与者的价值，仍然是一个挑战。在介绍这两种类型之前，我们首先简要地回顾一下社区种子银行获得的支持的种类及其意义。

6.1　支　　持

案例研究提供了充分的证据证明，物质、技术、资金、社会、政治和道德支持的结合对于社区种子银行的建立与持续运营是非常重要的。在获得了资金和物质支持后，许多种子银行得以启动，建立种子储存设施，获得基本设备和材料。在墨西哥瓦哈卡，国家粮食和农业植物遗传资源系统支持了 10 个社区种子银行的建设（见第 23 章）。在尼加拉瓜，一些国际非政府组织资助建立了一个种子银行网络，这个网络由中心银行和一系列基于家庭的社区种子银行组成（见第 26 章）。在孟加拉国和斯里兰卡，国家和国际非政府组织共同分担了建立社区种子银行的费用（见第 9 章和第 28 章）。虽然有时农民有足够的地方资源来建立社区种子银行、完善基础设施，但毋庸置疑，外部支持也是非常有帮助的。

然而，建立社区种子银行不仅需要物质资源，还需要人力资源。在本书的第二篇，支持社区种子银行的组织的案例研究都很好地说明了这一道理。LI-BIRD 开发的工作方法强调了从一开始就需要通过培训和能力建设，围绕种子保护和社区种子银行管理、治理以及网络相关的技术与体制，提高社区种子银行成员的能力水平（见第 34 章）。

国家推广、保护和研究机构，国家和国际非政府组织及国际研究组织等，都为社区种子银行成员提供了广泛的技术培训：土壤健康、参与式作物多样性评估、参与式品种选择和植物育种、种子技术管理、数据登记、种子生产和营销、组织发展和企业发展。不丹案例的特点是，通过区域农业官员和工作人员在"宗"一级的协调活动，社区种子银行与几个政府机构建立了密切的支持联系；国家生物多样性中心（NBC）提供技术和资金支持，并初步协调，联合国开发计划署的全球环境基金项目——"综合牲畜和作物保护项目"通过国家生物多样性中心提供资金支持（见第 10 章）。在特立尼达和多巴哥，重要的国家植物遗传资源机构为社区种子银行提供了新技术，如种子脱粒机、干燥机和温室大棚（见第 29 章）。

在美国和加拿大，社区种子银行的志愿者协助农场完成繁种、种子清洁和包装等许多方面的工作，社区种子银行很大程度上依赖志愿者。在美国，志愿者还帮助社区种子银行经营零售店。一些案例研究提到了道义支持的重要性，道义支持是种子银行建立和使其运作合法化的一种支持形式。

如果社区种子银行成员适当利用这些形式的支持，可以强化业务能力、提高工作效率。但是，高度依赖单个或少数支持机构也会产生负面影响。随着社区种子银行的成熟，其获得的支持的性质和程度将发生变化。以需求为导向的支持形式将会取代供应驱动式的支持形式。本书所提到的致力于长期为社区种子银行提供支持的组织，似乎已经接受了这种动态演变，并相应地调整了他们的支持策略。例如，USC Canada 反映，随着社区种子银行的成熟，其支持将针对性的培训、与其他机构合作和政策倡导等活动在国家层面重新定位。在关注点方面，其现在更加关注市场发展和创收机会、性别平等、青年参与（见第 37 章）。

尽管国家和国际机构给予了大力支持并关注个人能力的发展，但有的社区种子银行仍然没有跨越起始阶段。正如马来西亚案例研究表明的那样（见第 20 章），可能是由几个因素造成的，包括不鼓励种子分享的文化价值观、缺乏来自村社的有力支持以维持运营和劳动力短缺问题。

6.2　松散型网络

有些国家的社区种子银行尚未成为密集型网络的一部分，当然这并不意味着它们在运营、治理和绩效方面不够稳固。在尼加拉瓜，社区种子银行唯一重要的外部支持来自 UNAG（The Unión Nacional de Agricultores y Ganaderos）的农民间学习计划（PCaC），这个计划由欧洲非政府组织提供技术支持（见第 26 章）。PCaC-UNAG 网络是由"瑞士援助"（SWISSAID）支持的一个名为"种子身份"（Seeds of Identity）的组织联盟的一部分。农民间学习计划（PCaC）以与农民长期密切合作而闻名，但其对外部资金过于依赖也带来了一些问题。

在卢旺达，在国际生物多样性中心参与下新成立的社区种子银行正在与其他机构建立联系，如当地青年合作社、卢旺达农业委员会、国家基因库的政府机构和国际非政府组织明爱（Caritas）（见第 27 章）。但是，这些连接是非常初步的，且仍不甚明晰。在乌干达，新成立的社区种子银行与国家农业研究组织（NARO）植物遗传资源中心下的恩德培（Entebbe）国家基因库密切合作。基因库为社区种子银行提供指导，且为其存储其品种的种子复份（见第 30 章）。在国际生物多样性中心的支持下，国家农业研究组织强化了这一联系。

在中国，云南省西定的第一家社区种子银行很大程度上依赖省级机构的研究支持和当地推广服务部门的技术支持。但是它还没有与正式机构建立其他联系，因为在中国背景下，建立其他联系需要特别关注正式合作程序。可以设想，若能与中国西南地区的其他社区种子银行进行交流，会有助于分享经验和种子，进而推动在中国建立更多的社区种子银行（见第 15 章）。

在玻利维亚，早期曾有过尝试将社区种子银行与正规农村发展和种子部门联系起来，但由于国家政治局势的变化，那次尝试并未持续很长时间。目前，国际生物多样性中心、安第斯产品促进与研究基金会和其他 4 个国家机构合作实施的国际捐助项目可以提供资金支持，于是这方面的第二次尝试重新启动。这些合作伙伴正在探究如何最好地建立支持性网络、营造良好的政策和法律环境，从而保证社区种子银行的可持续性（见第 11 章）。

6.3　密集型网络

在一些国家，社区种子银行已经处于密集型网络之中，其特点是与正式和非正式部门中多个多样化的社会行动者有大量或频繁的联系。案例研究表明，这种密集型网络可以对社区种子银行产生积极影响，并有利于制定支持可持续性的战略。

然而，在此也需要提出警示（见第 22 章）。例如，在马里的案例中，一些社区种子银行得到了 USC Canada 提供的技术和资金支持，它们现在通过网络与一些区域组织和其他类似的区域组织进行合作。但 USC Canada 终止为这些社区种子银行提供支持的时候，有的社区种子银行可以继续独立运作，但有的社区种子银行就关闭了。虽然在相似的、资源充足的网络条件下运营，但因为在成员能力水平提高程度方面存在差异，如领导力、动力、主人翁精神和组织技能，这些社区种子银行有着不同的结局。

在尼泊尔的达尔乔基（Dalchowki）案例中可以找到类似的经验（见第 24 章）。虽然那里的社区种子银行与理念相同的非政府组织和政府机构（包括国家基因库）合作，获得了技术和资金支持，似乎联系很好，但因为社区种子银行的内部因素其发展轨迹起伏不定。

不丹政府正在制定一项国家战略以建立和支持社区种子银行，这代表了一种制度模式可以对稳健运营、良好绩效和可持续性进行指导（见第 8 章）。在津巴布韦，虽然没有得到正式政策或国家战略的支持，但社区种子银行受益于类似的联系（见第 38 章）。津巴布韦的社区种子银行与国家基因库建立了密切的合作关系，国家基因库为社区种子银行提供种子样本收集和存储的培训，并参加种子交易会。从一开始国家推广服务部门就提供技术支持，社区技术发展信托基金一直鼎力支持社区种子银行，它与津巴布韦农民工会签署了一份谅解备忘录，以在国家层面促进种子银行的扩大和农民间的网络联系。

来自巴西的案例研究（见第 12 章和第 13 章）表明，多方合作可以带动更多资源。在帕拉伊巴州，社区种子银行是农民和村落协会、小型合作社、工会、教区和当地非政府组织网络的一部分，这些组织共同推动更强大的农业系统建立，实现了更广泛的社会公平和当地可持续发展。在阿拉戈斯州，社区种子银行与小规模的农民合作社和庞大的民间社会组织网络联合起来，这个群体已经推动了支持社区种子银行的重要政策和法律的变革（见第 39 章）。在尼泊尔，2012 年成立了全国社区种子银行网络特设委员会，正在积极促进知识和种子的交流，并在 LI-BIRD 的支持下，汇编尼泊尔境内由社区种子银行保存的当地品种目录（见第 34 章）。该委员会正试图将尼泊尔的所有社区种子银行纳入全国社区种子银行网络，并提出在 2014 年底与国家基因库会面并讨论开展合作事宜的计划。

另一种构建密集型网络的方法是通过项目来完成。仅靠社区种子银行一方力量不太可能做到这一点，但可以通过支持种子银行的机构的项目来开展密集型网络构建活动。例如，"本土种子/搜寻"组织在美国西南部的项目活动和影响创建了一个密集型网络，知识和资源在这个网络内实现了多方向流动。另外，在亚利桑那州最近建立了第一个种子图书馆/小型社区种子银行，可以免费交换种子，并将图森的 8 个公共图书馆建立成一个复杂的支持网络（见第 31 章）。可能这种情况不具有典型性，但从中可以看出，若社区种子银行运作良好，在促进其他举措方面也可能具有潜力。

撰稿：罗尼·魏努力（Ronnie Vernooy）

布旺·萨彼特（Bhuwon Sthapit）

潘泰巴尔·施莱萨（Pitambar Shrestha）

参 考 文 献

Sthapit B, Lamers H and Rao R. 2013. Custodian Farmers of Agricultural Biodiversity: Selected Profiles from South and South East Asia. Proceedings of the Workshop on Custodian Farmers of Agricultural Biodiversity, 11-12 February 2013, New Delhi, India. New Delhi: Bioversity International. www.bioversityinternational.org/e-library/publications/detail/custodian-farmers-of-agricultural-biodiversity-selected- profiles-from-south-and-south-east-asia/, accessed 26 January 2015.

第7章 政策和法律环境

社区种子银行在世界各地具有不同政治制度、政策和法律背景的国家开展运作。令人惊讶的是，我们通过回顾文献资料发现，很少有人研究社区种子银行所处的政策和法律环境。本章节将填补这方面的空白。我们的分析基于以下几个问题展开：在农作物多样性的农场保护与就地保护和管理方面，有哪些影响社区种子银行运行的政策和法律？它们是如何产生影响的？有哪些支持社区种子银行运行的公共干预政策？社区种子银行是否可以被认为是农民权利的一种体现？如果是，社区种子银行是否受到法律的保护？若没有任何有关这方面的法律，那么可以运用哪些政策工具来激励社区种子银行维持作物多样性，并对其他生态系统的农业生物多样性做出贡献？

在之前的篇章中，列举了一系列支持社区种子银行的政策和法规，其主要目标：
- 鼓励农民及其社区保护和恢复当地植物的种类与品种。
- 重视和奖励农民在保护农业生物多样性及相关的文化价值与知识方面共同努力。
- 重视和保护这些本地遗传资源及相关知识。
- 保持资源的公平获取性和可用性（通过适当的获取与惠益分享协议）。
- 促进地方、国家和国际之间的交流与联系。
- 提供技术和财务支持，将农民组织起来，并加强他们的组织能力建设。
- 传播和推广社区种子银行的成果。

第二篇的案例列举了一系列当前政策和法律对社区种子银行产生的积极与消极影响。各类影响情况总结如下：从积极的方面来说，近年来一些国家已经发生了良好的变化，前文已有阐述。我们相信关键决策者已逐渐认识到社区种子银行的潜力，会把社区种子银行纳入到更广泛的政策、战略与方案框架中，这种积极的影响将会持续和扩大。

7.1 积极方面：从理解到支持

在墨西哥（见第42章），社区种子银行正得到联邦政府的资金和技术支持；这样的支持在规模和范围上似乎是独一无二的。然而，来自瓦哈卡（项目支持的首批州之一）案例的研究者认为还可以做得更多。尽管社区种子银行目前是国家保护系统的一部分，但他们认为公共政策应该支持社区种子银行对遗传多样性的就地保护。这一战略将应对由气候变化与转基因材料所带来的挑战。还需要立法来保护农民的生物文化资源。瓦哈卡的社区种子银行应该成为国家就地保护植物遗传资源战略的一部分。应该鼓励那些在位置上靠近墨西哥的土著与混居的具有战略地位的州建立社区种子银行，因为这些地方要么有着丰富的遗传多样性，要么存在濒危物种。

在尼泊尔（见第41章），国家政策环境对社区种子银行更加有利。农业部在其计划和项目中以社区种子银行建立作为战略成为主流，不仅获取了更多优质的改良品种，还保护了当地作物。最新修订的国家种子法规放宽了对地方品种登记的要求，方便农民个人或者农民组织登记他们自己培育的本地品种。

在非政府组织的帮助下，尼泊尔政府率先制定了《社区种子银行指南》（Community Seed Bank Guideline）（2009年），这是一个包括社区种子银行的指导计划、实施和日常管理等活动的纲领性文件。该指南关注的是很难获得种子的被边缘化的人群、贫困人口、土著居民和受战争迫害的家庭。该指南阐明了一个清晰的愿景，并描述了社区种子银行与政府、非政府机构协调合作的策略；确定了社区需要发挥的互补作用；提出了社区能力建设与社区激励计划。该指南虽然已被一些政府机构用来建立和支持一批社区种子银行，但还没有得到广泛的传播。目前只有区域农业发展办公室能够授权建立社区种子银行，因而只有17个区可以建立社区种子银行。到目前为止，已经在7个区建立了7个社区种子银行。国家农业遗传资源中心的战略包含建立一个社区种子银行网络作为保护策略的关键补充。

2014年，不丹的国家生物多样性中心效仿了尼泊尔的做法，为社区种子银行起草了一份指南。这份指南分为6章，包括定义、目标、功能、组织者和合作者、范围、建立和管理指南。对于其他有兴趣推广社区种子银行的政府，广泛传播这些指南将颇有裨益。

为社区种子银行提供政策和法律支持力度最大的国家是巴西（见第39章）。在过去的几年里，巴西有3个州（帕拉伊巴、阿拉戈斯、米纳斯·吉拉斯）制定了法律，为现存的社区种子银行维护提供了法律框架。得益于小农户联盟、非政府组织与当地政府的共同支持，社区种子银行得以建立和维系。在巴西的其他4个州（巴伊亚、伯南布哥、圣卡塔琳娜和圣保罗），当地政府的立法议会也正在讨论类似的法案。有一个特别立项的社区种子银行项目允许帕拉伊巴州政府购买当地品种的种子，并在农民和社区种子银行中分发。在此之前，只有经过认证的改良种子才能如此操作。法律框架还允许农民使用当地品种的种子来生产食物并将食物销售给公立学校和医院（通过与国家政府机构签订合同）。米纳斯·吉拉斯州于2009年通过了其社区种子银行法。它首次明确了社区种子银行的法律定义，为农民获取和利用当地作物种子提供了保护："以家庭为单位的农民收集地方种质资源、传统植物品种、地方品种等，并负责日常的管理。这些人员还要负责种子或苗木在当地的繁育、分配、交换或贸易。"

7.2   良好的发展前景

在不少国家，有迹象表明政府正在制定更多的支持社区种子银行的政策和法律。体现出良好发展趋势的为中美洲（尽管尼加拉瓜的情况不太乐观，见下文）与南非的案例。在南非，农业、林业和渔业部（DAFF）认为社区种子银行可以加强非正式种子体系的联系，在本地和社区层面支持保护农民传统品种，保障种子安全。粮食和农业遗传资源保护与可持续利用战略部门（The Departmental Strategy on Conservation and Sustainable Use of Genetic Resources for Food and Agriculture）除关注重点的领域外，还提出了粮食和农业植物遗传资源的迁地保护与就地保护。DAFF 与国际生物多样性中心（Bioversity International）合作，在南非国内以小农户为主的地区建立了几个社区种子银行（见第 43 章）。

在中美洲（见第 40 章），政府最近制定的《为应对气候变化而加强中美洲植物遗传资源在粮食与农业发展中作用的战略行动计划》（Strategic Action Plan for Strengthening the Role of Mesoamerican Plant Genetic Resources for Food and Agriculture in Adapting Agricultural Systems to Climate Change）突出了社区种子银行的核心地位。该计划制定于 2012 ～ 2013 年，得到了粮食和农业植物遗传资源国际公约惠益分享基金（The Benefit-Sharing Fund of the International Treaty on Plant Genetic Resources for Food and Agriculture）的资助。在国际生物多样性中心美洲办事处的科学指导下，来自该地区的 6 个国家参与制定了该计划。最终在中美洲部长理事会（The Central American Council of Ministers）的支持下，该计划将重点放在就地/农场及迁地保护、可持续利用、政策和制度方面，并分为不同的专题部分。每个部分都强调了未来 10 年将要开展的工作（见第 40 章）。

在津巴布韦，政府已经就农民权利的立法框架进行了全面的讨论。提交的建议书将促进社区种子银行与国家基因库和南非发展共同体区域基因库建立紧密联系。这种合作在国家层面对加强生物多样性保护和可持续利用有很大的促进潜力（见第 38 章）。

在乌干达，吉兹巴（Kiziba）社区种子银行（见第 30 章）在地区一级登记为种子生产小组，并根据不同的政策开展业务，其主要依据的政策是目前正处于审核中的《国家农业种子政策（草案）》（Draft National Agricultural Seed Policy）（2011年）。社区种子银行同样也在《种子与植物法案》（Seed and Plant Act）（2006 年）下运作，该法案主要关注植物育种与品种审定、种子繁种和销售、种子进出口、种子与苗木的质量保证。《种子和植物条例》（Seed and Plant Regulations）（2009 年）为这些活动的开展提供了指导。

7.3　自相矛盾的政策

虽然只有卢旺达案例研究的作者明确提到该国的政策和法律有时相互矛盾，但很可能有为数不少的国家有这样的情况（见第 27 章）。例如，在卢旺达，政府已经开始支持在选定的地区建立社区种子银行。然而，土地整合政策及面积不断扩大的单一优势作物导致农民不能自由种植不同作物的当地品种，因而对社区种子银行产生了负面影响。类似地，政府在作物集约化项目中向农民推广改良种子与肥料也阻碍了社区种子银行开展工作。

7.4　消极方面：缺乏理解，无支持，难以获得支持

许多国家都难以建立和运行社区种子银行。一些国家的政府把社区种子银行看作是政府管理保护体系的竞争对手。其他的则担心以社区为基础的组织扩大化。

例如，在中国，尽管近年来一些地方已经有了一些尝试（Song and Vernooy，2010），但现行的农业和生物多样性相关政策忽视了对农民及其社区的保护。中国幅员辽阔、农业人口众多，却很少有人尝试建立一个社区种子银行，消极的环境可能是造成这一局面的原因之一。实际上第 15 章的中国社区种子银行可能是中国建立的第一个社区种子银行。省一级的政策和法律也会对社区种子银行产生正面影响。在作者提到的案例研究中，《云南省园艺植物新品种注册保护条例》和《云南省农业环境保护条例》对农业生物多样性的保护产生了积极影响。然而，在中国，人们对保护农业生物多样性的必要性的认识还是非常薄弱的。

在西班牙也出现类似的情况。西班牙种子银行网络参与的"培育多样性，播下你的权益"（The Cultivate Diversity, Sow Your Rights）运动要求与保护并利用当地品种和种子生产有关的公共政策做出改变（见第 36 章）。然而，到目前为止，这些长期的努力没有导致任何具体的政策或法律改变。

在一些国家，如印度和埃塞俄比亚，确实有农民权利法案或者条款，从理论上来说，这些有利于社区种子银行的发展，然而其实际的效果并不显著。在印度，社区种子银行由国家植物遗传资源委员会（The National Board of Plant Genetic Resources）建立，并在其强制管理下作为小型基因库来运作（Malik et al.，2013）。导致的问题之一是小农户不被允许生产和销售种子。在某些案例中存在限制性的法律，如《种子认证法》（Seed Certification Law），其审定的标准是参照由正式种子系统培育的具有特异性、一致性和稳定性的品种来进行审定认证。在尼加拉瓜（见第 26 章），由于缺乏针对本地遗传资源的支持性保护政策，以及研究与推广机构对少数几个主粮品种的大力推广，因此近 10 年来地方品种流失。在孟加拉国的研究案例中（见第 9 章）也提到了这一点。

7.5 社区种子银行和对农民权利的认可

Andersen 和 Winge（2011）指出社区种子银行有助于实现《粮食和农业植物遗传资源国际条约》（The International Treaty on Plant Genetic Resources for Food and Agriculture，ITPGRFA）中规定的农民权利。社区种子银行确保了适合当地气候条件的多样化的种子供应，保存了本地品种的相关知识，减少了对社区之外种子来源的依赖，促进了种子的繁种，促进了农民之间的分享，推动了作物改良工作，非政府组织的赞助为社区提供了福利，确保了农民在面对压力时能获得种子储备。

正如案例研究表明的那样，所有的社区种子银行至少具有上述功能中的一项，但只有少数种子银行明确提到农民的权利。例如，津巴布韦案例研究的作者提到了《粮食和农业植物遗传资源国际条约》，并指出支持社区种子银行本身就是该条约本土化的一种方式（见第38章）。津巴布韦是少数几个讨论全面构建农民权利立法框架的国家之一。

伴随着农民权利保护行动的开展，相关法律方面的保护行动本应同时开展，不过这些案例提供了一个非常复杂的全景，既有社区种子银行在没有任何明确保护措施下运作，也有社区种子银行得到正式的认可，很多时候是以合作社的方式运作。在该领域社区种子银行仍需要更多的支持。在支持社区种子银行方面，挪威发展基金（The Norwegian Development Fund）提议政府应该建立或支持社区种子银行，作为政府落实农民权利、履行《粮食和农业植物遗传资源国际条约》条款的责任，如涉及作物遗传资源多样性可持续利用和保护的条款。挪威发展基金还要求该条约的缔约国支持不断扩大社区种子银行，以满足尽可能多的农民，特别是边远地区的农民需求（见第35章）。然而，尽管有些国家的政府已经开始意识到社区种子银行的重要性，但到目前为止，这些看起来合理的要求仍没有获得政府太多的关注和支持（中美洲和南非的案例研究，见第40章和第43章）。

7.6 支持社区种子银行的政策措施

国家种子政策和相关法律通常涉及种子生产（繁种）、标准化、认证、商业化、品种改良、登记和发行程序、知识产权保护（主要涉及育种家的权益）、种子部门（研究和推广服务）的技术支持，以及农民组织。因此，它们对许多社区种子银行的运行都有直接的影响，尤其是那些专注于种子可获得性和可用性的种子银行。有效的政策和法律规定可以为社区种子银行提供具体的支持，但迄今为止，它们往往起了相反的效果。在津巴布韦，农民被禁止出售农场储存的种子。在墨西哥，尽管社区种子银行得到了政府的技术支持和资金支持，但是依然缺乏保护农民遗传资源的立法。在尼加拉瓜，各种公民社会组织都在为制定保护地方品种的法律框架而开展运动。

除了与种子直接有关的政策和法律,还存在其他可能相关的政策和法律。例如,在尼泊尔,于 2007 年首次制定了《农业生物多样性政策》(The Agrobiodiversity Policy),并在 2011 年和 2014 年再次修订,该政策关注农业生物多样性的保护与可持续利用,保障了农业社区在福利和土著知识、技能和技术方面的权利,并为公平获取与使用农业遗传资源和材料提供了机会,这些关注点隐性地肯定了社区种子银行。社区种子银行通过确保社区层面的惠益分享潜在地可以为《名古屋议定书》(Nagoya Protocol)提供支持。然而,仍然存在许多政策空白点,如针对社区种子银行质量保证体系应有适当的激励举措。

一般来说,关于合作发展或农民组织的政策和法律,都可以成为社区种子银行的有力支持。它们可以提供法律承认和保护、技术与财政支持、种子商业化的机会等,包括金钱和非金钱的(如奖品和奖励),同时能让国家层面听到农民的呼声。在一些国家(如布隆迪、马里和墨西哥),社区种子银行获得了正式的合作地位,使得它们有机会团结起来巩固和扩大业务。

关于社区种子银行的具体政策和法律仍然很少。最鼓舞人心的案例在巴西(如上所述),有 3 个州已经批准了旨在为现有社区种子银行提供法律框架的具体法律,其他 4 个州也在讨论类似的法案。我们希望有更多的国家能效仿这一做法。

撰稿:罗尼·魏努力(Ronnie Vernooy)

潘泰巴尔·施莱萨(Pitambar Shrestha)

布旺·萨彼特(Bhuwon Sthapit)

参 考 文 献

Andersen R and Winge T. 2011. Linking community seedbanks and farmers' rights // Banking for the Future: Savings, Security and Seeds. Oslo: Development Fund: 5-6.

Malik S K, Singh P B, Singh A, Verma A, Ameta N and Bisht I S. 2013. Community Seedbanks: Operations and Scientific Management. New Delhi: National Board for Plant Genetic Resources.

Song Y and Vernooy R. 2010. Seeds and Synergies: Innovating Rural Development in China, Practical Action. UK: Bourton on Dunsmore; Ottawa: International Development Research Centre.

第 8 章　可 持 续 性

在前几章中，我们讨论了社区种子银行运作和成效的关键影响因素。所有这些因素都影响我们所说的组织可行性。然而，可持续性或长期的组织可行性，是社区种子银行面临的最大挑战。正如本书案例研究表明的那样，社区种子银行在技术和运作能力上存在相当大的差异，如植物检疫标准的遵守、优质种子的生产、储藏种子的发芽率和活力监测、储藏品种的信息和生产管理、治理和运作。由于缺乏法律承认（尽管在一些国家这方面正在改善）和财政支持，技术和运作面临的挑战更加严峻。过去的经验表明，社区种子银行的运作通常在创立的最初几年卓有成效，但随着外部支持的撤出，许多活动就会减少或完全停止。与其他组织一样，如果社区种子银行建立时没有适当的基础，则很难持续发展。

随着社区种子银行数量的增长和回顾案例的差异，我们不禁提出一个问题：从长远来看，社区种子银行必须具备哪些能力才能维持有效的运作？我们的案例研究表明必须满足许多条件：法律的承认和保护、财务的可行性、优秀的技术人员和有效的运作机制。另一个重要因素是初期的详细和系统化规划。在这一章，我们将阐述社区种子银行可持续性的一些影响因素，即人力和社会资本、经济赋权、政策和法律环境及运作方式。

8.1　人力和社会资本

社区种子银行的运作原则是参与、集体决策，以及对资源、风险和利益的责任分担。农民共同努力和参与活动的过程加强了他们集体行动的能力，并建立了人力和社会资本。这个过程的关键是社区种子银行的管理。社区种子银行的有效运作和发展取决于获取优质种子的渠道，而这只能依靠有责任心和有能力的人来实现。

社区种子银行运行通常采用基于实践的相对简单并且成本低的传统知识做法，但也有部分使用现代设备和新技术。在保障种子的高品质方面，除了种子银行的物质设施，成员对技术的掌握和运用起着重要作用。当成员完全掌握了保存和生产高纯度优良种子所需的技术时（见第 5 章），社区种子银行才有机会长期运作。

建设人力资本和确保可持续性的另一个重要方面是传承。资深成员把领导角色、知识和专长传承给下一任领导和年轻成员。这其中大部分取决于治理机制（见

第4章）。国家或地区的社区种子银行网络为学习和经验分享创造了平台，而且有助于发展人力和社会资本。在巴西、马里、墨西哥和尼泊尔，由于增强了管理能力和强化了社区种子银行的工具作用，已经建立起各种交流网络。在其他案例中，社区种子银行正在与国家基因库建立交流网络（如中国、津巴布韦、尼泊尔）。这种合作是增强社区种子银行成员能力的另一种方式，特别是在种子管理的技术方面，包括病虫害管理，其次是在种子管理的运作方面。

案例中各国的社区种子银行在不同的技术能力下运作，有些是高度专业的，而另一些则只有起步入门级水平；有些得到了公共研究、推广机构和非政府组织的技术支持，而另一些则是在得到了外部机构多年支持后自行运作。不丹、玻利维亚、中国、哥斯达黎加、墨西哥、特立尼达和多巴哥的社区种子银行得到了公共研究机构的技术支持。在津巴布韦，政府推广机构和社区技术发展信托基金在社区种子银行的技术与管理方面提供了指导。

8.2 经济赋权

社区种子银行的成员通常是自愿利用他们的时间和劳动力从事该机构的工作。他们参加会议和进行讨论，寻找和收集种子，保存记录，整理、干燥和贮存种子，为生产和繁种分发种子，鉴定和管理种子，维护物质资产。这些工作都没有从社区种子银行收取报酬。许多人还免费提供少量的种子和种植材料给种子银行储存。

但成员能继续这项工作多久？有多少代人和多少成员愿意投身其中？成员作为社区种子银行的一部分，受到哪些经济措施激励？这些问题的答案很难在案例研究中找到。根据不同的种子类型和年交易量，常规的种子管理需要一个或多个人全年定期参与，以确保日常工作的顺利进行。为确保经济可行性，而非完全依靠自愿劳动，社区种子银行应设计这样一种方式，即在两个层面上对其成员进行经济奖励：一个针对其成员（特别是那些起重要作用的成员），另一个针对整个组织。当外部支持撤出后，社区种子银行作用减弱的一个重要原因就是缺乏针对成员用来维持家庭生计的经济激励。

总之，案例研究的特点表现为除生产和销售农户选择的当地品种与改良品种之外，对增强经济能力和财政可持续性缺乏关注。在策略成功的案例中，在种子生产成员和种子银行这两个层面都获得了经济收益，使需要种子的成员能够获得比其他渠道更低价的种子。哥斯达黎加、尼泊尔和津巴布韦的社区种子银行正在大量生产和销售种子，并取得了较好的经济效益。有些国家正在把社区种子银行发展成为种子企业，如乌干达（见第30章）。

尼泊尔有自己独特的方法，就是建立一个社区生物多样性管理基金（Shrestha et al.，2013；见第34章），这种方式也推广到了其他地方。这些基金（每个社区种子银行有 5000 ～ 10 000 美元）是通过捐助资金（通过项目）和社区捐款（占比为 10%～25%）创建的，它们为种子银行成员提供周转资金，用于资助创收活动。这些基金为成员提供了获得小额信贷（没有担保或复杂程序）的便捷通道，也可使社区种子银行以利息形式（每年 12%）赚取一些收入，利息用于支付工作人员薪金、当地稀有品种繁育和其他业务开支。探索进一步传播这种机制和类似机制的机遇，可以为世界各地的很多社区种子银行提供巨大的支持。不过，社区生物多样性管理基金要想成功实施，必须从一开始就建立人力和社会资本。

8.3　政策和法律环境

尽管过去 30 多年来社区种子银行数量不断增加，但迄今为止，很少有国家制定相关的政策、法律、条例或准则来支持它们。没有法律承认，社区种子银行就不太可能长期持续运行，大多数社区种子银行是在非政府组织的支持下通过项目资金建立的，而且通常是短期项目。在大多数国家，社区种子银行要想自己寻找资金支持，就需要获得法律承认和注册。许多筹资机构也常常不愿为没有法人资格的组织提供支持。从好的方面看，获得合法注册有利于增强社区种子银行成员的自信，帮助其与公共、私人和民间社会组织平等地对话。

在本书的案例研究中，巴西在把社区种子银行纳入法律框架方面遥遥领先。它有 3 个州已经批准了社区种子银行法律，还有 4 个州正在讨论（见第 39 章）。这些法律允许州政府购买和分发由社区种子银行生产的本地品种的种子，而在此之前只能使用经过认证的正式机构的种子。墨西哥国家种子检验和认证服务机构已将社区种子银行纳入其国家粮食和农业植物遗传资源系统（National System of Plant Genetic Resources for Food and Agriculture，SINAREFI）。这表示社区种子银行获得了强有力的制度认可，可以从 SINAREFI 的项目中得到财政和技术支持。

由于本书所涉及的大多数国家缺乏政策和法律框架，一些社区种子银行已登记为合作社或当地非政府组织或协会，而其他许多社区种子银行仍以非正式的基于社区的自行运作机制在相互信任和合作的基础上运作。社区种子银行登记为合作社或当地非政府组织需要通过一些法律程序，这可能是成员的负担。然而，这也给种子银行创造了获得资金和项目支持的机会。因为在其他资源不可用时，社区种子银行仍然可以继续开展活动。

另一个策略是使社区种子银行与国家基因库交流。尼泊尔的国家基因库提出了一项计划，促进在其自然栖息地收集并繁育适应当地条件的种质材料，结合迁地保护和就地保护。不过目前还没有足够的政策或法律框架来推进这一计划。

8.4 运作方式

社区种子银行采用的参与和决策方式与开展的关键任务有关。案例研究表明，规则和条例通常由成员自己制定，并且成员会努力遵守。多数情况下，男性农民和女性农民都是积极的参与者。

可持续运作很重要，因为社区种子银行的生命力和活力是通过成员与非成员之间的种子交流来实现的。具有清晰角色和责任的管理团队能够很好地管理社区种子银行。如案例所示，妇女和管理人员在贡献方面还有很大的提升空间。

社区种子银行的运作方式是多种多样的，我们认为这是农民自组织的一种优势，例如，农民自己能够决定：哪些成员可以参与活动和决策（依据每个成员手头的任务可以投入不同的时间和精力），参加互访能够获得哪些知识与技能，以及成员可以参加培训的次数。通常情况下，一个选举的执行委员会或推选的农民代表将负责全面的技术和财政管理，而有些社区种子银行则为不同的任务分别设立委员会。

例如，在孟加拉国，新农业种子小屋有两个委员会。自然资源审计委员会有 7 名成员，负责种子繁育、记录和数据保存。而专业女性种子网络有 11 名成员，她们负责种子的管理、安全储存、分发和交换（见第 9 章）。乌干达的吉兹巴（Kiziba）社区种子银行把主要任务分配给总经理、记录经理、分销经理、质量把控经理和调度员（见第 30 章）。在哥斯达黎加，技术委员会负责种子配送、质量分析和储藏（见第 16 章）。

加拿大多伦多的种子收藏馆采用一种独特的操作方式，这种方式正在被北美洲和欧洲许多地区采用。从名称上看，这个种子收藏馆不是作为社区种子银行进行运作，它不进行种子收集和保护，而是免费的公共的种子交换和使用空间。其从公众、零售商和种子公司获取捐赠的种子，然后通过收藏馆的网络分发给园丁和种子保育员（见第 14 章），在公众关注并致力于解决的环境问题区域，这种方式运作得很好。

本书的案例研究表明，把可持续性的四个方面结合起来非常困难。有些社区种子银行已经在政策和法律方面取得了进展，有些在财务可行性方面得到了允诺，有些正在努力提高技术知识和技能，还有很多关注如何建立更有效的运作机制。我们还有很多的评估工作要做。相互学习是一种方式，我们希望本书能促进这种学习。

撰稿：潘泰巴尔·施莱萨（Pitambar Shrestha）

布旺·萨彼特（Bhuwon Sthapit）

罗尼·魏努力（Ronnie Vernooy）

参 考 文 献

Shrestha P, Sthapit S, Subedi A and Sthapit B. 2013. Community biodiversity management fund: promoting conservation through livelihood development in Nepal // de Boef W S, Subedi A, Peroni N, Thijssen M H and O'Keeffe E. Community Biodiversity Management: Promoting Resilience and the Conservation of Plant Genetic Resources. UK: Earthscan from Routledge: 118-122.

第二篇

全球案例研究

第 9 章　孟加拉国马穆德布尔新农业种子小屋

9.1　种子小屋的发展目标和发展史

2001 年，瑞娜·贝古姆（Rina Begum）和其他农民一起，开始收集当地的种子用于改善生计（插图 1），马穆德布尔新农业种子小屋（The Mamudpur Nayakrishi Seed Hut，NSH）自此应运而生。农民参加了孟加拉国替代性发展政策研究所（Unnayan Bikalper Nitinirdharoni Gobeshona，UBINIG）举办的生物多样性农业培训。"新农业种子网络"（The Nayakrishi Seed Network）的目标是收集和保存地方作物品种的种子，于是农民加入该网络后决定在马穆德布尔（Mamudpur）村里建一个"种子小屋"，瑞娜捐献出土地供小屋所用。在种子小屋，一群农户共同负责照看他们收集来的种子和遗传资源，并代表社区宣传。

马穆德布尔新农业种子小屋与乡村种子财富中心（The Community Seed Wealth Centre）获得了孟加拉国替代性发展政策研究所坦盖尔中心（The UBINIG Tangail Centre）的支持。孟加拉国替代性发展政策研究所（UBINIG）长期向人们宣传传统农业方式带来的各种不良影响，并在社区层面推广和开展多种生物多样性农业培训。瑞娜和她的丈夫马努丁（Mainuddin），与坦盖尔区的 25 600 名贫困农民一样，都对当代以化学为基础的农业所造成的危害、作物多样性、水生植物和动物遗传资源的丢失，充满担忧。于是，这场由农民发起的以生物多样性为基础的农业形式的新农业运动（Nayakrishi Andolon）迅速在全国 19 个地区的 30 多万农户中传播开来。

在马穆德布尔，20 多名正在实践新农业（以社区为基础开展的农业）的农民加入了由里娜夫人、塔拉·巴努和塔菲祖丁带领运作的新农业种子小屋合作社。目前，由 7 名女性和 4 名男性组成的委员会负责合作社的运营。2009 年以来，孟加拉国替代性发展政策研究所（UBINIG）一直与"以社区为基础的生物多样性管理南亚项目"（The Community-based Biodiversity Management South Asia Programme）携手，为新农业种子小屋的建设、修理和维护，农民培训，以及种子的生产和分发（插图 2）提供支持。农民则为建设、管理和维护付出体力劳动，并负责社区层面的植物遗传资源的生产、繁育和优化等日常活动。建立新农业种子小屋的成本是 6 万孟加拉塔卡（BDT）（800 美元）。每年的维护、管理和改造成本约为 4 万孟加拉塔卡。孟加拉国替代性发展政策研究所（UBINIG）提供启动总成本的 50%，另外的 50% 则由农民承担。

对于马穆德布尔的农民，重点并非仅仅是停止使用化肥农药，而是还要保护他们自己的种子。在此之前他们已经对乡村种子财富中心极为熟悉，并在那里交换种子。尽管马穆德布尔新农业种子小屋并非正式的机构，但它在社区中广为人知，并且已经与农业推广部和孟加拉国乡村发展委员会等政府部门、各学术机构和非政府组织之间建立了很多非正式的联系。种子小屋也成为参加新农业运动的农民讨论有关作物、种子和其他相关问题的聚会场所。其还提供培训、工作坊和研讨会，让参与者能参加市集和展览活动。

目前，来自马穆德布尔、古尼基肖尔、巴拉亚提亚及库奇亚马里的 1350 名农民直接参与新农业种子小屋的活动。在马穆德布尔，75% 的农民都在实践新农业。女性在种子保存技术方面富有经验，并且在她们的家庭菜园中种有多种作物。马穆德布尔新农业种子小屋通过孟加拉国替代性发展政策研究所（UBINIG）与社区协商后还成立了一个专业女性种子网络，其成员均是植物遗传资源保护及维护方面的关键参与者。孟加拉国替代性发展政策研究所（UBINIG）一直在为其成员组织各种培训、信息分享和交流活动，帮助他们累积更多的经验。该网络还记录种子收集、保存和分发的相关信息。

9.2　功能和活动

新农业种子小屋保存适合社区种植的本地品种的种子。目前，它储存了1507kg 种子，主要包括 17 种水稻、1 种小麦、1 种大麦、5 种豆类、6 种油料、40种蔬菜、11 种香料及 2 种纤维作物的种子。小农和被边缘化的农民对按照新农业原则来耕种本地品种特别感兴趣。他们更喜欢本地的种子，因为相比那些昂贵且需要施用化肥、杀虫剂和大量灌溉的杂交品种，本地种子对常见病虫害更具抵抗力。2010 ～ 2012 年，一共有 874 位农民（2010 年 349 人、2011 年 217 人、2012 年308 人）使用了马穆德布尔新农业种子小屋的种子。女性农民对培育蔬菜和水果尤其感兴趣。这些本地作物的种子适合在自家菜园及附近高地进行混种。

种子按需分发给参加新农业运动的农民，而使用种子的农民也要承诺在收获后再次将种子存放到新农业种子小屋中。例如，来自巴塞尔（Basail）Adazan 的农民艾纳尔·侯克（Aynal Houque）曾领取了 50g 红花种子用于混种。现在他有了 300g 种子，在还给种子小屋 50g 种子后，他还能将剩余的种子与另外的 5 位农民分享。在 2012 年的 5 ～ 8 月，共有 11 种水稻种子（Lalchamara、Hizaldigha、Sadadepa、Laldepa、Patjag、Latashail、Notashail、Kalijira、Salla、Bawailadihga和 Lakhidigha）被分发给了 56 位农民种植，这些品种均因在洪泛平原生态系统中的适宜性而大受欢迎。在同一季，还有 41 位农民获得了蔬菜种子，而在 1 ～ 4 月的种植季节（旱季），一共有 192 名农民获得了蔬菜和香料种子。所有接受种子的农民都在收获后将种子还给了种子小屋。种子小屋定期检查储存种子的存活率，并做出种子繁育的安排。

新农业种子小屋还将那些仅有少数农民种植的被忽视和未被充分利用的种子收集起来，专门进行繁殖和维护。2010～2012年，新农业种子小屋对包括红花、satpotal（一种少见的有棱丝瓜）、魔芋、豆类、本地红萝卜、八角、长蒴黄麻、穆子，以及 7 个少见的水稻品种（Begun Bichi、Chitkashaita、Hiali Baron、Sadabaronlakkhidigha、Shamubanga、Karchamuri 和 Ashaira）在内的较少被使用的作物的种子进行专门培育。有 8 名农民参与了濒危和受威胁物种和品种的收集、繁育与维护工作。种子小屋对这些资源进行储存，并在制定适宜的繁育和维护策略方面发挥着至关重要的作用。农民对保护大麦、狗尾稗、芝麻和辣椒比较积极，这些都是过去不受重视或是没能被充分利用的品种。但现在，它们因善于适应不断变化的环境条件和较高的生产潜力而变得重要。在与该地区其他的种子小屋进行交换时，马穆德布尔新农业种子小屋特别注意保护这些品种。有 5 位农民在处理水稻种子方面经验丰富，还有 9 位农民擅长处理蔬菜、豆类和香料种子。被指定负责种子繁育的农民要负责 16 个品种的种子繁育，其中包括水稻（8 种）、蔬菜（4 种）、豆类（2 种）和油料作物种子（2 种）。盈余的种子则放到新农业销售点进行销售。

新农业种子小屋目前正在参与一个项目，通过将耐旱性与高产量相结合对 Aus 水稻品种进行改良（Aus 品种在每年 1～4 月的雨季前种植收获，能依靠雨水快速生长）。孟加拉国目前共种植有 277 个 Aus 水稻品种。有 6 个品种现作为参与品种，正在进行第 3 年的品种优选试验。新农业运动的农民还通过参与式方法选择了两种香米：Kalakut 和 Lalcheyshail。这些种子都通过种子小屋保存并分发给农民种植。

马穆德布尔新农业种子小屋还支持当地开展研究。例如，乌帕齐拉（Upazila）和农业推广部（The Department of Agricultural Extension，DAE）的地区部门会定期与种子小屋沟通，并使用它们储存的种子。政府的政策一贯都以传统农业方式为基础，其对引入作物的推广已经对本地品种构成了威胁。不过，近期政府开始对 Aus 水稻的本地品种产生兴趣，并将它们纳入种植体系。农业推广部和孟加拉国替代性发展政策研究所（UBINIG）已达成协议，在社区层面推广这些品种。2012 年，农业推广部从马穆德布尔新农业种子小屋收集了 17 种本地水稻品种的种子。

新农业的农民研究人员也定期使用马穆德布尔新农业种子小屋的种子。其中，来自马穆德布尔的 5 位农民正在对新品种的生产力、土地适宜性及品种优选进行研究。他们的发现将帮助其他农民提高产量和作物质量。

两名常驻马穆德布尔的农业推广部工作人员还对种子小屋的 5 种本地水稻种子的生产能力做了研究。本地品种获得了很高的产量，现在他们也在自家的农场上实践新农业的方法。水稻、蔬菜、豆类、油料作物和黄麻的本地品种种子也常被用于研究。

传统知识在新农业的实践中起到关键作用。例如，收集种子时只挑选那些没有感染和虫害的无瑕疵果实。麦穗达到一定长度并结实饱满的稻谷会被分开收获用于种子收集，并单独在阳光下脱粒及干燥。对种子的质量控制还包括咬开种子严查。等谷物完全干燥，就会将其冷却，然后放入容器储存。通常是用土陶罐装好，并用新鲜牛粪和泥浆的混合物将罐子密封。用透明的瓶子储存壳厚的种子，壳比较薄的种子则放在彩色的瓶子里。豆类和小麦种子则储存在锡罐中，然后将印楝树叶放在种子容器四周，防止病虫害侵袭。

9.3　治理，管理和交流

新农业种子小屋的管理和协调工作主要由两个委员会负责：自然资源审计委员会（7 人）、专业女性种子网络（11 人）。专业女性种子网络负责种子小屋的打扫清洁、从收获的作物中收集种子、干燥种子及容器，并确保储存的种子保持干燥。她们通过每周例会来批准当季的种植计划、种子分配和种子交换事务。

新农业的农民和专业女性种子网络的成员均参加种子小屋的定期会议。每名新农业农民都可以和种子小屋交换种子和遗传资源。马穆德布尔新农业种子小屋定期与地方政府机构阿蒂亚联盟（The Atia Union Parishod）、德尔杜阿（Delduar）地区的农业推广部和德尔杜阿地区的乡村发展委员会进行交流。来自德尔杜阿地区各教育机构的人员访问了马穆德布尔新农业种子小屋，当地政府、农业推广部、孟加拉国农村发展委员会和各家学术机构都对种子小屋的工作非常认可。2011 年发生的洪水和干旱使得马穆德布尔及周边村子的农民失去了他们种植在田间的作物，马穆德布尔新农业种子小屋向 73 名农民分发了蔬菜和油料作物种子作为后备支持。

通过与乡村种子财富中心合作，种子小屋定期参加由农业推广部乌帕齐拉部门组织的农业和植物博览会，并 5 次夺冠。新农业种子小屋也积极参加由非政府组织和其他民间机构举办的各类活动。新农业种子小屋是新农业种子网络的一个组成部分，这个网络又与国家农业研究系统的基因库保持着联系。通过新农业种子网络，种子小屋从孟加拉国水稻研究所收集了 900 个水稻品种的种子，并通过乡村种子财富中心对这些品种进行繁育。其中 7 个品种通过马穆德布尔新农业种子小屋的农民定期种植得以维护。2012 年，马穆德布尔新农业种子小屋的 117 名女性农民与其他 3 个新农业种子小屋和乡村种子财富中心进行了种子交换。

9.4　技 术 问 题

8 名专业农民参与了优质种子的繁育和作物的综合管理。专业女性种子网络的成员优选成熟、健壮、无病害的果实来收集种子。网络成员在种子维护和管理方面具备丰富的知识与经验。而且，由于她们能确保提供高质量的种子，她们的这些专长对所有农民都有用。

在自然资源审计委员会 7 名成员的密切观察和监督下，种子小屋储藏的所有种子每年都会在适当的季节进行繁育。每一季从播种到采后处理的相关数据均被记录下来。同时，自然资源审计委员会与种子小屋的其他成员合作，记录下农艺形态数据。种子小屋每周举行例会，通过小组讨论、小组会议和交流访问等形式，使种子使用者交换信息。农民的知识和技能也通过专业女性种子网络的每月例会、互访交流与各种培训班而得以加强。

9.5　成就和前景

在马穆德布尔，本地农作物品种的使用量有所增加。同时，作物多样化、混合种植、牛粪和堆肥等田间资源的利用也有所加强。化肥施用量已经下降，现在农民已经不再使用农药。越来越多的农民开始种植本地品种。女性农民在种子小屋的有效管理中发挥着重要作用。香米的 17 个本地品种已被重新引入用于种植。2001 年，在马穆德布尔地区种植的主要作物品种有 11 个。而如今，在新农业种子小屋能找到 89 个本地作物品种，全部都非常适合当地洪泛平原农业生态条件。

农民都很自信，坚信种子小屋的工作给予他们力量。近期，降雨模式和土壤湿度条件都不稳定，干旱之后又出现大雨和洪水。根据农民的观察和实际经验，其现在都选择能够适应不断变化的气候条件的作物品种。几个 Aus 水稻品种（Kala manik、Karchamuri、Vaturi 和 Lohachure）、香稻品种（Maynagiri、Kaika、Patishaile、Jhuldhan、Sada depa 和 Lal depa）、芝麻、黄麻、狗尾稗都能适应干燥和干旱条件。有 3 个香稻品种（Hizaldigha、Chamaradigha 和 Bawailadigha）能适应洪水状况。萝卜、红薯和豌豆则适应浓雾条件。

大多数家庭已实现自给自足，每个月可以获得 8000～12 000 孟加拉塔卡（100～155 美元）的收入，现在也有能力购买奶牛或修理房屋。混合种植和轮作也提高了总生产力。例如，一种流行的做法是每年在 4～5 月将香米和 Aus 水稻混合种植。70～90 天之后，农民可以先收割 Aus 水稻，留下香米继续生长。然后 10～11 月，在香米水稻收割前的 15～20 天，播种黑绿豆和山黧豆。待到香米成熟收割后，豆类作物可以一直种植到 1～2 月。这个系统不仅提高了生产力，还提高了土壤的肥力。

通过在后院和田间种植多种蔬菜与豆类，能确保农民获得不受化肥和农药污染、品种均衡且营养丰富的食物。农民的现金收入主要来自 Aus 和香米水稻、芥菜、芝麻、亚麻籽、扁豆和黑绿豆、大麦、谷子及多种蔬菜。

新农业种子小屋已经与社区合作，在几乎没有外部支持的情况下，可改善社区的生计和粮食安全。社区也会主动召开会议，并主动为种子小屋提供资金。种子小屋储存并繁育种子；其成员使用种子，盈余的收获则被出售，并将售卖所得用于新农业种子小屋的运营。对此，农民很高兴，也很满足。

撰稿：M. A. 索班（M. A. Sobhan）
贾哈基·阿拉姆·乔尼（Jahangir Alam Jony）
拉布·伊斯拉姆·楚努（Rabiul Islam Chunnu）
法西马·卡图·里扎（Fahima Khatun Liza）

第10章 不丹的布姆唐社区种子银行

10.1 社区种子银行的历史和目标

不丹农民用传统方式存留种子，并在社区内和社区之间分享。在布姆唐（Bumthang，不丹20个行政区之一，行政区或称为"宗"），农民种植能适应高海拔条件的作物，如荞麦这种与布姆唐文化密切相关的传统主食作物。然而，尽管苦荞、甜荞和大麦在粮食安全与文化方面意义重大，但由于不丹食品公司对马铃薯生产的推广，自20世纪70年代后期，这些作物逐渐减少。如今，水稻已经完全取代荞麦成为主食作物。

为维持农业生物多样性和农业系统的恢复能力，国家生物多样性中心（NBC）于2009年为该宗的农民组织建立了系列工作坊。国家生物多样性中心的工作人员发现，社区中有关多样性的知识非常有限。"保护"对布姆唐的农民来说是一种新的想法。他们对不丹和该地区的社区种子银行一无所知。2009年，一名"宗"（译者注：宗，即Dzongkhag，是不丹二级地方行政机构，相当于县）级农业助理官员到尼泊尔考察了他们的农家种保护项目之后，产生了建立社区种子银行的想法，但要以农户之间的强强合作及国家生物多样性中心的支持为基础。

为避免将来土地所有权方面的冲突，在宗长的批准下，种子银行被建立在政府所有的地产上。他们将一座现有的仓库翻新，将其改建成为一个"宝库"——它就是位于曲科谷地（Choekhor）昌卡镇（Chamkhar）的布姆唐社区种子银行。建筑结构一完工，农业推广官员就收集了布姆唐所有地区的谷类和蔬菜种质资源。从田间采回的种子样品要先做处理，降低其湿度，然后放入陶罐中进行中短期储存（插图3）。2011年12月17日不丹国庆日那天，这个社区种子银行由农业和森林部长宣布正式启用。

面对全球变暖和气候变化等新挑战，政府认识到农业生物多样性对于保障国家粮食安全、提高农业恢复力和农业可持续发展具有重要意义，因而建立了社区种子银行。种子银行存放了由农民从田间收集来的仍被种植的传统品种的种子。其主要目标：①维持布姆唐现有的遗传多样性；②恢复失去的昌卡荞麦的遗传多样性；③增加或提高田间遗传多样性，以获得适应气候变化的能力；④提高布姆唐遗传资源多样性的可及性和可用性；⑤通过改善种植结构来增加附加价值，使本地品种更具商业吸引力，从而促进并推动人们使用它们；⑥保护与本地品种有关的传统食品文化和实践。

10.2　管理，运营和支持

社区种子银行的主要支持者包括社区、在宗级层面进行协调的区级农业官员和员工、布姆唐宗管理局、提供技术和财务支持（和初步协调）的国家生物多样性中心，以及通过国家生物多样性中心提供资金支持的综合畜牧和作物保护项目（联合国开发计划署全球环境基金）。目前，宗级农业部门负责对仍处于初始种子收集阶段的社区种子银行进行管理，布姆唐荞麦小组（Bumthang Buckwheat Group）为其提供协助。布姆唐荞麦小组是在农业和林业部管理的农业、市场及合作社下登记注册的一个组织。目前，这个团体有 9 名活跃成员，其中 8 人为女性。宗部门和国家生物多样性中心正在为社区种子银行的管理和运营制定准则与框架，对国内其他社区种子银行也有帮助。

最初，在 2011 年，与种质相关的信息少之又少。而今，2011 年收集的种子样本已被来自同一地区的新鲜种子所取代。随着种子的更换，农民所提供的相关信息被一一记录下来。农民能够描述该品种在干旱条件下的表现，其抗病性及成熟所需的时间。这些宝贵的信息能帮助其他农民及育种者寻找有用特征。谷物和蔬菜的种质样本收集已经开始。谷物的种子样本收集量是 1 ～ 5kg，蔬菜作物种子的样本收集量是 0.2 ～ 0.5kg。

社区种子银行开展以下活动：①维持布姆唐的现有作物多样性；②恢复曲科谷地受威胁作物（尤其是荞麦）的多样性；③增加并保障农民田间的遗传多样性，提高其气候变化适应性和恢复力；④提高布姆唐农民所需的多种种子的可及性及有效性；⑤通过改善种植结构来增加作物的附加价值和市场适销性，从而促进人们对本地品种的利用；⑥保护与当地农作物相关的传统饮食文化及做法；⑦展示布姆唐种子的多样性。

建立社区种子银行的主要成本包括建筑物翻新、购买保存种质所需的容器及大门和围栏。这些材料及工程都是由国家生物多样性中心通过综合畜牧和作物保护项目来支持的。建立种子银行还需要由宗农业办公室协调农业推广的官员来收集种质和相关信息、制作标签并进行适当文件记录。种植荞麦的农民则免费提供所需的劳动。

10.3　种　子　流　动

推广官员参与从县内各区域收集种子样本。种子的收集遵照国家生物多样性中心提供的标准流程进行。种子收集之后即依照科学标准进行清理、加工。最后，它们会被放入陶罐保存。种子信息则使用国家生物多样性中心提供的格式录入电子表格。之前收集的种子正在被逐步更换，若在收集过程中出现种子数量缺口，国家生物多样性中心提供所缺的种子。将来，种子将分发给一些农民进行种子发芽试验。

宗级农业官员和推广官员到农民的田间地头进行查看，评估种子是否适合繁育或需要更新。种子样品的繁育通过每隔一年对每个样品进行种植来进行，以确保种子保持发育能力。种子样本的日常种植能将各个作物品种暴露于当前的天气和气候条件下，帮助它们调整自身能力和适应这些变化。预期每个种植季节后返回社区种子银行的种子材料将更能适应环境、病虫害及气候情况。种子以必须归还的方式提供给感兴趣的农民，他们可以拿回去自己种植，然后按其所借的种子数量归还即可。共有约 1000kg 的两个荞麦品种的种子，即苦荞麦和甜荞麦，被分别分发给 8 户（2011 年）、17 户（2012 年）和 9 户（2013 年）农民种植。女性农民对这一过程尤其感兴趣。

所有不丹人都有资格使用社区种子银行中的种子。在资源可用性方面并未发现有任何性别歧视的情况。但是，将材料与相关传统知识转移到国外将会受到《国家获取和惠益分享政策（草案）》（Draft National Access and Benefit-Sharing Policy）的限制，该政策指出：经过登记的在非原生境收集的粮食和农业植物遗传资源，应遵循《粮食和农业植物遗传资源国际条约》附件 1 的条款，在政府的管控下进行。同时，还要在公共领域依照包括《缔结标准材料转让协定》（Standard Material Transfer Agreement，SMTA）在内的多边获取系统及惠益分享相关条款及条件要求进行转移；而在实施阶段，对非原生境的其他遗传资源获取则基于此类资源的使用者与国家协调中心之间的获取和惠益分享协定。

10.4　联　　系

由于社区种子银行尚处于建立初期，除了国家生物多样性中心，它与其他组织没有任何联系。国家生物多样性中心为其提供技术指导，被视为种子银行的支柱。不过，荞麦小组为了参与产品开发和市场营销，因此在农业和市场合作部进行了注册。

种子银行一旦建立起合适的管理系统，就要探索与国家种子系统建立联系。2009 年，国家基因库从布姆唐开始，开展了第一轮种质资源收集工作。还需要评估在 2009 年种子收集中数量上存在的缺口，并在将种子存入国家基因库之前为社区种子银行补齐缺少的种子。未来，种质资源的双向流动有望使社区种子银行更具活力。

10.5　成就和挑战

随着荞麦小组和社区种子银行的成立，布姆唐的荞麦种植得到了恢复。这种作物的经济价值也大幅提高，从 2009 年的每千克荞麦面粉售价 35 不丹努尔特鲁姆（BTN）增加到 2013 年 11 月的 80 不丹努尔特鲁姆（每千克约 1.34 美元）。荞麦小组成功地增加了布姆唐荞麦和大麦的种植面积与产量。

社区种子银行已迅速得到普及。"荞麦屋"（荞麦产品加工和市场销售点）也迅速聚集起人气，现在成了人气最旺的场所，也是参观布姆唐的人们必访的景点。参观者包括农民、学生、游客、政府官员、宗教和政界要人。国内其他地区来访问社区种子银行的农民已开始申请种子。布姆唐种子银行为政府"十一五"规划（2013 年 7 月至 2018 年 6 月）的研究案例，该规划计划要在全国建立 3 个社区种子银行。

虽然种子银行取得了一些成功，但它也面临一些挑战。例如，荞麦是一种对化肥反应较差的低产作物。布姆唐采用有机耕作，但可用的农家肥很有限。要改变农民传统的种植方式也很困难。此外，宗级地方政府的工作人员手头事务繁多，没有足够的时间投入社区种子银行的相关事宜。

如今，社区种子银行正努力将工作拓展至大麦种植，由于辣椒是不丹食品中的重要原料，还有计划要涉及布姆塔普（Bumthap）辣椒的种植。今后，还会把龙穗苋也包含进来。随着未来需求量的增加，农民将重点关注适应当地的作物的种子繁育和分配。

撰稿：阿斯塔·塔芒（Asta Tamang）

格隆·杜克帕（Gaylong Dukpa）

参 考 文 献

Ministry of Agriculture and Forests, Royal Government of Bhutan. 2014. Access and Benefit Sharing Policy of Bhutan, 2014. Thimphu, Ministry of Agriculture and Forests, Royal Government of Bhutan.

第11章 玻利维亚提提卡卡湖地区的社区种子银行

11.1 建立藜麦和苍白茎藜的异地收集设施

在玻利维亚，对藜麦和其他安第斯作物种质资源进行收集的工作最早可追溯到20世纪60年代。第一个藜麦种质资源库由帕塔卡马亚试验站管理，后来由玻利维亚农业技术研究所的国家藜麦项目管理至1998年。随着该研究所的关闭，帕塔卡马亚试验站接手管理转而向拉巴斯（La Paz）汇报。在此期间，种质资源收集的工作没有得到任何的经济支持。并且，由于没有明确的藜麦管理和保护政策，这项工作不得不终止（Rojas et al.，2010）。最后，当局决定让1998年成立的安第斯产品调查与推广基金会（Fundación para la Promoción e Investigación de Productos Andinos，PROINPA）来管理种质库中藜麦和苍白茎藜（cañihua）的保护工作（Rojas et al.，2010）。

政府花了12年（1998～2010年）合并成立了安第斯国家谷物种质资源库。在此期间，PROINPA一直负责管理这两种作物的收集，并提高保护标准，让文件记录变得更现代化，并且生成的基本信息被广泛用于从植物育种到农业生产的各个领域。这些成就均通过将种子银行和不同使用者（教授、科学家、技术人员和开展就地保护的村社）相连接的合作项目得以实现（Rojas et al.，2010）。针对每个迁地保护阶段，都制定并调整了相应的管理协议（Jaramillo and Baena，2000）。在应用阶段，增加了与村社的互动，以促进种质资源的直接使用。因此，就地保护工作也被逐渐包含在内，最终迁地保护和就地保护工作被整合到一起，使得这两方面的工作形成互补。

11.2 就地保护：从藜麦和苍白茎藜到农业生物多样性

在提提卡卡湖（Lake Titicaca）周边地区，藜麦和苍白茎藜的就地保护工作始于2001年。针对种植作物品种在传统管理系统下的数量研究（Rojas et al.，2003，2004）显示，与种质库中保存的品种范围相比，实际种植作物的多样性减少了。案例研究也指出了影响农民继续或停止种植及保护藜和苍白茎藜品种的内部与外部因素（Alanoc，2004；Flores et al.，2004）。

这时，农民表现出有兴趣了解和重新掌握村社中存在的品种与多样性方面的传统知识。因此，在2004～2005年的种植季，一项研究行动得以启动，旨在研究一系列作物和品种每一年度的种植模式、特征并记录与之相关的传统知识。

11.3　连接迁地保护和就地保护

这个过程包括每年对本地藜麦和苍白茎藜品种，以及种质库中的材料进行参与式评估。同时推动与提提卡卡湖接壤的 6 个村社的农民分享农业生物多样性相关知识。在 2002 ～ 2004 年举办的市集上，藜麦和苍白茎藜的各种用途得以展示。随后，在 2005 ～ 2010 年，市集侧重于展示种子的多样性、用途和手工艺品（Pinto et al.，2010）。农民被鼓励去访问安第斯国家谷物种质资源库，而谷物种质资源库的工作人员反过来参加多个农村和城市的市集。

这些活动为向村社宣传安第斯国家谷物种质资源库的作用创造了机会，并向农民解释了保存种子、品种和作物多样性的重要性。农民不仅同意将他们的品种提供给谷物种质资源库保存，而且建议那些迁出该地区的家庭将种质资源留在种子银行中，以便当他们返回时可以继续使用。随后，为连接迁地保护和就地保护工作，社区种子银行随之建立起来。

11.4　建立社区种子银行

这个过程经历了两个阶段：藜麦和苍白茎藜社区种子银行、生物多样性社区种子银行。前者在 2005 ～ 2008 年还获得了国家粮食和农业遗传资源系统（Sistema Nacional de Recursos Genéticos para la Alimentación y la Agricultura，SINARGEAA）的支持（Pinto et al.，2006，2007）。

玻利维亚高原与安第斯山谷中的 13 个村社建立了藜麦和苍白茎藜示范区，使用的是在描述早期特征和评估过程中识别并精选出的种质资源。这样做的目的是促进种质资源的直接利用，从而促进农民参与并在参与式选种过程中使用他们的标准。当地社区的行政当局参与并给予了支持。安塔拉尼（Pacajes）和帕塔拉尼（Ingavi）建立了藜麦种子银行，科罗马塔梅地亚（Omasuyos）和罗萨帕塔（Ingavi）设立了苍白茎藜种子银行。在第一年里，农民开展了参与式选种；在第二年和第三年，一位专家被调来为所有的种植活动提供指导：种植、收获和储存地方与优选品种。

只要国家粮食和农业遗传资源系统存在下去，就能确保藜麦和苍白茎藜社区种子银行持续运行，但是由于这些项目都是在该国经历政务局变化时开展的，因此并没有正式注册。社区种子银行也被用作种子繁育和教学的平台，让农民和专家可以在此交流不同品种的管理与使用知识。

然而，因为当地政府人员每年都在变动，这个为期 3 年的过程从未得到过地方当局的支持、接纳或承认——这也是影响种子银行运作的一个关键因素。种子银行的活动由各个家庭主动开展，没有设定具体的职能和任务。不过，负责的农户后来开始向对特定藜麦或苍白茎藜品种感兴趣的农民分发种子。

11.5 农业生物多样性社区种子银行

自 2011 年以来，由国际农业发展基金（The International Fund for Agricultural Development，IFAD）资助的"被忽视和未被充分利用的物种"项目（The Neglected and Underutilized Species）支持了第二阶段社区种子银行建立的尝试。该项目目前正在实施建立保管种子的农民网络，同时将社区种子银行制度化，以作为农业生物多样性和传统知识监测战略的一部分。该项目重点关注农业生物多样性，了解可作为人类食物、药物和具备其他功能的作物的种间和种内多样性相关知识，并解决相关问题。该项目在提提卡卡湖附近的 8 个村社开展，并获得了 4 家伙伴机构的支持。在"被忽视和未被充分利用的物种"项目的协调下，这些经验也将与卡奇·拉亚（Cachilaya）和科罗马塔·梅地亚（Coromata Media）村社分享。

经过与 Cachilaya 和 Coromata Media 地方当局、农民和两家农民协会召开会议后，选出了负责保管种子的农民（Cachilaya 4 名，Coromata Media 6 名）。他们负责保存和使用多个作物品种。选拔这些农民的标准包括作物管理经验，在作物多样性保护方面的承诺，而且他们还是村社中被普遍熟知和尊重的了解古老传统的人。马铃薯被选为重点作物，因为它是高原地区的主要作物，其次是藜麦、苍白茎藜和大麦，后几样主要用于饲养家畜。种子和土地由每个村社负责保存种子的农民提供（插图 4）。

2008 年建立的国家农林业创新研究所（The Instituto Nacional de Innovación Agropecuaria y Forestal，INIAF）也被邀请参与这一项目。INIAF 直接向政府汇报，目前负责管理国家种质资源库，该种质资源库主要保存收集安第斯根茎类作物（马铃薯、山药、块茎藜和块茎金莲花）和谷物（藜麦、苍白茎藜和龙穗苋）等。INIAF 的主要任务之一就是建立国家遗传资源库。社区种子银行可以在该系统下注册并获得认可，然而直到本书完成时，Cachilaya 和 Coromata Media 的马铃薯种子银行还尚未正式注册。

"被忽视和未被充分利用的物种"项目（2011 ～ 2012 年）开始时，工作重点是确保保管种子的农民熟悉他所管理作物的多样性。马铃薯社区种子银行随后（2012 ～ 2013 年）在两个村社其他农民的参与下建立起来，保管种子的农民现在也负责管理种子银行。

农民要求将种子健康、土壤肥力、产量和产品商业化等问题也纳入项目。于是，在 2012 ～ 2013 年，项目提供了实践和理论培训，培训主题包括安第斯象鼻虫的危害、马铃薯蛾防治和有机肥相关知识等。社区种子银行还可作为种子繁育和教学的场所，让农民可以来此分享和实践他们在培训课程中学到的东西。

迄今为止，社区种子银行还没有就借用或存放种子制定固定的规则。农民之间的种子交换是非正式的。例如，对一个品种感兴趣的农民会亲自去找保管种子的农民索要。交易或收到种子也没有做任何记录。

Coromata Media 种子银行拥有 45 个本地马铃薯品种，而 Cachilaya 种子银行有 54 个马铃薯品种。这些品种中 90% 以上均被认为未能充分利用。无论男女均可获得这些种质材料。在某些情况下，研究人员也会索要马铃薯种子，特别是那些表现出有利特性的品种，如早熟、能抵御或耐受不利的生物和非生物因素影响的品种。研究人员正在寻找能够培育出可适应不同气候和筛选出具有气候变化适应性的品种。

在村社中，男性和女性在马铃薯品种及用途方面的知识存在显著差异。男性多从产量的角度考虑，寻找那些可在当地市场销售的品种。而女性则更多考虑品种烹饪属性，根据其名称识别品种，并将那些用于鲜食和直接消费的品种与可储藏的品种区分开来，如冻干马铃薯（名为 Chuño 或 Tunta 的品种）。不过，在农业生物多样性的管理、记录和制作传统知识的文档，特别是社区种子银行的活动方面，男性和女性的职责正好相辅相成，互为补充。虽然马铃薯种子银行的建立尚未产生任何效益，但村民现在都了解到更多有关马铃薯主要病虫害的管理知识。参与作物循环活动（种植、耕作、病虫害控制、收获、种子清洁和储藏）的农民也有机会亲自观察到管理实践带来的令人鼓舞的结果，见证了社区种子银行中品种的低病虫害发生率。

除了得到国际农业发展基金"被忽视和未被充分利用的物种"项目的支持，社区种子银行还从 Cachilaya 和 Coromata Media 的农民协会与 PROINPA 获得了技术及资金支持。不过，最重要的是，其从两个村社的地方当局获得了道义上的支持。玻利维亚没有设立用于联络和支持社区种子银行的国家机构，也没有任何为这类项目提供支持的区域、市政或部门级的政策。鉴于这种情况，在国际农业发展基金项目的框架下，保管种子的农民、来自农业和林业创新研究所和市政府等公共机构的专家被组织起来召开了多次会议，以发起多方联合行动来巩固种子银行的工作。来自国际农业发展基金项目的资金目前可覆盖马铃薯种子银行的费用。不过，农民和市政府正一起努力为这些种子银行的未来争取更多支持。

11.6　成就和挑战

研究本地马铃薯品种的多样性并记录相关传统知识引起了 Cachilaya 和 Coromata Media 村社农民的极大兴趣。农民已经采取了有效的做法来控制主要的马铃薯虫害，现在有了更多的种子可用于交换和分配。农民借走的种子数量，以及社区种子银行可提供的种子数量都有所增加。

未来面临的主要挑战之一是，社区种子银行还没有作为有利于农民的本地机构获得认可，人们对其功能和覆盖面也了解得不够。为应对这一挑战，社区种子银行必须通过参与式的方式与农民合作。应该由谁来负责管理社区种子银行呢？应该是保管种子的农民吗？还是管理工作应让农民轮岗承担？它给农民带来了哪些直接益处？人们正在讨论这些问题，如果要利用种子银行来有效地促进重要遗传资源的保护和利用，我们就必须为这些问题找到答案。

11.7　致　　谢

我们在此衷心感谢玻利维亚提提卡卡湖地区 Cachilaya 和 Coromata Media 的农民，他们不图私利，却通过社区种子银行为农业生物多样性的保护和管理做出了贡献。

撰稿：米尔顿·品拖（Milton Pinto）

朱瓦那·弗劳莱斯·提克纳（Juana Flores Ticona）

维尔弗雷多·洛佳斯（Wilfredo Rojas）

参 考 文 献

Alanoca C, Flores J, Soto J L, Pinto M and Rojas W. 2004. Estudios de Caso de la Variabilidad Genética de Quinua en el Área Circundante al Lago Titicaca. Annual report 2003/2004, McKnight Project on Sustainable Production of Quinoa. El Paso: Fundación para la Promoción e Investigación de Productos Andinos.

Flores J, Alanoca C, Soto J L, Pinto M and Rojas W. 2004. Estudios de Caso de la Variabilidad Genética de Cañahua en el Área Circundante al Lago Titicaca. Annual report 2003/2004, Sistema Nacional de Recursos Genéticos para la Alimentación y la Agricultura Project on Management, Conservation and Sustainable Use of High Andean Grain Genetic Resources in the Framework of SINARGEAA. El Paso: Fundación para la Promoción e Investigación de Productos Andinos: 102-108.

Jaramillo S and Baena M. 2000. Material de Apoyo a la Capacitación en Conservación ex Situ de Recursos Fitogenéticos. Cali: International Plant Genetic Resources Institute.

Pinto M, Flores J, Alanoca C and Rojas W. 2006. Implementación de Bancos de Germoplasma Comunales. Annual report 2005/2006, Sistema Nacional de Recursos Genéticos para la Alimentación e Investigación de Productos Andinos project on Management, Conservation and Sustainable Use of High Andean Grain Genetic Resources in the Framework of SINARGEAA. El Paso: Fundación para la Promoción e Investigación de Productos Andinos: 280-288.

Pinto M, Flores J, Alanoca C, Mamani E and Rojas W. 2007. Bancos de Germoplasma Comunales Contribuyen a la Conservación de Quinua y Cañahua. Annual report 2006/2007, Sistema Nacional de Recursos Genéticos para la Alimentación y la Agricultura project on Management, conservation and sustainable use of high Andean grain genetic resources in the framework of SINARGEAA. El Paso: Fundación para la Promoción e Investigación de Productos Andinos: 200-205.

Pinto M, Marin W, Alarcón V and Rojas W. 2010. Estrategias para la conservación y promoción de los granos andinos: ferias y concursos // Rojas W, Pinto W, Soto J L, Jagger M and Padulosi S. Granos Andinos: Avances, Logros y Experiencias Desarrolladas en Quinua, Cañahua y Amaranto en Bolivia. Rome: Bioversity International: 73-93.

Rojas W, Pinto M and Soto J L. 2003. Estudio de la Variabilidad Genética de Quinua en el Área Circundante al Lago Titicaca. Annual report 2002/2003, McKnight Project. El Paso: Fundación para la Promoción e Investigación de Productos Andinos.

Rojas W, Pinto M and Soto J L. 2004.Genetic erosion of cañahua. LEISA Magazine on Lw External Input and Sustainable Agriculture, 20(1): 15.

Rojas W, Pinto M, Bonifacio A and Gandarillas A. 2010. Banco de germoplasma de granos andinos // Rojas W, Pinto M, Soto J L, Jagger M and Padulosi S. Granos Andinos: Avances, Logros y Experiencias Desarrolladas en Quinua, Cañahua y Amaranto en Bolivia. Rome: Bioversity International: 24-38.

第 12 章　巴西的基因库、种子银行
　　　　和地方种子守护人

巴西有 215 个土著社区（大约占土地总面积的 12%）和众多从事自给自足农业的非原住民，因此在开展农家保护方面有着得天独厚的优势。从 20 世纪 70 年代开始，在巴西农业研究公司（Empresa Brasileira de Pesquisa Agropecuária，EMBRAPA）的领导下，巴西建立起的基因库网络覆盖了广大地区。在过去 10 年中，巴西农业研究公司一直对其研究计划进行调整，以促进农家保护与迁地保护相结合。这一举措不仅是对其自身致力于农家保护愿望的回应，而且是许多传统农民、真正的种子守护人对恢复从田地中消失品种的需求的结果。

在巴西，面向传统原住民农业的公共政策，特别是加强农家保护和支持地方种子银行发展方面的政策，仍处于萌芽阶段（有关影响巴西社区种子银行的政策的详细讨论，见第 39 章）。因为政府对此不重视，这些加强农家保护和支持地方种子银行的举措一直缺乏公共部门的支持。而且，为此筹集的少量拨款还常常被耽搁延误。不过，在国家计划中还是能看到有关种子守护人和社区种子银行的相关内容，如《国家原住民人民及其土地的领土和环境管理政策》（Política Nacional de Gestão Territorial e Ambiental de Povos e Terras Indígenas）、《国家粮食和营养安全政策》（Política Nacional de Segurança Alimentar e Nutricional）（2010 年）、《巴西农村发展政策》（Política de Desenvolvimento do Brasil Rural）和近期发布的《国家农业生态和有机生产政策》（Política Nacional de Agroecologia e Produção Orgânica）（2012 年）。最后这一项政策及其实施的计划，强调了巴西需要从国家层面采取支持农民地方保护的举措，并表明需要制定让农民可通过组织从种质库获取资源的相关准则。

最近，由于人们对保护当地称之为 Creole 的品种（具有当地适应性的品种）重要性的认识不断提高，农业研究领域更多地采用农家保护的战略。如今，有组织的农民和种子守护人正主动通过社区种子银行来保护品种 Creole，其中有几家与政府机构建立了合作（见第 13 章的一个案例研究）。

12.1　克拉奥人

克拉奥（Krahô）原住民居住在托坎廷斯东北部伊塔卡亚和戈亚廷斯市的一片 30.2 万 hm² 土地上的 28 个村庄中。在过去 50 年左右的时间里，因政府试图将克

拉奥人基于家庭的农业文化转变为采用新型农法、进行水稻单一栽培的集体制度，克拉奥人失去了他们的农业遗传资源，他们的粮食安全系统也被破坏（Schiavini，2000）。20 世纪 90 年代初，在印度国家基金会（Fernando Schiavini of the National Indian Foundation，Funai）的费尔南多·希瓦尼（Fernando Schiavini）项目支持下，克拉奥人村庄中的工会成员开始讨论他们的处境并制定了改变计划。1995 年，一群克拉奥人的头领联系了巴西农业研究公司，试图拯救他们的传统种子，尤其是几个玉米品种的种子。后来克拉奥人与巴西农业研究公司的沟通促成了巴西第一份（通过印度国家基金会达成）有关获得遗传资源和相关传统知识的协议。这一先例使得在国家层面引入了基因遗产管理理事会（Conselho Gestor do Património Genético）的事先知情同意原则，向实施《生物多样性公约》（Convention on Biological Diversity）迈出重要的一步。

自 2000 年以来，经过对农家保护体系的农业生物多样性广泛调查（Dias et al.，2008b）和确定农业生物多样性守护人的工作之后，若干地方种子银行建立起来（Silva，2009）。此外，还组织了多次集会来交换传统种子和颁发多样性奖项（Dias et al.，2008a）。这些集会由克拉奥人村庄形成的联盟举办，并得到了印度国家基金会和巴西农业研究公司，以及包括巴西政府机构、卢拉丁斯（Ruraltins）农村推广机构、巴西利亚大学（The University of Brasilia）和地方各县机构在内的广泛的其他支持者网络的支持。

克拉奥人的地方种子银行通过农民和守护人网络开展农家保护，并以传统农业实践来维护品种。地方种子银行维护的物种包括水稻（20 种）、蚕豆（15 种）、山药（15 种）、甘薯（13 种）、木薯（13 种）、苦木薯（10 种）、玉米（10 种）、普通豆类（6 种）、木豆（5 种）、南瓜（11 个）和西葫芦（3 种）。

基于上述活动，现在克拉奥人无须从任何公共或私人的外部实体来获得种子，他们已通过农业实践实现了自给自足。

12.2 帕雷西人

帕雷西人是马托·格罗索（Mato Grosso）的高原居民。人口约有 2005 人，分布在 10 个原住民领地上的约 60 个村庄中，领地面积接近 130 万 hm²。

2010 年，一份针对帕雷西人农业的研究揭示出了其在遗传多样性方面的匮乏状态（Maciel，2010）。在社区的支持下，马西埃尔（Maciel）提高了人们对这个问题的认识，并组织了讨论和考察活动，最终组织了一场集会，重新引入并交换传统的根茎和种子。从那时起，各村庄每年都会举办集会，这些交流活动提高了当地家庭的膳食质量，增加了当地种植物种的多样性。那些在本地被认为已经灭绝了 50 年的植物，如葛根、山药、白大薯品种现在重新种植在田地里。

为了增加作物多样性，农民使用多种类型的木薯、菠萝和软质型玉米进行组合种植。在农村科学家的指导下，各村和圣保罗州立大学博图卡图校区，对组合种植的品种进行了繁育。来自马托格罗索坦加拉达塞拉的生产者从市集上收集到的紫色和白色大薯、各种红薯、花生和木豆品种也是组合种植中的品种。帕雷西人种子集会对该地区建立起更大的种子保护网络起了推动作用。

12.3　瓜拉尼姆巴亚人

在巴拉那州，巴西农业研究公司的温带气候农业研究中心（Centre for Temperate Climate Agricultural Research）最近开始推广使用 Creole 种子。温带气候农业研究中心正与瓜拉尼姆巴亚人进行合作以解决其作物中的遗传资源流失问题，这些作物包括豆类、玉米、花生、南瓜和木薯等品种。在温带气候农业研究中心拥有的 35 个 Creole 品种中，村民选择了 7 个品种（Rim de Porco、Unha de Princesa、Preto Comprido、Vermelho Anchieta、Amendoim Unaic、Fogo na Serra 和 Mourinho）。其中，只有 Mourinho 被认为是真正的瓜拉尼品种，其他品种则是因为它们与过去瓜拉尼培育出的品种比较相似而被优选出来（Feijó et al.，2014）。将这些品种分发给原住民进行繁育，Mourinho 被再次种回田间。

12.4　坎古苏地区的社区协会

坎古苏地区和地区内部社区协会联盟（The União das Associações Comunitárias do Interior de Canguçu e Região）位于南里奥格兰德州的坎古苏市，是一个农户团体协会。它成立于 1988 年 3 月，主要目标是保护农户的权利，并以农业生态实践为基础促进农村可持续发展。

受到天主教教会乡村田园机构（The Pastoral Rural da Igreja Católica）和小农支持中心（The Support Centre for Small-Scale Farmers）等合作机构的鼓励，坎古苏地区和地区内部社区协会联盟 1994 年 9 月开始繁育 Creole 种子。与此同时，在巴西农业研究公司的支持下，州与州之间和农民也开始进行种子交换。1997 年，建立起第一家社区种子银行，促进了农民相互交换及繁育保存栽培品种。1999 年，生产 Creole 玉米与豆类品种成为坎古苏地区和地区内部社区协会联盟的一个项目。南里奥格兰德州政府的前作物种植署建立了作物品种的登记机制。一个由政府支持的、强调以交换项目实现种子商品化的新兴市场由此被开辟出来，允许传统社区以及经过土地改革的定居者获取这些繁育的种子。

2002 年，坎古苏地区和地区内部社区协会联盟开设了种子加工部门，由南里奥格兰德州政府提供资金支持。这是拉丁美洲第一个粮食加工部门，也是第一个专门由农户进行管理的部门。在第一次 Creole 种子和普及技术国家集会开幕时这个部门正式启动，其主要目标是宣传在坎古苏开展的种子保护工作，并开展全州范围内有关 Creole 种子生产信息的交流。到 2013 年，大会已连续举办了 6 年，它提高了地方社区对保护生物多样性重要性的认识。

　　自成立以来，坎古苏地区和地区内部社区协会联盟已经拯救并繁育了 19 个 Creole 玉米、7 个豆类、2 个小麦和 4 个用作绿肥的品种。该组织的工作直接使 40 户农民家庭受益，并间接帮助了其他为数众多的使用该组织生产的商业化 Creole 种子的农业家庭、土地改革后的定居者、奎龙波拉斯土屋（quilombolas）和其他传统社区的农民。

撰稿：特莱辛哈·阿帕莱西亚·伯吉斯·迪亚斯（Terezinha Aparecia Borges Dias）

伊拉贾·弗雷拉·安图尼斯（Irajá Ferreira Antunes）

乌比拉坦·皮沃赞（Ubiratan Piovezan）

法比奥·德·奥利维拉·弗雷塔斯（Fabio de Oliveira Freitas）

玛西亚·马赛尔（Marcia Maciel）

吉尔伯托·A. P. 比维拉夸（Gilberto A. P. Bevilaqua）

纳迪·拉贝洛·多斯·桑托斯（Nadi Rabelo dos Santos）

克里斯滕·塔瓦莱斯·菲乔（Cristiane Tavares Feijó）

参 考 文 献

Dias T A B, Madeira N and Niemeyer F. 2008a. Estratégias de Conservação on Farm: Premiação Agrobiodiversidade na Feira de Sementes Tradicionais Krahô. Abstract, Proceedings of the II Simpósio Brasileiro de Recursos Genéticos, 25-28 November. Brasília: Fundação de Apoio à Pesquisa Cientifica e Tecnológica and EMBRAPA Recursos Genéticos e Biotecnologia: 350.

Dias T A B, Piovezan U, Borges J and Krahô F. 2008b. Calendário Sazonal Agrícola do povo Indígena Krahô: Estratégia de Conservação "on Farm". Abstract, Proceedings of the II Simpósio Brasileiro de Recursos Genéticos, 25-28 November. Brasília: Fundação de Apoio à Pesquisa Cientifica e Tecnológica and EMBRAPA Recursos Genéticos e Biotecnologia: 315.

Feijó C T, Antunes I F, Eichholz C, Villela A T, Bevilaqua G P and Grehs R C. 2014. A common Germplasm Bank as Source for Recovery of Cultural Richness. Annual Report of the Bean Improvement Cooperative, 57, Prosser, Washington, USA, 261-262. www.alice.cnptia.embrapa.br/bitstream/doc/987751/1/digitalizar0038.pdf, accessed 22 July 2014.

Maciel M R A. 2010. Raiz, planta e cultura: as roças indígenas nos hábitos alimentares do povo Paresi, Tangará da Serra, Mato Grosso, Brasil. Botucatu: PhD thesis, Universidade Estadual Paulista 'Júlio de Mesquita Filho'.

PNAPO (Política Nacional de Agroecologia e Produção Orgánica). 2012. Decreto no 7.794 de 20 de Agosto de 2012. Presidência de República, Casa Civil, Brasília, Brazil. www.planalto.gov.br/ccivil_03/_ato2011-2014/2012/decreto/d7794.htm, accessed 22 July 2014.

PNSAN (Política Nacional de Segurança Alimentar e Nutricional). 2010. Decreto 7.272 de 25 de Agosto de 2010. Presidência de República, Casa Civil, Brasília, Brazil. www.planalto.gov.br/

ccivil_03/_ato2007-2010/2010/decreto/d7272.htm, accessed 22 July 2014.

Schiavini F. 2000. Estudos etnobiologicos com o povo Krahò // Cavalcanti T B. Tópicos Atuais em Botánica. Brasília: EMBRAPA Recursos Genéticos e Biotecnologia: Sociedade Botânica do Brasil: 278-284.

Silva S M O. 2009. Guardiões da Agrobiodiversidade do povo Indígena Krahô: uma Abordagem Sobre a Preservação da Biodiversidade Agrícola. Brasília: Thesis, Instituto Cientifico de Ensino Superior e Pesquisa.

第13章　巴西气候危机下的米纳斯·吉拉斯州的种子保护小屋

这根藤杖来自先祖时期，世代相传至今。如果有人家里的品种没有了，总有其他邻居还会有。看，我的藤条用完了，我就去跟别人借一些，以后再还给她，种植的材料又回来了。如此，生命得以延续。

——玛利亚·塞西莉亚（Maria Cecília）与其丈夫伊米尔·德·约瑟斯（Imir de Jesus）的谈话，米纳斯·吉拉斯州迪亚曼蒂纳（Diamantina）千宝拉·瓦杰姆·多·恩海（Quilombola Vargem do Inhaí）村［作者于2013年12月准备拍摄传统种子和气候变化下关于农民保护人职责的视频，上述内容为彼时所记］

13.1　背景和区域环境

米纳斯·吉拉斯州（Minas Gerais）北部区域处于巴西半干旱地区的南部。这个地区有丰富的社会文化和土地多样性。塞拉多（Cerrado，意为"热带稀树草原"）、马塔·阿特兰提克（Mata Atlântica，意为"大西洋森林"）和卡廷加（Caatinga，意为"沙漠"）港口拥有丰富的过渡植物生态系统：从高地到热带草原、湿地森林和季节性淹没地区。在这里，社区对环境资源的使用遵循着传统的习俗。当地人民和传统社区仍然管理与保护着范围广泛的可用于家庭消费及出售的食品、纤维、药品、能源等物种及植物品种。他们是农业生物多样性的真正守护者；然而，承认其领土和认可他们与环境共存的传统战略的政策少之又少。

2013年，由米纳斯·吉拉斯州内陆地区的41个家庭组成的农业生物多样性保护小组开展了一项调查。他们仅在清理区就发现了22种食物，包含了328个品种，其中包括46种木薯和49种玉米。当生产系统的其他部分（除了家庭菜园）也被纳入调查范围时，他们发现一个家庭往往要面对数百种植物物种，从而形成了一个活的种质库，以及拥有有关这些植物物候学、适应性、饮食和烹饪品质等方面丰富的知识。

几十年前，这种多样性一直被维护得很好，但如今岌岌可危。贪图土地的大型开发公司正在征收土地，加上食品文化推广的标准化和杂交和转基因种子的发放以及最近的气候变化造成了持续不断的损失，传统的农业生物多样性保护战略受到了严重影响。

13.2　种子小屋的出现

为了支持地方社区为捍卫其权利所开展的斗争，农业生物多样性委员会
（Comissão de Agrobiodiversidade do Norte de Minas）应运而生，并随后演变成农业
生物多样性网络（Rede de Agrobiodiversidade do Semiárido Mineiro）。委员会由几
家备受欢迎的工会和地方网络机构来领导。他们制定的策略之一就是通过创建由
保护人管理的区域"种子小屋"来保护克里奥尔（Creole）种子（插图 5）。其中
的一个种子小屋——"繁育小屋"（Generation House），位于米纳斯·吉拉斯州北
部蒙蒂斯·克拉鲁斯（Montes Claros）农村地区的替代农业中心（The Centro de
Agricultura Alternativa do Norte de Minas）农业生态试验和培训区。它于 2010 年 6
月开始运营，其主要目标是确保对农民和保护人世世代代通过迁地、原地及农家
保护等方法保留下来的遗传资源进行中期管理与维护。

区域种子小屋代表了一种保护方法，对男性和女性农民、各种组织、社会运动、
联邦教学与研究机构在农业生态领域采取的其他策略及行动做出了补充。围绕种
子小屋形成的社会技术网络旨在加强基于个人和机构利益相关者之间关系的战略，
在当地和区域两级实现共同目标。该网络与保护人一起开展农业生物多样性调查
等活动。其目标是增加由社区管理的农业生物多样性，识别能抵御气候变化的多
样性、物种密度及品种；扩大地方食物范围；确保地方和区域粮食安全及主权；保
护传统的本地种子及该地区农业系统的生物多样性。

13.3　种子的繁育和保护

为保存作物的遗传资源，确保能有可满足农民需求的优质种子，一些社区、
家庭和群体已建立了用于商业目的的地方种子繁育基地。在这个过程中通常还开
展了参与式作物改良。种子繁育基地也被用作补充性的保护工具，并用作在隔离
人工条件下开发品种和转基因品种的缓冲区域。

另一种用于保护和保存传统种子的方法是建立社区种子小屋与家庭种子储存
库，以集合由农民维护和管理的地方栽培品种种质资源。不仅有助于保护农业生
物多样性，收集的种子还能在适当的时候繁育出足够数量的优质种子，从而确保
农民的自主权。同时有助于防止基因流失，以及由此所导致的传统种子被所谓的
改良品种所替代。

这个网络着眼于使用不同的方法来进行保护，如迁地、原地和农家保护方法，
并与巴西农业研究公司（EMBRAPA）商谈，使用"托管人"的概念共同管理其收
集的种质。合作协议将米纳斯·吉拉斯州北部的人民和社区都包含在其中。这些
种质资源将被保存在巴西农业研究公司的遗传资源和生物技术中心的主要藏馆中。

巴西农业研究公司确保对种子进行长期保护，以最大限度地减少转基因种子对当地种质资源的污染。

地方和区域农业生物多样性市集也是加强该网络及其活动的重要手段。这些市集为人们和社区提供了分享经验与知识、交换种子及其他材料，以及讨论自然资源保护和公共政策的机会。

13.4　繁育小屋的管理和运作

农民组织机构的技术人员、研究和教学机构的研究人员同意制定规则，用于指导繁育小屋的运作。首先，选举出一个由种子保管者组成的管理委员会；这个由3名男性和1名女性组成的管理委员会负责确保人们能遵守种子收集、监测和繁育的规则。其次，将区域种子小屋确定为保护物种多样性和登记录入传统品种的中间环节，尤其是那些在社区农产品战略中发挥重要作用的品种，以及那些面临遗失风险的品种。

种子样本量平均为 1.5 ～ 2kg，由区域种子保管者收集或捐赠。将其记录在一个管理系统中，该系统除了记录保管者认为相关的所有信息，还可以记录其形态、物候、地理和使用信息。随后，它们会被编写为代码，以帮助其被正确识别，然后被存储在具有适宜相对湿度（20%）和温度（20℃）的房间中。

种质的监测包括年度生理测试以确保种子的发育能力，并根据需要繁育种子。当出现危急情况时，如发芽率低于 80% 或种子数量低于 400g（取决于物种），将发布报告来预警。来自联邦研究和教学机构的技术人员与受训人员将对报告进行审查，并向管理委员会提出有关繁育需求和繁育流程方面的建议。目前，该区域种子银行存储了大约 7 个物种和 62 个品种的 70 个种质资源。

撰稿：安娜·克里斯提那·阿尔瓦伦纳（Anna Crystina Alvarenga）
卡洛斯·阿尔伯托·戴雷尔（Carlos Alberto Dayrell）

第14章　加拿大多伦多种子收藏馆

14.1　目标和发展

当雅各·凯瑞-莫兰德（Jacob Kearey-Moreland）听一位朋友说起工具收藏馆时，他就有了建立多伦多种子收藏馆的想法。雅各把这个想法告诉了他在社会运动组织"占领多伦多花园"（Occupy Gardens Toronto）的协调员同事凯蒂·伯格（Katie Berger）。凯蒂随即决定把创建种子收藏馆作为她的约克大学硕士环境研究计划的主要研究项目。在多伦多周末种子指导委员会（The Toronto Seedy Saturday and Sunday）及全国多样性种子（Seeds of Diversity）网络的道义支持下，种子收藏馆的工作就此启动。雅格和凯蒂，以及刚从多伦多大学信息学院毕业的图书管理员布伦丹·贝尔曼（Brendan Behrmann）成为收藏馆的协调员。多伦多种子收藏馆也在种子收藏馆社交网络（www. seedlibraries. org）进行了注册。

最初的组织和运营设置是根据公众的意见于2013年初制定的。当时用的是"边做边学"的方法，并且立即就开始了种子收集和借出的工作。在第一季就有数千种种子被收集整理并与数百人分享；还分发出大约3000包小包装种子。与此同时，保护种子意识和教育宣传活动还通过种子分享与拯救活动（插图6）、工作坊和社交媒体开展起来。收藏馆每两周组织一次活动，包括志愿者信息分享会、种子分类和包装派对、基础的种子保护工作坊与分支机构的启动活动等。协调员还协助组织了一次大规模的反转基因苜蓿抗议游行（2013年4月9日）和反孟山都游行（March Against Monsanto）（2013年5月25日）活动。2013年5月7日，他们在约克多伦多大学的瑞尔森收藏馆工作人员会议上还做了题为《为什么收藏馆如此重要》（Why libraries matter）的演讲。

2013年4～6月，全市共开设了5个社区分馆：永续项目GTA总部分馆（Permaculture Project GTA Headquarters Branch，斯卡伯勒）、多伦多工具收藏馆分馆（Toronto Tool Library Branch，柏岱尔）、原野圣斯蒂芬（Saint Stephen-in-the-Fields）教会分部（Kensington市场）、再生公益组织（Regenesis）约克大学分会和高地公园自然中心分馆（High Park Nature Centre Branch），所有这些收藏馆都欢迎人们在营业时间或通过预约来借用种子。

为响应范达娜·席瓦（Vandana Shiva）博士所号召的"种子自由两周行动"（The Fortnight of Seed Freedom），收藏馆还与其他个人和组织开展国际合作，作为争取种子主权国际运动的一个组成部分。

14.2　目标和运营

多伦多种子收藏馆的宗旨是坚信种子不应也不能被私人独占，而应在当地和社区所有人中自由分享。其协调员认为种子不应以任何方式被商品化；因此，种子收藏馆不会向任何人收取种子费用。借种子的人可以自由选择他们的参与程度。同时，收藏馆还为那些希望在其中贡献一份力的人们定期举办志愿者情况介绍会。

尽管种子收藏馆和社区种子银行有许多相同的功能，但传统意义上种子银行的重点是保存种子以供将来使用，而收藏馆的主要重点则是向尽可能多的人传播种子。多伦多种子收藏馆避免使用任何与种子银行有关的词汇，因为"银行"是现代资本主义的基石，并且本质上与多伦多种子收藏馆项目的主旨和价值观是相对立的。正如传统的图书馆能帮助提高人们的读写能力一样，种子收藏馆能帮助传播种子和食物文化。

多伦多种子收藏馆提供了一个能免费获得替代大公司生产的基因改良品种种子的途径，并为新加入的种子储存者和园丁提供了印刷品与其他资料，以及为开展"种子–环境–食品"教育提供了一个平台。通过教育宣传和活动，它将种子储存和分享引入主流，鼓励人们与种子"建立联系"，并积极参与种植，倡导增加生物多样性和提高人们对生物多样和文化多样性之间关系的认识。

收藏馆的种子来自个人、种子公司和零售商店的捐赠。目前，大多数捐赠者是中大型企业，还有一小部分是种子收藏者和社区团体。然而，随着该地区的人们越来越了解并擅长种子收集，我们希望绝大多数种子来自社区成员和团体。无论种子状况如何，收藏馆都会接受。例如，为吸引新的种植者、积累培养经验和进行粮食生产试验，那些已经超过保质期且不再符合商业标准的种子和来源不详的种子也可被自由分享。不过，仅有那些有机种子（经过认证的或被确认是有机的）会出于保护种子的目的而借给人们使用。

捐赠种子时，唯一所需的信息是种子种类及其种植时间和地点（如神圣罗勒这个品种，哈特家菜园，2012 年）。有时人们还会提供额外的信息，这些信息也会一起传递给借种子的人。有关种子培育和保存更为普遍的传统知识则是通过社区中长者开展的种子保护工作坊来交流。

除了 5 个分馆，还有一个非常活跃的"流动分馆"在城市中流转，并将种子通过各种食品、园艺和环境活动分发出去。社区成员可通过市区的任何分馆查看种子的情况。借用种子时的唯一要求是要注册，以便接收电子版的更新内容和种子保存信息，并做出非正式承诺，表示愿意从种植的植物中保存一些种子并将其送回收藏馆。

目前，收藏馆的邮件列表中有近 1000 人，其中绝大多数是 2013 年播种季节从种子收藏馆中借用种子的人。借种子的人群是一个非常多元化的群体，根据其借种的分馆或举办活动的地点而各不相同。由于协调员与当地大学的个人和专业有联系,学生在参与者中占有很大的比例。从社区苗圃的种植者到用阳台种植箱种植的人们,所有类型的城市种植者都在使用收藏馆。收藏馆种子用户的大量报告证明,他们现在都有收获,并且能比以前有更高品质的产出。

在收集的种子中,有一小部分稀有种子被保留下来留给经验丰富的种子保护者种植,以确保能繁育成功。现在种子供应量已超过了收藏馆的处理能力,有计划要建立一个更为复杂的发展计划,与更加成熟的种子种植者和城市以外地区拥有更大种植空间的保护者建立联系。

收藏馆的种子种类在不断增加,尤其是通过与多伦多各民族和文化群落取得联系而增加了很多种类。整个城市的花园都种植了多种作物,这些作物适应当地的环境,并且是通过家庭和文化群落传承下来的。如今,它们通过多伦多种子收藏馆来与更多人分享。

除了 3 名协调员,还有 6 名志愿者协助举办活动、展览、平面设计。就其他参与者而言,到目前为止,加入种子收藏馆的邮件列表就算是已经非正式地成为成员了。

14.3　费用和支持

主要的资金成本是包装材料。具体来说,就是用于装种子的纸质信封。另外,还有一大部分资金是用于印刷宣传海报和传单。种子收藏馆正在建设网站,这也需要花钱维护。目前还没有在种子或劳动上产生费用,因为这些资源都是由企业和社区捐赠的。

种子收藏馆在种子鉴定、清洁和储存方法等方面获得了来自多伦多种子团体的经验丰富的老年人的技术支持。它还获得了个人捐助者的资金支持,多数是 1 ~ 20 加元的小额捐款,用作支持外展材料和举办活动的费用。还有几笔大额的种子捐赠来自两家公司,另外由于种子收藏馆并不能间接或直接为公司做宣传或推广,因此公司的捐赠没有任何附加条件。收藏馆还在大多伦多地区内获得了种子收集社区及知名食品和园艺机构强有力的道义支持,其为遍布城市的免费种子收藏馆所带来的益处均给予了认可。多伦多市的议员、学者、农户和消费者等多种群体也都给予了收藏馆道义上的支持。

14.4　连接和交流

种子收藏馆与多伦多地区、安大略省周边其他的新兴种子收藏馆建立了联系,并且与北美洲建立了初步的联系。包括与邻近的种子收藏馆管理员召开会议,并通过电话、社交媒体和电子邮件与更远的合作伙伴沟通。多伦多种子收藏馆激励了多伦多地区包括安大略省奥里利亚等社区建立种子收藏馆。种子收藏馆积极支持全国农民联盟（The National Farmers' Union）和加拿大生物技术行动网络（The Canadian Biotech Action Network）所开展的宣传活动。但尚未与加拿大正规基因库网络建立联系。

收藏馆计划要与加拿大种子收藏馆（The Canadian Seed Library）建立更为紧密的联系，加拿大种子收藏馆是"多样性种子"（Seeds of Diversity）机构下一个项目。"多样性种子"是国内领先的机构，主导了复兴国内种子保护运动。加拿大种子收藏馆位于多伦多郊外的一个农场；从这里，他们将种子邮寄到全国各地的种子种植成员手中，其成员多为具有丰富经验的种子保护爱好者和小规模的种子种植者。多伦多种子收藏馆希望与加拿大种子收藏馆合作，在公共收藏馆内建立基于社区的种子收藏馆，好让任何人都可以借用和种植种子，并可自由且便捷地获得种植自己作物和种子的知识与资源。基于社区的种子收藏馆将会成为种子银行的下一个发展阶段，关注种子、知识和资源的共享。

14.5　政策和法律环境

加拿大毗邻美国，拥有世界上最发达的工业食品系统。大多数加拿大农民被企业纳入其粮食和种子体系，受到最高级别的政府监管，也获得最多的补贴。除提高人们对农村社区和农民问题的认识之外，多伦多种子收藏馆并没有直接参与农民权利的立法或游说活动。种子收藏馆对市政食品政策特别感兴趣，该政策支持将多伦多种子收藏馆纳入多伦多公共图书馆系统和多伦多地区学校委员会。多伦多有97个公共图书馆和数百所公立学校。只要这些机构中有一小部分设立种子收藏馆的分支，就能大大加强多伦多人的食物和种子保护意识，甚至是其对食物和种子的主权与安全问题的认识，并能使其更为支持改善区域食物系统。

多伦多种子收藏馆一直在对市政府和社区合作伙伴开展非正式的游说，要将多伦多种子收藏馆项目纳入"生长行动"（GrowTO）计划中，以扩大多伦多的都市农业规模。与多伦多公共图书馆和多伦多地区学校委员会建立正式合作关系，将有助种子收藏馆协调其针对现有机构、基础设施和政府项目的工作，并显著增强种子收藏馆的能力。联邦和省级种子法规主要适用于商业与大型运营商，并不会对种子收藏馆的日常运作造成影响。

14.6　挑　　战

目前，种子收藏馆面临的挑战包括筹资、协调员和志愿者时间与精力的投入。尽管协调员一直是全职工作，但多伦多种子收藏馆发展迅速，在没有专职雇员的情况下，管理比较困难。

还有一个风险是，因为大多数参与者都是首次种植者，所以他们可能无法归还种子或归还品质较差的种子；目前，收藏馆几乎没有什么保障措施来确保归还种子的质量。质量控制标准正在制定中，将于 2014 年春季第二季开始实施。

在多伦多空间是一项重大的挑战，尤其是在种子生产方面，劳动力和时间限制也使收藏馆无法将许多想法付诸实践。尽管项目仍处于起步阶段，但其对获得大型机构（如多伦多公共图书馆和多伦多地区学校委员会）及学院、大学与其他食品和农业机构的持续和未来支持充满信心。

14.7　可持续性和前景

通过与公共图书馆、学校和社区团体的合作，可实现种子收藏馆的可持续运作。利用开源理念和技术，种子收藏馆可以建立一个平台让大众参与和协作，以使其成为一个免费和自我续存的公共资源。多伦多种子收藏馆也可以成为国家或国际种子收藏馆网络的一个组成部分。正如公共图书馆可以在系统内部和系统之间交换书籍与其他物品一样，种子收藏馆也可以与区域合作伙伴和具有相似气候条件的其他个人及机构交换种子。此外，种子收藏馆还希望通过教育和宣传材料及集体行动来开展合作，以进一步争取公众支持。

14.8　致　　谢

多伦多种子收藏馆要感谢以下人士和组织的鼓励与支持：范达娜·席瓦（Vandana Shiva）和国际种子自由运动（The International Seed Freedom Movement）；玛利亚·卡斯坦（Maria Kasstan）和加拿大种子多样性（Seeds of Diversity Canada）机构；拉尔夫·阿当姆斯（Ralph Adams）、李·科勒（Li Keller）和"占领多伦多花园"（Occupy Gardens Toronto）机构；安吉拉·阿尔辛格·陈（Angela Elzinga Cheng）和"多伦多食物分享"（FoodShare Toronto）机构；托音·克罗克（Toyin Croker）和大多伦多地区的永续农业（Permaculture Project of the Greater Toronto Area）项目；约迪·考博雷恩斯基（Jodi Koberinski）和安大略有机委员会（The Organic Council of Ontario）；克里斯塔·福莱（Krista Fry）和西城社区中心（Scadding Court Community Centre）；艾米丽·马丁（Emily Martyn）和摄政公园社区食品中心（Regent Park Community Food Centre）；凯特·瑞可莱福特（Kate Raycraft）和多伦多大学"Dig In"项目；苏珊·铂尔曼（Susan Berman）和多伦多社区花园网络（Toronto Community Garden Network）；玛利亚姆·阿尔卡比尔（Mariam Alkabeer）、文斯·麦克劳克林（Vince McLaughlin）、麦琪·赫尔维希（Maggie Helwig）、艾米丽·鲁尔克（Emily Rourke）、亚历山大·克里夫（Alexandra Cleaver）、凯特琳·塔格威鲍

尔（Caitlin Taguibao）、雅克·洛塞普（Jako Raudsepp），以及我们在多伦多大学的合作伙伴。

撰稿：凯蒂·伯格（Katie Berger）

雅各布·凯瑞-莫兰德（Jacob Kearey-Moreland）

布伦丹·贝尔曼（Brendan Behrmann）

第 15 章 中国云南西定的基因库

15.1 目标和发展史

自 2006 年以来,中国研究人员和国际生物多样性中心(Bioversity International)的同伴一直在云南省西双版纳州勐海县西定乡开展"保护和利用作物遗传多样性、病虫害防治、支持可持续农业"项目。勐海县拥有丰富的农业生物多样性,特别是水稻和玉米品种。农民使用特定的选择标准,来保存和改良品种以适应环境要求。在云南山区,即使在同一农业区内,但多样化的生境要求能适应不同环境的不同作物品种。社会经济、文化和市场力量也影响着农民对作物与品种组合的选择。这让云南拥有了总体上非常丰富的生物多样性,但农业的集约化和现代化使得这种优势难以为继。只有少数的农业科学家关注到这一消极趋势。

该研究小组已经识别出 300 多个当地农民从古代就熟知的水稻和玉米品种。随着时间的推移,这些品种当中,由于低产或缺乏对病虫害的抗性等各种原因,有一些已经消失。以当地品种形式存在的遗传资源对于农业发展弥足珍贵,它们可能包含重要的适应性特征,对于作物育种更为重要。通过种植这些品种来维护这些特性对于农业可持续及提高其适应气候变化的能力至关重要。

2010 年,在西双版纳傣族自治州农业科学研究所、勐海县农业局、西定县政府、西定乡农业科学站和村委会的支持下,我们在勐海县曼瓦村的村委会办公楼里建立了西定基因库。

这个基因库归农民所有,用于保护当地作物种子的多样性,并为农民提供种子交换服务。西定基因库的具体目标是收集现有和古老的本地作物品种的种子并向当地农民展示,再通过种子交换让农民获得所需种子。社区基因库的工作也获得了参与式繁育行动的支持。

为确保种子银行能按照既定标准和程序进行有效管理,我们成立了西定作物基因库管理委员会和专家咨询委员会。后者由来自云南省科研机构的 12 位专家组成,他们为乡村基因库的管理提供技术支持。据我们所知,这项举措在中国是首创。上文所述的"保护和利用作物遗传多样性、病虫害防治、支持可持续农业"项目也因联合国环境规划署全球环境基金(The United Nations Environment Programme's Global Environment Facility,UNEP-GEF)的资助而获得部分启动资金与技术支持。目前,还有一些资金通过国际农业发展基金会(The International Fund for Agricultural Development)提供给项目,中国地方政府也为其提供了实物支持。

15.2　功能和活动

社区基因库的主要功能是展示西定的作物多样性保护工作，以及组织生物多样性市集，通过确保遗传资源的持续可用性来促进研究、培育并改良种子，以连接过去与未来。2010 年，基因库建立初始只有 20 个当地水稻品种和 10 个玉米品种（插图 7）。到 2013 年，其收集的种质资源已增加到近 70 个水稻品种和 10 个玉米品种，还有其他作物的种子，如向日葵、冬瓜和花生等。

不同的品种有不同的特点。大多数是耐旱品种，有些还能抗病虫害。社区基因库里每个品种约保存 300g 种子。研究小组和当地农民每年更新一次种子。农民在收获后直接在竹席上晾干种子，检查病虫害情况并清除受病虫害影响的种子，然后用灰或胡椒等有机材料进行处理，以保护它们免受病害的侵袭。选种的工作通常由女性来负责。

云南省农业科学院的水稻遗传资源团队负责提供繁育种子的资金，村庄提供储存站点，政府机构则提供收集、储存和管理种子等的相关技术支持。云南省农业科学院基因库的现代设施中还储存了一份备用种子，在完整的文件记录系统支持下进行中期保存。农民和育种者都可以通过电话或电子邮件等方式来索取这些种子。

有关机构和农民共同制定规章制度，以指导基因库的建立、运营和管理。例如，入库的种质需遵循由各方共同制定的准则，如下。

1）通过作物种子多样性市集和在当地张贴海报来鼓励各村的农民将种子（每份约 300g）带到基因库。在田间日活动的时候，农民可以看到来自基因库的不同水稻、玉米等，基因库的人员向他们说明如何储存种子及获取种子。

2）基因库管理员登记品种的名称、来源、收集时间及特征等种质资源基本资料。

3）这些种子随后被存放在瓶子中，并在瓶子上贴上包含所有相关信息的纸质标签。

想要获得不同于自有品种种子的农民必须在基因库中存入等量的种子。为能长期确保种子的发芽率，基因库必须对部分种子进行繁育。每年，会取出每瓶种子约一半的量，在景洪市嘎洒镇的繁育区进行种植。

这样做的目的是尽可能为用户提供多种种质资源及相关数据。获取种子是免费的。要获得基因库的种子，农民需填写申请表。基因库的工作人员根据作物种质资源管理办法，并在遵守《中华人民共和国种子法》的基础上起草一份针对种子申请人的合同。农民有责任遵守国家及当地对进口种子的相关要求，尤其是植物检疫条例，以预防可能会对当地产生严重影响的病虫害或入侵物种扩散。

农民不得用从基因库获得的种质资源去申请新品种认证或其他知识产权保护。

从基因库获取种质的人员必须及时向基因库报告，并随后对该种质的表现给予反馈。如果未能按时完成，基因库将不再为其提供种质资源。我们通常为每份申请者提供 20g 种子。当某个品种储存数量低于 200g 时，我们将拿出 100g 到嘎洒镇的繁育区进行种植繁育。

除了比较常见的作物和品种，社区基因库还要收集当地被忽视和未被充分利用的物种。农民对寻找稀有品种很有兴趣，如 Abie，这种糯米品种粒大、味道好，但容易染病，且产量低。在一些村庄，如西定乡的巴达村，几年前农民还在种植这个品种，但现在再也找不到种子了。他们希望能通过社区基因库的工作，让这些被忽视和未被充分利用的物种保存下来并被继续使用。

目前，来自 10 个村庄约 100 名村民，以及来自农业推广服务站的约 10 名技术人员正参与基因库的收集工作，并从中受益。来自云南省农业科学院和西双版纳农业科学研究所的研究人员，主要使用收集的种质资源进行作物评估、遗传改良和有用基因筛选。女性农民也参与决策制定，特别是种子储存、种子分配和基因库日常管理方面的决策。

15.3　政策和法律环境

社区基因库尚未正式注册。如果它能够获得法律地位，就能更有影响力、标准化且具有可持续性。这需要各级政府机构更好地认识乡村基因库的意义。然而，目前他们并不是很了解需要制定哪些法律法规来确保基因库正常运作，规范种子鉴定、登记和保存、繁育、使用和分发等。

不过云南省颁布的一系列法律和省级、地方法规均对农业生物多样性的保护与可持续利用产生了影响。例如，出台了《云南省园艺植物新品种注册保护条例》和《云南省农业环境保护条例》。但总的来说，制度环境的支持力度还是不够，对保护农业生物多样性必要性的认识也不足。这其中一个主要问题是，在注册生物资源的知识产权时，农民很容易忽视。法律普遍没有被严格执行，并且人们遵守法律的意识不强。

研究团队已找到了一些有效的方法来创造有利的政策和法律环境，首先是依据云南独特的自然条件制定地区法律法规，加强对特殊自然资源的保护。其次是制定国家农业生物多样性法律和监管制度。再次是要加强政府在生物多样性保护方面的问责制。最后是需要增强与农业生物多样性相关的公众意识、教育和培训。研究团队还提议建立以农民权利为基础的传统品种保护制度，鼓励农民参与区域和国家种质保护项目，加强村社能力建设，促进技术转让，以及增加公共财政支持。

15.4　可持续性和前景

为使社区基因库的工作更加有效，其工作人员必须接受文档记录、种子采购、处理和全面管理等方面的培训。还需要通过电视和地方政府的沟通渠道来增加人们对社区基因库的认识，将其与区域层面的作物保护活动相联系，吸引省内农民组织给予更多支持。我们计划加强与具有更多保护经验的云南省农业科学院基因库的联系，并向国家基因库系统学习。资金的可持续性则需要地方政府和其他当地组织给予更多支持。

总而言之，要想使基因库成为国家或国际基因库网络的一部分，还有很长的路要走。首先，我们必须在获得地方政府财政支持的同时，申请国家或国际资金支持。其次，需要继续通过多样性市集提高人们的意识；进一步开展作物种植和管理及病虫害防治培训；积极参与基因库的种质资源保护和其他的作物遗传多样性活动。

撰稿：杨雅云

张恩来

戴夫拉·I. 贾维斯（Devra I. Jarvis）

白可喻

董　超

阿新祥

汤翠凤

张菲菲

徐福荣

戴陆园

第 16 章　哥斯达黎加的南方种子联盟

16.1　拯救、保护和繁育优质豆类及玉米的种子

20 世纪 90 年代初，在哥斯达黎加南部的布兰卡（Brunca）地区开始出现小型农民协会，其通过消除或减少中间商来获得更多市场机会，以及组织建设种子储存设施，让农民能够大量销售种子给包装商和大型公司。在同一时期，研究模式从研究人员进行育种再交给农民耕种的传统方法，逐步演变为让农民能参与育种过程的参与式方案（Hocdé et al.，2000）。

布兰卡地区的豆类生产者对获得本地品种的优质种子，以及之后对通过参与式过程所开发出的品种种子有着较大的需求，推动了哥斯达黎加建立地方种子生产部门。以前，获取合格种子的唯一途径是通过国家生产委员会（Consejo Nacional de Producción，CNP），这是《种子法》（ONS，1981，2005）指定的途径，而该委员会不允许提供本地品种。此外，国家生产委员会的主要目标是提供全国性种植品种的种子，而不是通过参与式植物育种而开发出的本地品种。

地方的种子繁育始于 1995 年，对品种 Sacapobres（意为"脱贫"）进行了广泛的传播，这种品种成熟较早（Araya and Hernández，2006），产量也很高（Morales，1994；Mora，1995）。针对基本谷物的区域性农艺学研究项目（Programa Regional de Reforzamiento a la Investigación Agronómica sobre Granos en Centroamérica，加强中美洲谷物农艺研究区域项目）对这种品种的种子繁育给予了支持（Silva and Hernández，1996）。2000 年，参与式植物育种工作将农民与育种者和其他利益相关者的标准及知识相结合，加强了哥斯达黎加对豆类的研究（Hocdé et al.，1999）。

当时，没有任何机构负责种子繁育，也没有指导方法来规范流程（Araya et al.，2010）。2004 年，在农业和畜牧部（The Ministry of Agriculture and Livestock）、国家农业技术创新和转让研究所（The National Institute of Agricultural Technology Innovation and Transfer）、哥斯达黎加大学（The University of Costa Rica）、国家生产委员会（The CNP）、国家种子办公室（The National Seed Office）和国立大学（The National University）的合作下，哥斯达黎加豆类研究和技术转让项目（Programa de Investigación y Transferencia de Tecnología Agropecuaria en Frijol，PITTA Frijol，PITTA 豆类项目）建立。该项目为当地豆类种子生产引入了质量控制协议（Araya and Hernández，2007），并建立了参与式植物育种和种子生产的技

术委员会（Elizondo et al.，2013）。随后，还制定了采收后种子处理的流程（Araya et al.，2013c）。

南方种子繁育者联盟（The Unión de Semilleros del Sur）成立于 2010 年，同时制定了其运营规程（Araya et al.，2013a）。4 个生产者机构组成了研究委员会，共有 754 名会员，并成立了工会。研究委员会除了参与研究，还繁育当地的种子，在 2011 年正式更名为技术委员会。

16.2　技术委员会及其运作

技术委员会的成员由每个成员机构的董事会任命；各董事会还制定出行政、后勤和经济策略，以支持委员会的发展。除了 PITTA Frijol 的支持团队，技术委员会还包含一名协调员和一名秘书；在机构还没有管理员时，还任命了一名财务主管；有时还会需要一名推广员或一个推广机构，这些都根据委员会的目的而定（Araya et al.，2013b）。这些成员会根据需求、后勤和财务的能力来制定为期最短两年的种子繁育计划。他们还安排种植区、设定日期、选择地块并指定负责种子繁育的农民。种子繁育者接受培训，并根据其土地的土壤肥力和湿度分配品种进行种子的繁育。委员会协助种子繁育者完成繁育种子所需流程，并进行繁育者及其种子繁育地块的登记，用于内部控制和获取官方记录。在研究方面，他们还定义了豆类的理想株型，评估并选择可发放的种质材料并将不同品种进行注册。

在种子生产周期中，一项主要活动就是将每个繁育者提供的信息录入数据库，包括项目流水编号、所提供的投入、审计记录、收到种子的记录、质量分析结果和生产成本。对地块的监督基于成员以参与式方式制定出的地方生产流程（Araya and Hernández，2007）。每位种子繁育者收获并向当地协会提供干净和干燥（最大水分含量为 13%）的种子。技术委员会分 3 个阶段进行审核：种子交付、质量分析（水分含量、惰性物质、品种混合物、褪色的种子、被真菌或昆虫损坏的种子、机械损伤、皱纹、发芽处理和被其他作物或杂草污染的种子）和种子状况。每个阶段都要填写一份表格。

南方种子繁育者联盟有两个储藏室，总储存量为 32t，用于储存主要商业豆类品种的种子和种质，再加上每个品种 1kg 的种子作为社区的种子储备。进出的商业种子和种质通过日志形式进行记录。每个本地品种都有其种质基本资料。用于储存的本地品种种子至少要在 3 个繁育周期内送至哥斯达黎加大学的实验站（Estación Experimental Fabio Baudrit Moreno）进行清洁。之后，种子委员会负责种子的繁育。种子储藏室中的所有品种在哥斯达黎加大学实验站种质库都有备用种子样品。每个有组织的农民机构在种子银行中各自管理自己的资源，费用以每英担（1 英担 =50.802 345kg）为单位计算。

商业品种的种子可直接出售给获得农民协会信贷的会员。PITTA Frijol 和泛美农业学校目前正使用一些本地品种进行育种。瓜加拉（Guagaral）农民协会的技术委员会正计划举办生物多样性市集，以分享其繁育种子的遗传和性状特征信息。

女性在种子繁育过程中的参与非常重要。她们记录委员会的所有活动，记录并更新试验和种子繁育信息，确保达成协议并召集会议。她们还积极参与种子地块的监督和管理。同时根据各品种的性状特征，其对用于家庭消费的商业生产的豆类本地品种的选择会产生影响。

多年来，技术委员会一直从事着拯救、增加和保护本土品种的工作。第一个项目始于 2010 年，是与联合国粮食及农业组织（FAO）的发展种子项目（Seeds for Development）合作。项目收集的品种包括菜豆（*Phaseolus vulgaris*）、棉豆（*Phaseolus lunatus*）和玉米。收集的种子在清除了致病菌后会及时送到 Fabio Baudrit 实验站进行繁育，以便在 2013 年能提供优质种子用于启动地方的繁育行动。在提高瓜加拉地区种子可用性的同时，有关种子的地方知识也变得日益丰富。在农民协会靠近学校的地区，对儿童进行了生物多样性方面的培训，他们认识到拯救本地品种的重要性，并学会使用数据表来登记其社区种植品种的种子信息。

16.3　相互支持的网络

组成南方种子繁育者联盟的各个农民协会建立了相互支持的网络，为成员提供信贷，获得银行贷款后投资于种子繁育，改善社区获取改良和本地品种种子的途径，降低这些品种的生产成本，并为生产出的粮食提供储存和空调设备。大约有 750 个家庭从中受益。技术委员会编写《种子繁育信息报告》进行传播，并在协会年会期间进行汇报。这些信息也通过教堂、海报、研讨会、会议等方式进行展示，并分享给参观协会设施的人员。此外，生产者还组织田间考察日活动和示范活动等进行信息分享。技术委员会和董事会的所有成员及生产者与地方、区域、国家及国际推广机构通常也会参与这些活动。

PITTA Frijol 通过举办研讨会、定期与技术委员会开会，以及对种子繁育地块进行监督等方式来为南方种子繁育者联盟提供技术支持。各委员会还接受了组织和企业技能、地方种子繁育和豆类新品种培育方面的培训，计划要在不久的将来举办生物多样性市集。中美洲参与式植物育种合作项目和 FAO 的发展种子项目等政府与区域性项目正在支持建立一个提供基础资金的基金。

南方种子繁育者联盟的主要成就之一是实现了地方生产种子的可得性，这些种子已被国家种子办公室评为"授权种子"。有证据表明，即使在干旱或洪水条件下，以及在低肥力的黏性土壤中，优质种子也会有更好的出苗表现。

南方种子繁育者联盟面临的主要挑战是种子繁育过程的可持续性，即种子储藏室所在区域的相对湿度和温度较高引发的种质资源长期保存问题。另一个挑战是改善和扩大储存区域，以及寻找资源来增加基础资金。

撰稿：弗劳·伊维特·伊利赞杜·波拉斯（Flor Ivette Elizondo Porras）

鲁道夫·阿拉亚·维拉劳勃斯（Rodolfo Araya Villalobos）

胡安·卡洛斯·赫南德兹·冯塞卡（Juan Carlos Hernández Fonseca）

卡罗琳娜·马丁内兹·乌玛那（Karolina Martínez Umaña）

参 考 文 献

Araya R and Hernández J C. 2006. Mejora genética participativa de la variedad criolla de Frijol Sacapobres. Agronomía Mesoamericana, 17: 347.

Araya R and Hernández J C. 2007. Protocolo para la Producción Local de Semilla de Frijol. Alajuela: Estación Experimental Fabio Baudrit Moreno.

Araya R, Elizondo F, Hernández J C and Martínez K. 2013a. Reglamento de la Unión de Semilleros del Sur. San José: Food and Agriculture Organization. Project GCP/RLA182/SPA.

Araya R, Elizondo F, Hernández J C and Martínez K. 2013b. Guía para el Funcionamiento del Comité Técnico: Mejora Genética Participativa y el Control de Calidad de la Semilla en la Agricultura Familiar. San José: Food and Agriculture Organization. Project GCP/RLA/182/SPA.

Araya R, Martínez K, López A and Murillo A. 2013c. Protocolo para el Manejo pos Cosecha de la Semilla de Frijol. San José: Food and Agriculture Organization. Project GCP/RLA/182/SPA.

Araya R, Quirós W, Carrillo O, Gutiérrez M V and Murillo A. 2010. Semillas de Buena Calidad. Costa Rica: Food and Agriculture Organization. Project GCP/ RLA182/SPA. Brochure.

Elizondo F, Araya R, Hernández J C, Chaves N and Martínez K. 2013. Guía para el Establecimiento de Comités Técnicos: el Fitomejoramiento Participativo y la Producción de Semilla de Calidad. San José: Food and Agriculture Organization.

Hocdé H, Hernández J C, Araya R and Bermúdez A. 1999. Proceso de Fitomejoramiento Participativo con Frijol en Costa Rica: la Historia de "Acapobres". Fitomejoramiento Participativo en América Latina y el Caribe. Proceedings of an International Symposium, quito, Ecuador, August 31-September 3, 1999.

Hocdé H, Meneses D and Miranda B. 2000. Farmer Experimentation: A Challenge to all!' LEISA Magazine, 16, no 2. www.agriculturesnetwork.org/magazines/ global/grassroots-innovation/farmer-experimentation-a-challenge-to-all, accessed 13 January 2014.

Mora B. 1995. Validación de Cultivares Mejorados de Frijol Común en Diferentes Localidades de Pejibaye en el Inverniz de 1995. Work Report. San José: Ministerio de Agri-Cultura y Ganadería.

Morales A. 1994. Ensayos de Verificación de Cultivares Promisorios de Frijol. Work Report. San José: Ministerio de Agricultura y Ganadería.

ONS (Oficina Nacional de Semillas). 1981. Reglamento a la Ley de Semillas Número 6289. San José: ONS.

ONS (Oficina Nacional de Semillas). 2005. Reglamento para la Importación, Exportación y Comercialización de Semillas. San José: ONS.

Silva A G and Hernández M. 1996. Producción Local de Semilla de Calidad: la Experiencia Centroamericana. San José: Programa Regional de Reforzamiento a la Investigación Agronómica sobre Granos en Centroamérica.

第17章 危地马拉通过社区种子恢复玉米多样性

危地马拉西部古奇马达内（Cuchumatanes）高原的韦韦特南戈（Huehuetenango）地区是重要的玉米多样性中心。尽管那里的农民已经开发出大量天然授粉的本地品种，但不断变化的环境和社会经济条件开始对他们维持农场本地遗传资源的能力造成负面的影响。在过去10年中，气候变化和一系列自然灾害严重影响了以玉米为主的生产系统。日益分散的土地所有权也削弱了传统的种子交换和知识分享机制。不断下降的生产力已开始影响当地家庭的粮食安全，当前的生产水平只够满足半年的家庭消费需求。这导致农民倾向于贬低并放弃本地品种，而转到市场上去购买商业品种和杂交种子。但是，商业种子很贵。同时在低投入、恶劣的生长条件下，这些种子普遍表现不佳，也不符合传统社区的文化偏好。

因为坚信通过集体的、以社区为基础的创新方式来维护与持续发展适应本地的遗传资源是提高地方社区和农业生态系统恢复力的关键手段，阿索库奇（Asocuch）——危地马拉的一家农业合作社，果断采取行动以减少农业生物多样性的损失。阿索库奇与政府机构、技术创新基金会（Fundación para la Innovación Tecnológica）、农林及农业科学技术研究所（Agropecuaria y Forestal and the Instituto de Ciencia y Tecnología Agrícola）合作，共同实施中美洲参与式植物育种合作项目（Collaborative Programme on Participatory Plant Breeding in Mesoamerica）在危地马拉开展的项目部分。

该项目从奎林科（Quilinco）社区开始，收集农民保护的玉米本地品种并对其特征描述，以形成该地区作物多样性的种子收集基础。初步收集的种子用于建立参与式育种技术。在这个过程中，农民接受选种技术培训，以便能根据其喜好逐步提高当地品种的表现。与此同时，社区则努力关注通过建立一个初级的"种子储备中心"来保护最初收集到的种子。经过多年的努力，因为增加了随着育种项目逐步改良的种质，收集到的种子有所增加。Quilinco种子储备中心目前拥有657个玉米种质，另外在该地区的其他社区建立了7个社区种子储备中心。有多达1000名的农民接受了选种和种子保护方面的培训，并且已经实现了本地品种产量的大幅提高［有关索洛拉（Sololá）和Quilinco两个种子储备中心的详细报告有西班牙语版本；Fuentes López，2013］（插图8）。

这些努力不仅加强了该地区5000多人的种子和粮食安全，而且帮助保护了那些能适应当地条件的玉米品种。近期，社区成员已开始选择表现最佳的地方适应性品种进行大规模的繁育，以生产可供出售的种子。他们还计划扩大业务范围，寻找更远的市场。

　　不过，在宣传和让这些种子被更广泛接纳的方面仍然存在挑战。目前，还没有任何政策机制允许登记或认证农民和农业合作社生产的改良后的本地品种；因此，他们的成就仅限于在非正式部门得到表现，不可能实现更广泛的商业流通。围绕这种以社区为基础的创新举措的利益分享和知识产权问题也没有清晰的解答。

　　Asocuch 农业合作社目前正参与起草国家种子法的技术和政策讨论，并主张将种子类别和相关法规纳入其中，以便适用古奇马达内农民改良的本地品种注册登记、分享和商业化。

撰稿：杰亚·加卢齐（Gea Galluzzi）

伊莎贝尔·拉佩纳（Isabel Lapeña）

参 考 文 献

Fuentes López M R. 2013. Tema 4: Vincular los Agricultores al TIRFAA/SML: el Potencial y los Desafíos de Fortalecer el Acceso a los RFAA a Través de Bancos de Genes/Semillas Basados en la Comunidad. SUB TEMA: Estudios de caso de reservas comunitarias de semillas en Guatemala. Rome: Bioversity International.

第18章　印度科利山的社区种子银行和部落赋权

农业部落社区在自给农业中有着许多与种子生产、选择、存储和交换有关的实践方法。这些实践方法自古以来一直在发展和演变，至今仍是丘陵地区小农和边缘农民传统耕作制度的支柱。它们帮助农家应对变幻莫测的季风和天气变化。即使在危急时刻，社区成员也能从自给自足的本地种子系统中找到种子。它们对保护农业作物多样性和生计选择多样性的贡献是无价的。然而，由于农民越来越多地使用商业作物，这些最好的实践方法在过去30年里越来越不被采纳。

位于南印度泰米尔·纳德邦（Tamil Nadu）的科利山（Kolli Hills）（东经78°17′05″～78°27′45″、北纬11°21′10″～11°55′05″）是一片低矮的山丘，面积达441.41km²。该地区居住着一群被称为马来亚力·高恩德尔人（Malayali Gounder）的部落群体，他们通过一系列基于当地环境和社会条件的实践，保护了农场谷子的多样性。目前，在不同的农业生态条件下，这些部落群体正在栽培21个地方品种：穆子（finger millet）7种、谷子（Italian millet）5种、细柄黍（little millet）7种、普通黍子（common millet）1种、鸭嘴草（kodo millet）1种。

高产品种和商业作物的引进影响了传统谷子品种的种子可获得性。事实上，采用经济作物和相关的农业做法削弱了当地人对以社区为基础的种子系统的依赖。反过来，这又导致了农场基于多样性的选择越来越少，从而影响人们的粮食和营养安全。

在这方面，支持当地社区的一项关键干预措施就是加强传统品种的获取和供应。为此，由位于科利山的MSSRF（The M. S. Swaminathan Research Foundation）推动的以社区为基础的种子银行网络因其成效而颇具代表性，该网络有助于防止当地作物多样性遭到破坏，并增加了当地社区的生计和复原力。

18.1　动机和目标

1997年，MSSRF启动了一项在科利山保护谷子的计划（MSSRF，2002）。当时，传统种子的分享并不普遍，而且都是发生在个人层面。首先，MSSRF开始确定谷子地方品种的"知识拥有者"和"种子保管者"，以建立联系并分享有关谷子和谷子种植的实践知识。同时鼓励一个由35名种植传统谷子的男女农民组成的核心小组建立社区种子银行。建立种子银行的目的是确保当地所需地方品种种子的可持续供应，同时种子银行可以作为一个以社区为基础的迁地保护设施和种子的备用来源，可提高适应当地的种子的利用率，并将社区种子银行制度化为一种共同的资源，形成一个由一群部落人管理的种子和知识交流网络。

18.2　首要步骤

对科利山不同地区农民进行的参与式研究评估显示，不同的地区种植了其特有的地方品种。此外，一些品种的种子极度短缺，而且大多数品种在传统的耕作方法下与其他品种混种在一起。

MSSRF 对一群种植谷子的核心农民进行了繁育优质种子及其安全储存方面的培训。保护谷子的策略涉及以种子银行为媒介的种子收集、繁殖，种子分配和农民与农民之间的交流。种子银行建立在传统做法的基础上。MSSRF 推动了传统种子储存实践方法的复兴，如使用托姆拜（thombai），一种传统的谷物储存设施，其大小不一，从房屋内的小隔间到单独的小屋状结构不等。这些储存建筑离地 5 ~ 8cm，以防老鼠的破坏。一般来说，它们是由两个顶部有一个小开口的小隔间组成的。这些储存设施通常由女性来管理，她们还使用干树叶作为驱虫剂。此外，MSSRF 还利用当地的劳动力建造了新的储存设施（King et al.，2009）。

18.3　治理和管理

这些恢复活力的种子银行和新建的种子银行都由当地社区来管理。在过去 10 年中，MSSRF 还推动了在 15 个村庄建立社区种子银行，这些村庄现在拥有自己的种子安全储存和种子定期繁育、分发和交换的制度体系。

种子银行通常由新组建的团体管理，如由 10 ~ 15 名妇女和男性农民组成的自助小组来管理。这些团体大部分具有信贷资格，并已得到全球正规银行系统的认可。通常从该团体中选出两名女性或男性担任种子银行经理。根据当地人的喜好，种子银行会调动所需的种子品种数量，并以当地道德和规范为指导进行种子借出与归还的交易。例如：①借种子的人必须归还所借种子数量的 1.5 倍或 2 倍。②交易只限种子交换，不进行现金交易。③必须归还种子；否则，借种子的人将无法再次使用种子银行。④如果该种子在当年收获后未归还，则归还种子的利率翻倍。⑤种子银行管理人员（贷方）确保种子质量优良，并信任"邻里认证"。⑥如果种子质量差，如夹杂着灰尘和糠，种子银行管理人员（贷方）在交易前要进行清理。

18.4　技术问题

MSSRF 定期为男性和女性提供培训与能力建设机会；培训的重点是种子质量检测、监测、储存和管理。社区种子银行的运作在很大程度上依赖较高的识字水平，同时需要宝贵的时间进行监测；因此，有时很难进行种子交换（King et al.，2009）。这个问题是通过培训解决的，特别是在保存记录、收据，种子借出的利息等方面。

种子银行管理人员必须保证借出和归还种子的发芽率与物理纯度。他们还不断监测种子银行储存种子的虫害情况。他们会在每月的小组会议上讨论种子的库存量和资产负债表。自助小组成员和邻近的农民聚到一起分享可供选择的品种与数量信息。为了扩大推广范围，种子银行管理人员每年参加一次庙会、种子银行博览会和国家主办的展览。

18.5　乡村谷子资源中心的演变

10多年来，MSSRF一直在推广一种综合方法，以加强作物遗传资源的保护与可持续利用，特别是土著遗传资源的可持续利用（King et al.，2009）。它支持社区种子银行和管理团体实施"四个准则"：保护、种植、消费和商业化。有15个社区种子银行已经发展成为乡村谷子资源中心，当地管理团体提供信息支持。下面介绍维持种子银行的四个准则所涉及的做法。

18.5.1　参与式优质种子繁育和良种选择

社区种子银行管理人员已经接受了除草和疏伐植物、识别种子、处理病虫害和采后处理（如干燥和安全储存）重要性的培训。为了促进谷子生产和扩大当地遗传多样性，MSSRF从海得拉巴国际作物半干旱热带研究所（The Germplasm Bank of the International Crops Research Institute）的种质库获取了数百种谷子品种，并根据班加罗尔全印度粟类作物协调研究计划（Small Millet Coordinated Research Programme，Bangalore）实施的全国性项目开发了改良品种。一些种子银行中的品种被反复种植，农民选择了比当地种植园所种品种更好的品种（King et al.，2013）。在这些种植试验中，农民从改良品种和当地地方品种中选择了3个品种，其产量比栽培品种高20%～30%。

18.5.2　通过改进栽培措施提高产量

优质种子的供应在很大程度上促进了谷子的栽培。然而，与木薯和菠萝等替代作物相比，谷子产量低，从中可获得的收入低。因此，提高生产力对于保持谷子作为一种可行的作物选择至关重要。与自助小组一起，MSSRF启动了农艺措施，如行栽、降低播种密度、施用农家肥和将谷子与木薯间作的培训。这些做法使穄子的产量提高了39%，细柄黍提高了37%，普通谷子提高了30%（King et al.，

2013b）。这一结果说服了与社区种子银行有联系的农民使用改进的栽培方法来增加谷子的产量。

18.5.3　介绍减负的粮食加工技术

农民种植谷子兴趣下降的另一重要原因是加工处理谷子的工作颇为艰苦。除穆子之外的所有谷子都有坚硬的种皮，需要强大的研磨力来获取谷粒。用研钵和研杵完成脱皮是一个枯燥而繁重的过程，而这项工作几乎完全由女性完成，没有合适的机器可减少这种繁重的体力劳动。MSSRF 在乡村谷子资源中心引入了小型碾磨机械设备，标志着女性担负的工作有了重大变化，并为恢复谷子种植和消费的兴趣做出了重大贡献。目前，粉碎机和脱壳机由乡村谷子资源中心在 9 个固定地点进行管理。在加拿大国际粮食安全研究基金（The Canadian International Food Security Research Fund）和国际发展研究中心（The International Development Research Center）的共同支持下，加拿大圭尔夫大学、达尔瓦德大学和加拿大麦吉尔大学的合作项目已经研发出一种新的小型加工机械设备，使得细柄黍在加工过程中的回收率达到 90% ～ 95%（Dolli et al.，2013）。其他的研究也正在进行中，主要是定制适用于加工其他品种谷子的机械设备。小米加工机械化带来的另一个益处是使得当地人尤其是女性对建立小米价值链重燃兴趣。

18.5.4　开发和推广新的可销售的小米产品

建立小米价值链需要在产品开发、产品质量和一致性保持、包装、标签和市场营销方面进行专门培训。乡村谷子资源中心的一些成员在位于哥印拜陀（Coimbatore）的阿维纳西林佳大学（Avinashilingam）农村家庭科学院以及班加罗尔和达尔瓦德的几所农业大学接受了这些领域的培训（Vijayalakshmi et al.，2010；Yenagi et al.，2010；Bergamini et al.，2013）。这项培训是由 MSSRF 计划和支持的，使得农村女性有能力生产增值产品，如麦芽、拉瓦（rava）和现成的小米混合物。通过市场研究确定了具有良好商业潜力的产品，并通过自助小组的集体工作投入生产。鼓励不同的群体专门生产不同的产品（插图 9）。在生产和市场营销的早期阶段，MSSRF 的援助扩展到提供产品质量检测、包装、标签、市场营销和记账等方面的进一步培训。

18.5.5　建立小米增值产品的市场

虽然农民有销售他们初级产品的经验，但他们缺乏销售增值产品的能力。因此，MSSRF 需要协助自助团体在城市地区推广产品。这是通过一系列方法完成的，包括宣传活动、提高认识和为政策变革进行游说。慢慢的，具有市场营销技能的自助小组成员被确定并晋升，与当地零售店一起进行产品营销。在 MSSRF 的帮助下，他们还在科利山农业生物多样性保护者联合会（Kolli Hills Agro Biodiversity Conservers' Federation）（Assis et al.，2010；King et al.，2012）旗下为科利山的所有产品建立了零售店。泰米尔·纳德邦（Tamil Nadu）25 个城镇的天然食品商店都在销售品牌为"科利山自然产品"（Kolli Hills Natural Products）的小米产品。最受欢迎和最畅销的小米产品是现成的混合物、小米碾米、谷子和细柄黍的胚芽。自 2001 年以来，科利山农业生物多样性保护者联合会已售出 9t 全谷物，23.3t 细柄黍、面包和面粉，7.4t 增值产品，总价值为 15.2 万卢比（约合 2500 美元）。

18.5.6　建立促进谷子种植的社区团体

MSSRF 将对种植谷子感兴趣的当地女性农民和男性农民组织成自助团体与农民俱乐部。鼓励自助团体用其收入建立集体储蓄，并在团体内部提供贷款服务。这些团体经常与当地的银行服务有所联系。

他们还接受了集体活动的支持，如推广谷子种植。MSSRF 已为科利山的 43 个自助小组和 29 个农民俱乐部提供了培训，成员人数超过 943 人（其中 420 名为女性）。其中，有 47 个团体（365 名男性和 247 名女性）参与了各种保护、培育和销售小米的活动。指定的自助小组或个人成员被授权可根据他们的兴趣开展具体活动，如改进生产、选择品种、管理小米加工设施、采购粮食、运输到加工中心、建立价值链等。这些自助团体是在科利山农业生物多样性保护者联合会的支持下联合起来的。

18.6　乡村谷子资源中心的成本和可持续性

经过 10 年的参与式研究和开发工作，农家能够通过社区种子银行和种子交换网络全年访问与管理各种当地遗传材料。社区也可以根据当地的天气条件自行选择品种。通过选择适应品种、使用优质种子和改良农艺实践，谷子的产量和收入得到提高。可增加产量和改进农艺技术的干预措施有助于提高产量与收入，提高粮食多样性。小米加工机械的使用减少了小米的繁重加工工作并改善了食品质量。小米加工技术的改进、小米新用途的开发，以及通过宣传和推广活动将产品与市场联系起来，这些举措增加了小米的应用。围绕乡村谷子资源中心的价值链干预措施为谷子生产者和价值链中其他参与者创造了就业机会与收入。围绕这些行动建立的社区团体（自助小组和农民俱乐部）改善了小米进入合适市场的营销途径，已经能够使他们的产品增值并进行推广。促进当地种植和增加市场营销机会增加了小米的消费。

此外，在建立社区种子银行网络过程中发展出的一些创新做法，以及认可种子保管者在被忽视和未充分利用的谷子品种的种植、加工、市场销售中所起的作用，这些创新做法使得社区种子银行得以持续发展，并有可能以更大规模复制到类似的农业生态系统中。

18.7　致　　谢

感谢斯瓦米纳森（M. S. Swaminathan）教授不断鼓励。也感谢国际机构——瑞士发展与合作署（The Swiss Agency for Development and Cooperation）、国际农业发展基金、国际生物多样性中心（Bioversity International）、国际发展研究中心、FAO 的支持，以及当地社区分享其宝贵知识做出的贡献。

撰稿：E. D. 衣兹瑞·奥利弗·金（E. D. Israel Oliver King）

N. 库玛（N. Kumar）

斯蒂法诺·帕杜罗熙（Stefano Padulosi）

参 考 文 献

Assis A L, Sofia Z, Temesgen D, Uttam K, King E D I O, Swain S and Ramesh V. 2010. Global Study on CBM and Empowerment-India Exchange Report. Wageningen: Wageningen University and Research Centre/Centre for Development Innovation.

Bergamini N, Padulosi S, Bala Ravi S and Yenagi N. 2013. Minor millets in India: a neglected crop goes mainstream // Fanzo J, Hunter D, Borelli T and Mattei F. Diversifying Food and Diets Using Agricultural Biodiversity to Improve Nutrition and Health, Issues in Agricultural Biodiversity Series. London: Earthscan from Routledge: 313-325.

Dolli S S, Yenagi N, King E D I O, Kumar R, Sumalatha B, Negi K, Kumar N and Mishra C S. 2013. Drudgery Reducing Interventions in Millet Cultivation and Their Impact. International Workshop on Promoting Small millets for Improved Rural Economy and Food Security, 8-9 February 2013. Dharwad: University of Agricultural Sciences.

King E D I O. 2012. Resilience, the Empowerment of Tribal Peoples' and Access to Markets, in the Context of Community Biodiversity Management in Kolli Hills, India. 4th International Ecosummit, Ecological Sustainability Restoring the Planets Ecosystem Services, symposium 19. Columbus: Community Resilience: Strategies for Empowerment in Agro Biodiversity Management and Adaptation, EcoSummit 2012.

King E D I O, Bala Ravi S and Padulosi S. 2013a. Creating economic stake for conserving the diversity of small millets in Kolli Hills, India // de Boef W S, Subedi A, Peroni N, Thijssen M and O'Keeffe E. Community Biodiversity Management: Promoting Resilience and the Conservation of Plant Genetic Resources. London: Earthscan from Routledge: 194-200.

King E D I O, Kumar B N A, Kumar R, Kumar N, Yenagi N, Byadgi S, Mishra C S and Kalaiselvan

N N. 2013b. Appropriate Agronomic Interventions for Increasing Productivity in Nutritious and Underutilized Millets. International Workshop on Promoting Small millets for Improved Rural Economy and Food Security, 8-9 February 2013. Dharwad: University of Agricultural Sciences.

King E D I O, Nambi V A and Nagarajan L. 2009. Integrated approaches in small millet conservation. A case from Kolli Hills, India // Jaenike H, Ganry J, Hoeschle-Zeledon I and Kahane R. International Symposium on Underutilized Plant Species for Food, Nutrition, Income and Sustainable Development. Acta Horticulturae 806: 1. Leuven: International Society for Horticultural Science: 79-84.

MSSRF (M. S. Swaminathan Research Foundation). 2002. Bio-conservation and Utilization of Small Millets. MSSRF/MG/2002/14. Chennai: MSSRF.

Vijayalakshmi D, Geetha K, Gowda J, Bala Ravi S, Padulosi S and Mal B. 2010. Empowerment of women farmers through value addition on minor millets. Genetic resources: a case study in Karnataka. Indian Journal of Plant Genetic Resources, 23(1): 132-135.

Yenagi N B, Handigol J A, Bala Ravi S, Mal B and Padulosi S. 2010. Nutritional and technological advancements in the promotion of ethnic and novel foods using the genetic diversity of minor millets in India. Indian Journal of Plant Genetic Resources, 23(1): 82-86.

第 19 章　印度从社区种子银行到社区种子企业

19.1　起源和发展历程

为了恢复农民保存并使用自己作物种子的习惯，增加他们获得优质种子的途径，可持续农业中心（The Centre for Sustainable Agriculture）自 2004 年起在安得拉邦（Andhra Pradesh）的 70 个村庄和马哈拉施特拉邦（Maharashtra）的 20 个村庄建立了社区种子银行。社区种子银行是村级机构，其成员为参与的农民。社区种子银行由村民推选出的 5 名志愿者（3 名女性和 2 名男性）组成委员会来管理。通过与基层非政府组织合作，可持续农业中心期望能实现以下目标：①在村级层面，建立由社区管理的种子银行；②通过对粮食安全的特别关注，恢复和保护作物与遗传多样性；③记录以农业多样性为基础的农作物系统的生产能力；④向更广阔的区域推广成功经验并将其纳入各种正在进行的项目中；⑤建立种子银行的国家级网络以分享知识和资源。

首先，在当地非政府组织的帮助下筛选出想要启动的村庄，其种子系统由社区管理。农民聚集在一起讨论与种子有关的问题，并了解替代性种子系统的基本信息。随后，挑选感兴趣的农民来参与种子银行的工作，并将他们分配到各个小组中承担计划制定、繁育和管理的任务。一些种子银行在民间社会法案下注册成为种子繁育协会。所有农民都可以成为协会会员，他们定期开会讨论工作计划。具体流程如图 19.1 所示。

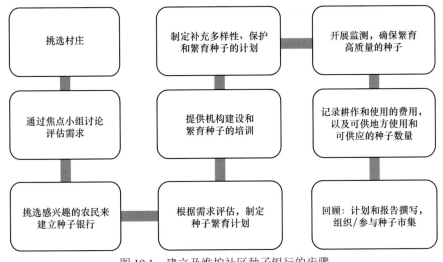

图 19.1　建立及维护社区种子银行的步骤

社区种子银行的主要功能如下。

1）在以单一商业作物作为栽培对象的地点对作物和遗传多样性进行更新与补充，开发自然资源并广泛使用外部投入。

2）在仍然存在多样性的地方保护作物和遗传多样性，但那里的农民正面临化学品使用和单一化种植的威胁。

3）定期绘制社区种子多样性的地图，对已经失去纯度和活力的品种进行更新与补充。

4）开展特定作物的参与式品种选择和参与式植物育种，如水稻、棉花、花生和蔬菜等，这些作物因为多样性的流失而受到威胁。

5）通过参与式品种选择，优选出适合当地条件的品种；记录每个品种和每种农业生态环境的价值与使用数据。

6）与富有创新精神的农民和种子保护者一起，编制现有种子品种清单，并提供有关其性能的信息。

7）组织种子分享和交换的活动，保护作物和遗传多样性，并与州级和国家级层面的类似机构建立联系。

8）从合作社和大学采购原种，主要为商业作物，对其进行繁育并供给农民。

9）评估（由种子银行委员会进行）社区的种子需求并制定种子繁育计划。

10）鼓励农民对他们精心挑选出的作物种子进行繁育/保存/再利用；帮助农民学会如何优选和使用农场保存的种子。

11）在作物歉收或降雨量低的情况下，特别是在旱作地区，能保存足够的库存以满足种植需求。

目前，社区种子银行总共拥有 400 个作物品种。它们的种植价值和使用数据均被收集起来，并以泰卢固语和马拉蒂语的形式印刷出版，供农民参考使用。

可持续农业中心为社区种子银行提供以下 3 种支持。①资金支持：用于购买种子和储存材料，维护种子银行等。这笔资金会存入以种子委员会名义开设的银行账户中。②技术支持：可持续农业中心和非政府组织对种子委员会成员进行培训，帮助其识别并绘制多样性地图，维护多样性，并根据各种作物的规定标准来繁育种子。农民还接受种子优选和采收后管理的培训。③监测：由指定负责该项目的协调员定期对种子银行进行监测。

自 2007 ～ 2008 年以来，农民成立了生产者组织，集中销售他们的农作物。对于水稻、大豆、鹰嘴豆、小麦和红豆等一些作物，邻近村庄的村民对其种子需求一直在增加，一些社区种子银行已经开始非正式地安排销售。由于农民已经开始销售他们的谷物，一些人在村级成立了种子繁育协会，集体计划和销售他们的种子。

19.2　种子繁育协会

种子繁育协会大约由 15 名农民组成，其中 50% 是女性。在每个种植季节开始时，协会制定出计划，并通过多种渠道采购种子，然后由协会的会员进行繁育。

在繁育季节，会员会组织参观种子繁育基地，监测管理质量。在繁育季节结束时，根据要求，由协会采购种子，并储存在种子银行或由农民保存。种子会被记录并编目，然后在生长季开始时分发给农民。绰特湃利（Chowdarpally）和恩巴维（Enebavi）的种子繁育协会现均因其繁育的稻谷和其他品种而小有名气。

19.3　发展成为种子企业

社区种子企业是种子繁育协会的延伸，种子繁育协会的代表是这些企业的主体和管理人员，这些企业可能是生产者公司或是合作社。尽管协会是未经注册的非正式农民团体，但生产者公司经过注册并拥有所有必要的执照和许可证，可培育品种、繁育种子、建立品牌并出售种子。种子繁育公司的主要职能：①根据社区种子银行和种子繁育协会的需求评估，制定种子繁育计划。②大量种植和繁育原种种子并提供给社区种子银行与种植者协会。③确定农民育种者并跟进参与式植物育种过程，优选出稳定并能承受气候变化的作物品种。④拥有并经营中央种子银行和加工单位。种子加工单位的作用是促进种子采收后管理——收获、脱粒、清洁、分级、检查活性和发芽率。由于种子要到下个季节才会使用，因此必须将它们小心地存放在中央种子银行以保持其活性。

2012 年，种子种植者联盟成立了一个种子繁育者组织：位于马哈拉施特拉邦瓦尔达的纳萨尔吉克·谢蒂·比吉（Naisargik Sheti Beej）生产者有限公司。它有 35 名成员，参与繁育和销售大豆、小麦、鹰嘴豆、红豆、绿豆与黑豆的种子。在 2012/2013 年度，它繁育了约 50t 种子，2013/2014 年度的繁育计划为 150t。同样，安得拉邦的 6 个农民合作社也参与了种子繁育和销售。

19.4　种子银行使用的收获、储存和处理方法

为能有效储存种子，由当地材料（竹子、陶罐、麻袋和铁盒）制成的器皿均被利用起来。

花生：在筛选阶段就将健康的豆荚优选出来，放在用印度楝树液处理过的麻袋中。一些农民把麻袋挂在屋顶上。到了播种的时候，再用牛尿和灰来处理这些种子。

豆类（红豆、绿豆和黑豆）：对于由农场保存的种子，在收获前就要从健康的植株上把豆荚优选出来。风干后，用 1% 浓度的印度楝树油或用灰和印度楝叶的

混合物搅拌。处理过的种子就储存在土陶罐中，再用牛粪覆盖。用这种方式，种子可以保持活力并且一年都不会生虫。

谷子：在收获时选择健康的麦穗，手工脱粒后装在麻袋中。如果生虫了，就在上午 11 点到下午 3 点把种子拿出来暴晒。

谷物（玉米/水稻）：玉米种植者首先要挑选出在第 5 个节上结玉米的健康植株，然后把这些玉米棒单独收获下来并将它们悬挂在门口的屋顶处。选取玉米棒中段的种子用于播种。

蔬菜：为了防止异花受粉，农民会用纸袋把花朵盖上。到成熟的时候，自交繁殖的蔬菜要单独收获，并在阳光下晒干果实，把种子取出来，然后放入灰粉并将种子储存在棉袋中。

19.5　建立连接和网络

单个社区种子银行大体上被局限在一个地理区域，立足于当地的粮食需求、种植模式和特定的农业气候条件，包括土壤类型和降雨等。因而大部分种子的繁育是为满足当地需求而计划的。例如，阿纳塔普尔区（Anatapur）繁育的花生种子主要用于满足当地需求。但是，有些种子可以和其他的网络合作伙伴分享。当地的非政府组织、社区生物多样性组织和自助团体均促进了这类分享。可持续农业中心组织州级和国家层面的种子市集，邀请所有利益相关者来分享种子及信息。在少数情况下，国家植物遗传资源局和国家生物多样性委员会（The National Bureau of Plant Genetic Resources and The State Biodiversity Board）还会与种子银行建立联系。

在特兰伽纳邦（Telngana）、安德拉邦（Andhra Pradesh）和马哈拉施特拉邦（Maharashtra），大约 70 家种子银行在可持续农业中心的支持下形成了两个网络。20 家种子银行联合成立了种子合作社。两家合作社拥有一台移动种子加工机及一个营销许可证。种子银行网络配备了种质冷藏库。各种类型的机构都与社区种子银行建立了直接或间接的联系，分享知识和种子。

19.6　种子银行的影响

1）种子银行增加了小农和边缘农民获得作物多样性与种子的途径。

2）大多数小农和边缘农民正使用他们自己的种子或从社区种子银行中采购种子。

3）所有农民都种植多种农作物：粮食、纤维、蔬菜和油料。他们播种本地和传统高产品种的种子。杂交种子（如棉花）也有一定程度的使用。

4）稻米、谷子、芝麻和茄子的 22 个传统品种正在被种植。农民种植的谷子大多为地方品种。

5）阿纳恩塔普尔（Anantpur）等这些旱作地区经历过因降雨不稳定而导致的常规作物种植失败，这些地方的农民高度依赖种子银行提供的应急作物种子。

6）社区种子银行之间的交流互动帮助农民相互学习并交换种子。

7）记录作物品种特征和表现能帮助农民做出更好、更明智的选择。

19.7　挑　　战

农民对种子银行的一次性投资和短期参与并不足以长期保存传统品种。种子的收集、再生、繁殖和分配必须不断进行。品种必须得到改善，而稀有的本地特有和濒危的作物品种比普遍、广泛使用的品种更加脆弱，因而更应得到关注。社会文化的变化和电子媒体的使用，再加上正式种子部门所做的虚假承诺的刺激作用，导致了从粮食作物向商业作物的种植转变。非生物因素所导致的作物歉收也是一个挑战。

需要公共部门在以下几个方面提供支持，以维持种子银行运作。

1）重新调整直接提供给农民的补助金，以鼓励农民使用自己的种子。

2）帮助恢复一些随时间推移而逐步被放弃使用的传统品种。

3）出台支持地方上有价值的农家品种的种子政策。

4）通过生成传统种子的种植和使用价值数据，评估传统种子及其在各种区域的适应性。

5）政府机构可以通过多种方式提供非正式援助，如允许种子繁育者及时获得种子认证，并对农民的种子繁育过程给予指导。

6）建立一个法律框架来帮助小规模经营者销售有真实标签和质量声明的种子。

7）建立种子银行与政府各层级的联系。

8）让农家品种的注册登记变得简单易行，使农民可以依据《植物品种保护和农民权利法》（The Plant Variety Protection and Farmers' Rights Act）主张其权力和利益。

9）教育农民进行种子的再利用而不只是关注替换种子。

19.8　勇往直前

在与社区种子银行合作的 10 年中，我们认识到这些种子银行在自给农业中占主导地位，种植传统粮食作物品种的部族地区已经取得了成功。尽管在社区种子银行中进行交换和分享更容易，但在种子银行之间进行交换时就会出现种子质量的问题。在商业作物和单一种植普遍的地区，社区种子银行的利用率很低。可持续农业中心试图增强社区种子银行和种子种植者协会的经验教训分享，以应对农民所面临的种子危机。然而，出现了两个关键问题：质量保证和财政支持（不管是来自政府的补贴还是来自市场的利润）。这两个问题都需要更为正式的系统来解决，以进行规划、繁育、加工和质量管理。

为了巩固系统，就建立开放资源的种子网络的讨论已经展开，以建立一套新的机构体系和法律框架来保护农民的利益，确保能自由、开放地获取作物改良所需种质的途径。这样的网络必须包括：①从事保护和恢复传统品种及其特性的人员，并且愿意与他人分享；②可以通过参与式品种选择，为现有传统和改良品种在各种农业气候与生长条件下建立种植和使用价值数据的农民及机构；③使用参与式植物育种原则进行优选和开发新品种的农民与育种者；④为其他农民进行种子繁育和营销培训的农民机构。

要实施这样一个模式，必须有一家独立的机构可以将所有参与者聚集在一起，互相建立信任，协调活动，并充当他们的组织协调机构。这个机构还可以将育种者和农民聚集在一起，为他们在保护种子、数据生成、参与式育种、登记和获得许可成为开放资源等方面提供指导。农民可以将他们的种子捐献到公共储备机构，也可从中获取样本。根据具有开放资源条款的材料的转让协议，这种公共种质资源储备机构也可与其他人进行材料交换。

撰稿：G. V. 拉曼贾尼鲁（G. V. Ramanjaneyulu）

G. 拉吉谢卡尔（G. Rajshekar）

K. 拉达·拉尼（K. Radha Rani）

第 20 章　马来西亚沙捞越社区种子银行探索的成效

20.1　背　　景

世界上绝大多数的小农场（小于 2hm²）在亚洲。在那里，种植在山坡上的水稻（padi bukit）是重要的主食。尤其是马来西亚沙捞越原住民伊班族和比达友族农民的生计基本上是依靠水稻。这些农民实行轮耕，将森林平整出来种植水稻，然后休耕多年以恢复土壤的肥力。近年来，越来越多的耕地被用于种植油棕和胡椒等经济作物，使得村社不得不到海拔更高的陡峭山坡上种植水稻，那些地方的土地更脆弱，气候也更加难以预测。人口压力和征收购买土地的限制导致休耕期缩短，进而使得土壤肥力和作物产量都在下降。这些趋势还因气候变化的影响而加剧，威胁到这些村社对传统农业生物多样性的保护及其所包含的文化认同。尽管在许多情况下，水稻的收成无法满足家庭生计需求，但基于稻米相关文化和宗教的强烈联系，伊班族和比达友族的农民仍在继续种植水稻。

从历史上看，政府和推广机构采取了很多方法试图提高稻米产量，并期望能有更有效的方法来取代轮作种植实践，然而这些努力少有成效。不过，在2010～2012 年，沙捞越农业科学家研究所（The Sarawak Institute of Agriculture Scientists）、沙捞越农业部（The Sarawak Department of Agriculture）和农业生物多样性研究平台（The Platform for Agrobiodiversity Research）与沙捞越的原住民社区合作，支持维护农业生物多样性，使其传统农业系统能够适应气候变化。项目的目标是通过提升人们在适应气候变化的过程中对多样性价值的认识，来增加地方作物的多样性及人们获取遗传资源的途径。它还探索了社区基因库如何通过促进农民和参与机构科学家之间的对话来满足农民的需求。来自社区的项目参与者是位于古晋以南 125km 处的加沙马王（西连地区）比达友族村落的居民，以及居住在古晋东南 250km 处实哥郎（斯里阿曼分支）穆阳（Mujan）、穆拉（Murat）、世宗（Mejong）和南加湖长屋（Nanga Tebat）的伊班族人。该项目覆盖了 204 户村民。

20.2　提高对农业生物多样性的认识

为提高社区成员对气候变化和农业生物多样性价值的认识运用了多种参与式方法。

（1）四象限分析法

2010 年 4 月，来自加哈特（Gahat）和实哥郎的农民进行了一项试验，通过测量水稻品种的范围和分布来评估每个社区对作物生物多样性的管理。用这种方法，农民将代表不同品种的纸片放在 4 个象限中的一个象限里，以显示有多少个家庭种植了这些品种（很多家庭或很少家庭）及其种植面积（大或小）。有些作物，如那些许多家庭大量种植的作物，被认为状况是稳定的，而其他仅由少数家庭少量或小面积种植的作物，可被视为有风险，因为如果一个家庭停止种植这些品种或是其遭遇病害或灾年而导致收成不好，那它们就有可能会消失。

（2）作物目录

用当地语言编写的一本小册子，描述了在实哥郎种植的植物及其图片。它以伊班族农民进行的调查和与社区讨论中收集的信息为基础汇编而成。这本小册子旨在描绘出村社管理的作物具有丰富的多样性，并被用作提升公众对农业生物多样性认识的工具。

（3）社区生物多样性登记

社区成员保存记录地方的遗传资源，包括其种子保管者、种质基本资料、农业生态、文化和使用价值等信息。2012 年 2 月，农民经了解这种做法后开始予以实践。社区生物多样性登记让人们可仔细记录所种植的作物及其每年的表现。它帮助农民认识到与品种、天气模式、害虫和其他因素相关的作物产量的趋势。

（4）参与式品种选择展览

2012 年 1 月，一名来自尼泊尔的农民/植物育种者来到沙捞越村社为村民举办了一次参与式品种选择展览。通过这种方法，农民学会了识别传统品种的有价值特征，他们都非常热衷于尝试实践所学到的知识（插图 10）。

（5）社区种子市集

2010 年 7 月，在勿洞举行的州级农民、渔民和育种者日庆祝活动举办了一场种子市集。市集鼓励在社区内和社区之间开展热烈的讨论，并进行种子交换。

20.3　促进对话

为实现第二个目标——促进农民和科学家之间的对话，2010 年 8 月，在位于森莫克（Semongok）的农业研究中心的水稻基因库举办了一场研讨会。这个小型且简单的基因库由沙捞越州政府下农业研究中心的水稻部门设立，用于保护传统种子不会因作物歉收或农民改用现代品种而消失。保护工作始于 1963 年，当时收集了 305 份种质；1991 ～ 1999 年，经过农业部的 6 次探寻工作，基因库现在已经拥有 2000 多种水稻品种。

沙捞越农业生物多样性研究项目（The Platform for Agrobiodiversity Research）将四象限分析作为工作的一部分，在此过程中又确认了 95 个品种，并重点关注部分由少数家庭在小块土地上种植的传统品种。在研讨会期间，农民向基因库管理者提供了各个品种每种约 100g 的种子。这些种子样品被加工、清洗并置于用蜡密封的玻璃罐中，用 16℃的温度储存。

研讨会让社区成员有机会了解政府开展的保护工作，促进了大家就基因库在满足社区需求方面可能发挥的作用展开讨论。农民参观了政府设施，并了解到他们的种子是如何被加工和储存的。农民对简单的空调储存设施非常着迷。有人评论说，尽管农民可能在古晋（Kuching）的银行里没有存款，但是，令他们知道自己存放于农业研究中心水稻基因库的种子比钱还珍贵，对他们来说真是莫大的安慰。

20.4　探索社区种子银行的效用

由于看到了种子储存设施，许多研讨会的参与者均表示希望能在农场建立更大的种子储存设施来应对天气问题。水稻栽培的成功与否取决于雨季开始前烧荒时机的选择，农民都经历过因降雨延迟而导致的发芽失败。目前，他们将种子储存在天然材料制成的容器中，然后用塑料将其覆盖，以保护它们免受潮湿和害虫的侵害。研讨会的参与者要求农业部推广基因库设施，以容纳更多的种子，让他们可在将来将其取回用于种植。他们还建议在他们的村庄建立种子储存设施。他们指出，很多人愿意将种子存放在种子银行，因为很多人都经历过珍贵的遗传品种遭受损失的情况（阅读框 20.1）。

阅读框 20.1　有关适应气候变化的种子条款

在基因库研讨会期间，农民表示希望获得对病虫害具有更好耐受性的水稻品种（特别是传统品种），他们认为这是气候变化带来的主要问题。农民最看重的是水稻性状和农艺品质，其次是采后特征。对能以最少的农药和肥料投入来获得高产的水稻品种也有需求。基因库也许可以提供满足农民需求的品种。

根据现有记录，在早期的基因库研讨会期间，农民还获得了能够在边缘、干旱和洪水多发环境中生长的品种的种子，这些品种分别是 Buntal B、Serasan Puteh、Serendah Kuning。2010 年 1 月，在村社讨论中，几名种植这些品种的农民被问及其表现，其报告它们能早熟，但这 3 个品种植株都太矮了。有一位农民说，有一个品种很好，但它的穗又太长。还有几个人说鸟类和猴子会来吃它的种子。根据农民的反馈，这 3 个品种中没有一个表现良好，因此不打算再种植它们。在讨论期间，有人指出，有些农民将种子混合并与其他品种一起种植。农民还将水稻种子重新命名为古晋稻（padi Kuching），或者用他们自己的姓氏命名。

这种定性评估表明，这些种子不符合农民的期望。种子银行中与水稻种子相关的种质基本资料也缺乏植物环境耐受性的信息。如果在基因库的信息中添加种质的环境偏好细节，就更容易优选出更适应气候变化的品种。

为回应农民对种子储存设施的兴趣，2012 年 8 月在加哈特和实哥郎开展了焦点小组讨论，探讨建立由村社管理的社区种子银行的可能性。12 名村社成员参加了这些会议；在加哈特，大多数参与者是男性。实哥郎的农民尽管对设施的质量和管理人员的薪水更感兴趣，但都很欢迎建立社区种子银行。考虑到项目的各个方面，加哈特的村社成员对在村社范围开展这项活动犹豫不决。有 1/3 的农民认为并不需要这样的设施，因为每个家庭都有自己的品种，并且能保证它们的活性。不过，还有另外 1/3 的人接受这个想法，因为它可确保他们的孩子将来有一天能有机会看到传统的品种。其中一位农民建议将所有种子都放在森莫克的基因库中，以免增加农民的工作量。总而言之，对于这些村社，劳动力是一个问题。因为年轻人正在离开村庄，给留下来的人增加了工作负担。

不幸的是，森莫克的基因库空间有限，不足以满足村社的需求。扩大设施提供类似"酒店式服务"以可储存更多农民种子的可能性还需进一步探讨。与水稻种子有关的文化禁忌也限制了种子的交换和销售。尽管它在某种程度上也保护了农民对地方品种享有的权利，但对于建立有效和充满活力的社区种子银行并未创造出条件。

20.5　致　　谢

本章部分内容改编自"加强原住民和传统农业村社区农业生物多样性的维护和利用以适应气候变化"项目的技术报告。特别要感谢詹妮弗·梅尔德伦（Gennifer Meldrum）、保罗·奎克（Paul Quek）、国际生物多样性中心（Bioversity International）的多萝西·昌德拉巴兰（Dorothy Chandrabalan）、沙捞越农业科学家研究所和沙捞越农业部的泰智坤（Teo Gien Kheng），以及与我们合作的农民，感谢他们慷慨地分享知识，并努力在农民和科学家之间建立更为紧密的联系。

撰稿：保罗·伯多尼（Paul Bordoni）

托比·霍奇金（Toby Hodgkin）

第 21 章　马里社区基因库及种子银行

21.1　目标和进展

马里的第一批社区基因库及种子银行是在非政府组织加拿大一位论教派服务委员会（USC Canada）的支持下于 1991 年建立的（见第 22 章）。它们位于杜安扎（Douentza）和莫普提（Mopti）的几个区。后来，在农村经济研究所的遗传资源部（The Unité des Ressources Génétiques at the Institut d'Economie Rurale）及其合作伙伴的捐助支持下，圣（San）、托米尼安（Tominian）和塞古（Ségou）的几个区也建立了基因库及种子银行，如国际生物多样性中心（Bioversity International）、联合国粮食及农业组织（FAO）、萨赫勒地区发展基金会（The Fondation pour le Développement au Sahel）、援助马里萨赫勒及儿童组织（Aide au Sahel et à l'Enfance au Mali）等非政府组织，以及国际农业发展基金（The International Fund for Agri-cultural Development）和全球环境基金（The Global Environment Facility）。

社区基因库及种子银行旨在通过保护和可持续利用植物遗传资源促进粮食安全，它们的具体目标如下。

1）通过巩固地方知识和村社层面的种子保护、繁育和分配机制，保护濒临灭绝的地方种质材料。

2）通过帮助人们更好地掌握有关植物材料和农村社区的传统方法知识来保护种质材料。

3）帮助目标区域和其他处于类似气候条件下的农民获得足够数量并满足其需要的优质种子。

4）解决家庭在种子供应方面遭遇频繁损失的问题。

5）提高农民繁育种子能力的同时，将种子繁育的工作分散到农民这一层面。

6）弥补正式种子系统的缺点，并终结购买和使用假冒伪劣种子的情况。

7）用文件记录农民在可用的遗传资源（农业和森林）方面的知识。

通过田间干预，种子及基因库能够推动正式和非正式种子部门的各类参与者建立更好的协调框架。

社区种子银行的概念随着时间的推移不断演变，不同地区也存在不同的形式：一些种子银行由当地社区发起和管理，如在桑和塞古区的迪亚尼（Diagani）与福多坎（Fodokan），或是因当地社区的发展项目而设立的种子银行，如莫普提的佩塔卡（Pétaka）和巴迪亚里（Badiari）的种子银行。社区种子银行通常由族长带领一小群参与者发起。随着人们逐渐了解到种子银行的好处，特别是意识到在灾难和严重危机（长期干旱、洪水、蝗灾等）发生后可从种子银行获得种子后，种子银行成员的数量不断增加。这些社区种子银行因其在危急时刻的贡献而被广为人知，但它们没有登记注册，因而没有得到政府的正式认可。

21.2　功能和活动

大多数种子银行扮演着保护品种（基因）和为生产者提供种子的双重角色。被保护的种子来源多样（生产者、农民组织、多样性基地和非政府组织）。表21.1显示了储存在社区种子银行中的物种及其种源。在栽培季节开始时，参与的农民会收到一定数量的种子；一旦收获完成，他们要将收获的种子按两倍的数量返还给种子银行。种子银行向所有农民开放，男性和女性都可使用。女性对商品蔬菜、花生及豇豆种子更感兴趣。有时，她们会组成小型种子保护组，由其中最年长的女性来领导保护工作。一些农民特别要求将他们的种子存放在种子银行，然后在寒冷季节开始时将其取出。

表 21.1　种子银行机构储存栽培品种的数量

种子银行及支持机构	栽培品种的数量							
	谷子	玉米	高粱	福尼奥米	水稻	花生	豇豆	落花生属作物
佩塔卡（USC Canada，国际生物多样性中心）	7*	4*	10†	—	33	2†	4†	7
巴迪亚里（USC Canada）	7*	—	40	1*	6		13	1
福多坎（FDS，ASEM）	7	—	12	—	—	—	38	16
							12†	
迪亚尼（FDS，ASEM，国际生物多样性中心）	3*	—	12				9	18
马尔卡（FDS，ASEM，国际生物多样性中心）	7‡	—	3*				12†	
	10		15				21	

注：ASEM 代表援助马里萨赫勒及儿童组织，FDS 代表萨赫勒地区发展基金；* 表示来自杜安扎（Douentza）的品种，† 表示来自多样性基地的品种，‡ 表示来自多样性基地的改良品种。

译者注——"—"表示未收集到相关数据，数据空缺的表示种子银行未储存相关栽培品种；'福尼奥米'是马唐属（*Digitaria*）的一种栽培谷物。

被忽视和未被充分利用的作物种子通常会以基因的形式保存 1～5 年，保存时间的长短取决于农民的生产需要和国家研究所（The National Research Institute）、卡蒂布古（Katibougou）大学、国际生物多样性中心和 FAO 的使用需求。随着非政府组织和生物多样性组织开展活动，这一类别下的物种数量将大大增加。那些对驯化、收集、品种创新和引入新品种感兴趣且富有创新精神的农民也会将他们的新发现带到种子银行。

21.3　监督和管理

种子银行的管理是在农民团体主席的监督下进行的，农民团体可以是农民协会、多样性基地的农民或是田间学校。主席职位是荣誉职位，担任这一职位没有报酬。佩塔卡多样性基地管理的种子银行，所有关于保护品种的信息及种质资源的流入和流出都登记在册。女性农民在种子银行负责制作和清洁储存所需的容器。这些女性农民负责管理与保护商品菜园种子，以及其他女性喜好的被忽视的作物种子的保护相关的所有任务。

21.4　技 术 问 题

品种的选择由农民依据自己的标准进行：抗旱、抗病虫害、产量、烹饪和感官品质。从一个村庄中消失的古老品种一旦在其他村庄、研究机构或非政府组织管理的种子银行中发现，就会被送到各个种子银行。

被带到种子银行储存的种子进行干燥、清洁后放入合适的容器（插图 11）。清洁和包装的任务往往由农民团体的成员来承担。种子银行的活动信息会通过成员会议和种子市集进行传播。非政府组织和参与以农场为基础的种子多样性保护项目的人员定期为小组成员组织能力建设活动。参与项目的农民再将他们获得的信息通过访问和村级会议传播给其他人。比较大的挑战包括：为种子银行提供资金及各类参与者的能力建设。

21.5　支持，连接和网络管理

这些种子银行获得了国家研究机构的支持，如农村经济研究所遗传资源部、多家非政府组织和国际研究与发展机构，他们均通过组织能力建设活动和提供小型设备的形式给予支持。除此之外，尽管种子银行在保护本地品种和增加农民获取用于生产的种子途径方面起了毋庸置疑的重要作用，但这些种子银行并不从任何资金或物质支持中获利。

种子银行与农民组织相连，农民组织是其主要的推动者。目前，种子银行之间并未建立正式联系，即没有形成社区种子银行网络。尽管如此，在遗传资源部的帮助下，一些种子银行已经与研究人员和其他种子银行建立起合作关系。这样就可利用遗传资源部的冰柜对几家当地种子银行的种子进行中期保护。在锡卡索（Sikasso）和西拉马纳（Siramana）两地的农民被组织到杜安扎（Douentza）参观访问后，杜安扎也将开设一家种子银行，以与两地的农民交换本地品种。

所有法律和政策都鼓励地方开展项目以维护与保护植物遗传资源的多样性。

因为种子银行是农村人口在农作物歉收之后获得种子供应的唯一途径，所以法律和政策都特别给予支持。农民的权利得到了默许，也证明了这个国家对《粮食和农业植物遗传资源国际条约》的认可。

21.6　成　　本

种子银行的主要成本是房屋建设与设备维护。每个成员都投入劳力来修建墙壁，寻找可免费利用的建筑材料。必须购买的材料则由社区种植地（多样性种植地、学校用地等）的成员联合举办活动来筹集资金购买，或由村庄内较富裕的成员、非政府组织或项目捐赠资金购买。

在设备方面，储存所需的容器和物品主要由成员用当地材料制作。那些需要到市场上购买的设备则通过会员的资源或捐赠来支付。由于管理成本非常低，种子银行可以在没有外部援助的情况下运作。不过，如果能设定一个种子银行用户的最低使用费，就能帮助支付维护任务所需的费用，而无须等待捐款或等待成员空出时间来提供劳动力。

21.7　成　　就

社区种子银行在以下几个方面开展的工作卓有成效：①保护被忽视和未被充分利用的品种；②通过保护一些已经消失的品种、从其他地区或通过研究而新引进的品种，为农民提供了更广泛的品种，增加了村级层面的遗传多样性；③保存和维护与各种作物种子的繁育与保护相关的本土知识；④针对种子繁育和保护中的各参与方开展能力建设；⑤加强团队成员之间的凝聚力，面对共同的问题大家一起寻求解决方案。

社区种子银行是在本土知识的基础上进行组织和管理的。其中一些基于本土知识的实践被证明非常有效并且费用低廉。这些做法对于田间作物和被保护种子同样有效。有些做法仅限于女性，有些则仅限于男性（阅读框21.1）。

阅读框21.1　社区知识和实践的示例

女性农民掌握的地方知识

多扎（Doutza）的女性农民使用患病的花生植物来保护其田地免受未来的损失。当在花生田中出现病株时，她们随机取出其中一株带回村庄，并把它放入陶罐与草灰和水混合。将混合物煮沸，再冷却，然后将其带回田间并倒在地上用于防止疾病蔓延到整块田地。

男性农民掌握的地方知识

当蝗虫出现时，丹萨（Dansa）的男性农民会这样做：负责这项任务的人早上起来不说话，也不吃饭或喝酒，然后到各个田地中抓一些蝗虫。随后他将这些蝗虫带给智者。智者用陶罐将蝗虫和一些树皮及他的"秘密"原料放在一起煮。冷却后，将混合物倒在地上。这样做完以后，鸟儿就会从其他地方飞来把蝗虫吃掉。

21.8　政策和法律环境及可持续性

政策、法律及正规和非正规机构并不直接对种子银行产生影响。种子银行的运作遵循传统的标准和规则，只不过没有传统的权威机构来对其运作模式实施任何特别的控制。这些种子银行也没有从这些权威机构那里获得任何支持。

社区种子银行的可持续性取决于其从地方和国家决策者那里所能获得的认可与支持。这种认可和支持可转化为法律，受农民青睐的本地栽培品种得到认可后可进行繁育和销售。种子银行的可持续性还取决于其创始成员的凝聚力，以确保能顺利运作，而不是仅仅需要他们投入劳动力来进行建设。种子银行可以考虑为给种子银行提供服务的成员支付现金报酬。还可以考虑依据成员维护社区种子银行日常基础设施的累计时间支付他们报酬。如果各家社区种子银行能够就不同层面交换种质资源达成共同协议，它们就可以成为国家、区域和国际网络的一部分。

撰稿：阿马杜·西迪贝（Amadou Sidibe）

雷蒙德·S.沃都赫（Raymond S. Vodouhe）

索尼比·N'.达尼库（Sognigbe N'Danikou）

第 22 章　USC Canada 在马里莫普提区支持的种子银行

22.1　背景和发展史

莫普提（Mopti）位于萨赫勒地区，因不重视小农知识，又受到气候变化的影响，加上耕地退化、降雨量不足和不规律等多种原因而无法长期保证粮食安全。尽管马里（Mali）各地都面临着同样的问题，但莫普提地区的情况更为严峻。那里的小农户在确保他们种子安全的同时，在粮食安全方面也承受着巨大的压力。农业生产受到的威胁主要是干旱、土壤退化和昆虫入侵。在马里 8 个行政区之一的杜安扎（Douentza），农业和畜牧业是当地约 24.8 万人的主要经济活动。

加拿大一位论教派服务委员会（USC Canada）的"生存的种子"（Seeds of Survival）项目（见第 37 章）自 1993 年以来一直与该地区的农业社区合作，以增强小农户（男性及女性）的恢复能力，以解决粮食安全问题和改善生计。该项目强调通过农民之间的交流，保护和恢复本地种子及农民知识的价值。其正与莫普提区下辖的两个区——杜安扎和莫普提合作，建立社区种子银行，开展恢复土壤、减缓气候变化影响和提高收入的活动（插图 12）。

现已建立了 8 个社区种子银行：6 个在杜安扎，2 个在莫普提（表 22.1）。"生存的种子"项目与农业社区合作，在 USC Canada 的技术和资金支持下，开展以社区为基础的遗传资源保护项目。USC Canada 的资金来自加拿大国际开发署（The Canadian International Development Agency）及其他捐助者。为使这种方法发挥作用，

表 22.1　通过 USC Canada "生存的种子"项目在莫普提区建立的社区种子银行

种子银行地点	地区	成立年份
Badiari	杜安扎	1995/1996
Doumbara	杜安扎	2002/2003
Pétaka	杜安扎	2002/2003
Gono	杜安扎	2007/2008
Koubewel	杜安扎	2007/2008
Dianwely	杜安扎	2008/2009
Ouomion	莫普提	2002/2003
Pathia	莫普提	2012/2013

以小农知识为基础，发展并满足本地人民的需求，项目的第一步就是将每个种子银行建设成为合作社组织，这样他们就可以得到马里政府的法律认可并继而获益。

22.2　作　　用

社区种子银行是因为农业社区渐渐意识到需要保护其遗传资源而组织建立的，他们的遗传资源因气候变化的影响和降雨的不足与不规律而面临灭绝的威胁。第一批种子银行的建立是为回应当地农业种子所面临的多样性减少风险，是所有种子繁育的基础。而最近成立的种子银行，即 2007 ~ 2013 年所建立起来的种子银行，则是为应对转基因和杂交种子所带来的威胁。

所有的种子银行都起到同样的作用。每个种子银行都由遗传资源库和种子库组成，它们合起来共同实现以下六大功能。

22.2.1　遗传资源库的作用

1）保护小农生产的农业种子的多样性。

2）为可持续保护农业种子而开展传统工具和产品的保护。

3）通过不断学习，向农民灌输可持续保护农业种子的知识。

22.2.2　种子库的作用

1）为那些没有合适储存设施的农户保存种子。

2）为播种季节面临种子短缺的农民提供种子（以借贷的形式，或以合理的价格销售）。

3）通过信用借贷的方式来改善成员的生活状况。

22.3　运营和管理

杜姆巴拉（Doumbara）的社区种子银行是该地区成立的第二家种子银行，它是 2003 年 12 月 15 日以"法索·伊里瓦"（Faso Yiriwa，意为"社区发展"）为名成立的一个合作社。它开始由来自丹戈尔-奥尔（Dangol-Boré）公社 15 个村庄的40 名创始成员组成，但因为有些村庄距离比较远（超过 30km），一些初始成员退出了。不过,活跃的参与者人数有所增加,到 2013 年 7 月 31 日,参与者达到了 64 人。这个种子银行保存了 4 个物种的 13 个品种：3 种谷子、3 种水稻、4 种豇豆和 3 种高粱。除作物材料以外，每个种子银行还保存了设备，如秤、弹簧秤和 50m 卷尺，以及股份登记册、销售分类账、借贷和还款账簿、支付分类账、成员名单、会议纪要和社区生物多样性登记册等管理工具。

法索伊里瓦合作社的种子目前由 7 个参与村庄的 18 名种子生产者（男性）和 2 个女性团体（分别有 10 人、36 人）来供应。他们在自己的村子里繁育种子，然后将一定数量的种子存放到种子银行待售。为了实现财务自给自足，种子银行保留种子销售总收入的 20%。

合作社组织的运作规则必须公开：每名成员每年需支付 1200 中非法郎（约 2.46 美元）的会费和 2000 中非法郎（约 4 美元）的会员费。合作社每年至少召开一次会员大会。在年会期间，种子繁育者会决定种子的销售价格。种子在收获后放入种子银行，每个繁育者自行承担运费。出售种子的收入、手续费和会员费可按每年 10% 的利率借给合作社成员。截至 2012 年 12 月 31 日，各家种子银行的净收入达到了 25 000 ～ 252 970 中非法郎（50 ～ 518 美元）。根据其成员的习惯和经济手段，各种子银行的种子供应方式也不尽相同。就某些种子银行来说，如杜姆巴拉的种子银行，会员在村子中繁育种子并将一部分存入种子银行进行销售。种子银行保留种子销售收入的 20%。还有一些种子银行向农民出售或借出一定数量的种子，然后这些农民在收获后将双倍的种子返还给银行。这也是帮助最弱势群体获取种子的一种方式。

尽管还有许多问题需要解决，但所有农民，无论男性还是女性，都可以使用种子银行的种子而不会被排除在外；不过，种子银行的成员会得到优先照顾。女性和男性对种质资源的使用受当地习俗的影响。女性农民对商品菜园和小型作物感兴趣，如芝麻、豇豆、辣椒、小葱、番茄等；而男性农民则主要种植作物，如谷子、高粱、水稻、木薯等。女性农民经常种植调味料作物和其他让她们能够维持小生意并赚取收入来支付家庭开支的品种。

每个种子银行的管理都基于合作社组织的内部规定，由会员大会、董事会和监督委员会来进行管理。会员大会是决策制定机构，每年至少召开一次会议，在特殊情况下还要召开额外的会议。董事会负责执行会员大会做出的决定。而监督委员会则确保决策能被正确执行。

通过田间学校（种子银行进行种子繁育的地方）、交流会、种子市集、交流访问，以及评估和可持续管理农业生物多样性相关的多种培训课程，成员的知识和技能得以加强。种子银行通过基因库、种子银行网络及 USC Canada "生存的种子"项目与其他类似的地方和区域开展合作项目。"生存的种子"项目还与次区域的其他机构合作，如生物多样性交流和经验分享协会（Biodiversité Échanges et Diffusion d'Expériences）、马里农民组织的国家协调部（Coordination Nationale des Organisations Paysannes du Mali）、非洲遗传资源保护联盟（Coalition pour la Protection du Patrimoine Génétique Africain）和马里气候变化网络等。

在杜安扎区，"生存的种子"项目涵盖的所有社区都设有村社管理、监测和活动评估委员会，负责协调所有项目活动。在社区种子银行的工作方面，委员会动员各村社管理为社区基因库及种子银行提供繁育种子场所。他们还负责传播知识，提高人们对种子银行发展的认识；同时负责监督和实施社区为维护与建设种子保护及供应基础设施所做出的决定。他们还要充当社区和合作伙伴之间的联络人。

网络成员同时是村社管理、监测和活动评估委员会的成员，专门负责解决社区基因库及种子银行相关的所有问题：它们的运作、遇到的困难、改正措施以及与当地、区域或次区域不同种子银行之间的联系。"生存的种子"项目通过村委会的协调机构来提供针对这项工作的协助，该协调机构是区级层面的最高权力机构。

协调机构由网络成员和村社管理、监测和活动评估委员会组成。它负责在农民集体与合作伙伴（管理、技术服务、民选官员，以及项目、计划、非政府组织）之间建立合作。他们监督战略的制定，以调动计划、实施和监测活动所需的资源，确保不同群体得到赋权。

2012 年马里北部发生叛乱，导致"生存的种子"项目及其发展伙伴离开。各农民组织承担了继续实施项目和监测的任务。农民组织通过实施项目、监测，并对项目和其他离开的合作伙伴所开展的活动进行汇报，充当了项目和村民之间的纽带。农业社区不可能从冲突中获得任何好处，但他们可持续从这一项目的支持中受益，巩固了收益并且能继续开展计划的活动。

22.4　网　　络

目前，8 个社区种子银行的优势在于与马里南部其他社区种子银行合作建立成网络，马里南部降雨量要多于杜安扎和莫普提。这种合作关系使他们能够开展一些关键活动，稳定种子的价格并保护农民的种子，尤其是通过组织种子市集，将繁育出来的不适合其他地区普遍气候的种子种植到更有利的气候条件下，或用来交换种子和建议，以提高不同品种的产量。就产出而言，最值得注意的就是：

- 农民，无论男性还是女性，都认可建立网络的方法，聚焦他们的知识，重视和保护农业生物多样性。
- 因气候限制因素而未被栽培的品种现在可以在拥有更有利的气候条件的其他地方种植。
- 由于在种子市集、参观和交流研讨会期间，农民可交换种子，交流想法，因此如今作物更加多样化。
- 农民的知识现在已得到保存和传承。
- 每个人，无论社会地位如何，都有权获得种子来种植并养家糊口，为保障粮食安全做出贡献。

截至 2013 年 12 月 31 日，已有 178 位农民（100 位男性和 78 位女性）通过种子银行直接受益。不过，挑战仍然存在：巩固自给自足（目前正在进行中）；制定策略，让参与种子银行活动的青年男女的人数实现可持续增加；提高种子银行管理人员的识字水平，确保管理工具的适当使用；确保对种子银行的活动进行共同管理。

撰稿：阿卜杜拉哈曼·戈伊塔（Abdrahamane Goïta）

哈马德恩·博雷（Hamadoun Bore）

玛丽亚姆·西·沃洛盖姆（Mariam Sy Ouologueme）

阿德·哈马德恩·迪科（Ada Hamadoun Dicko）

第 23 章　墨西哥瓦哈卡州的社区种子银行

23.1　目标和发展史

在墨西哥的瓦哈卡州（Oaxaca），自 2005 年至今已有 10 家社区种子银行投入运营。国家粮食及农业植物遗传资源系统（The Sistema Nacional de Recursos Fitogenéticos para la Alimentación y la Agricultura）为最先建立的 5 家种子银行（见第 42 章）提供了资金，它们都是由国家林业、农业和畜牧研究所（The Instituto Nacional de Investigaciones Forestales，Agrícolas y Pecuarias）建立的。另外的 5 家则是后来在一些生产者组织和联合国粮食及农业组织（FAO）的支持下建成的。这些种子银行的主要目标是对小面积耕地（当地称为 milpas）中的植物遗传多样性进行就地保护，以此作为应对气候变化的策略，改善玉米、豆类和瓜类作物及农场层面的一般生产力。平均而言，每家种子银行有 40 名生产者，共有 400 名农民参与本地种子的保护和繁育工作。

23.2　作用和活动

社区种子银行有几个作用：保护植物多样性，促进成员和非成员之间的种子交换，参加本地、州级和国家层面的种子市集，在农民田间优选种子，为培训课程提供协助和指导，繁育濒危或受威胁物种的种子。由于瓦哈卡州有着丰富的作物多样性，社区种子银行拥有的作物非常广泛（表 23.1）。

表 23.1　墨西哥瓦哈卡州社区种子银行保存的物种和品种

地点	玉米品种	豆类	瓜类
圣·佩德罗·科米坦西洛 （San Pedro Comitancillo）	Zaphlote chico	豇豆（*Vigna* sp.）	*Cururbita argyrosperma* 南瓜（*Cururbita moschata*）
圣·米格尔·德·普埃尔托 （San Miguel del Puerto）	Olotillo Tepecintle Tuxpeño Zapalote chico	菜豆（*Phaseolus vulgaris*）	*Cururbita argyrosperma* 南瓜（*Cururbita moschata*）
圣·马科斯·扎卡特佩克 （San Marcos Zacatepec）	Conejo Olotillo Tuxpeño	菜豆（*Phaseolus vulgaris*）	*Cururbita argyrosperma* 南瓜（*Cururbita moschata*）

续表

地点	玉米品种	豆类	瓜类
圣地亚哥·雅特佩克 （Santiago Yaitepec）	Comiteco Mushito	荷包豆（*Phaseolus coccineus*） *Phaseolus dumosus* 菜豆（*Phaseolus vulgaris*）	*Cururbita ficifolia* 南瓜（*Cururbita moschata*） 西葫芦（*Cururbita pepo*）
圣·克里斯托瓦尔·洪都拉斯 （San Cristóbal Honduras）	Conejo Olotillo Pepitilla Tepecintle Tuxpeño	菜豆（*Phaseolus vulgaris*） 豇豆（*Vigna* sp.）	*Cururbita ficifolia* 南瓜（*Cururbita moschata*） 西葫芦（*Cururbita pepo*）
圣·阿古斯丁·阿马滕戈 （San Agustín Amatengo）	Bolita Pepitilla	菜豆（*Phaseolus vulgaris*） 豇豆（*Vigna* sp.）	*Cururbita argyrosperma* 南瓜（*Cururbita moschata*） 西葫芦（*Cururbita pepo*）
圣·玛利亚·贾尔蒂安吉斯 （Santa María Jaltianguis）	Bolita Cónico Elotes occidentals Nal-Tel de altura Olotón	荷包豆（*Phaseolus coccineus*） *Phaseolus dumosus* 菜豆（*Phaseolus vulgaris*）	*Cururbita ficifolia* 西葫芦（*Cururbita pepo*）
圣·玛利亚·佩诺莱斯 （Santa María Peñoles）	Bolita Chalqueño Cónico Elotes cónicos Olotón Serrano Tepecintle Tuxpeño	荷包豆（*Phaseolus coccineus*） *Phaseolus dumosus* 菜豆（*Phaseolus vulgaris*）	*Cururbita ficifolia* 西葫芦（*Cururbita pepo*）
圣·安德烈斯·卡贝塞拉·新 （San Andrés Cabecera Nueva）	Chalqueño Conejo Cónico Elotes cónicos Olotillo Tuxpeño	菜豆（*Phaseolus vulgaris*） 荷包豆（*Phaseolus coccineus*） *Phaseolus dumosos* 豇豆（*Vigna* sp.）	*Cururbita argyrosperma* 南瓜（*Cururbita moschata*） *Cururbita ficifolia*
普特拉·德·格雷罗 （Putla de Guerrero）	Conejo Olotillo Tuxpeño	菜豆（*Phaseolus vulgaris*） 豇豆（*Vigna* sp.）	南瓜（*Cururbita moschata*）

大多数收集的种子是本地物种，其他的如玉米品种 Teocintle（*Zea mays* ssp. *parviglumis*）和一些豆类［菜豆（*Phaseolus vulgaris*）和荷包豆（*Phaseolus coccineus*）］是野生种。种子的储存量取决于繁育者提供的数量。每种种子取一部分保存在种子银行成员选择的地方，这些地方用于储存所有品种的种子，如玉米、豆类、南瓜和其他作物等。大部分种子存放在农民家中。每个种子银行成员都需要储存其所种植品种的种子，储存的数量应与种植的种子数量相当。不过，如果

损失风险很高（如可能发生霜冻、冰雹、飓风或干旱情况），则储存的种子数量应为种植数量的 2～3 倍，以此可及时缓解自然灾害带来的影响。

由于参与种子银行的大多数生产者的种植面积都不到 3hm²，他们通常储存 20～60kg 玉米种子、20～40kg 豆类种子和 1～2kg 南瓜种子。社区种子银行只储存 3kg 玉米种子、2kg 豆类种子和 500g 南瓜种子。当种子被借用时，借用的农民同意将借走的种质资源按两倍数量返还给种子银行；用于归还的种子必须在田间优选，清洗并干燥后储存。所有种子银行成员、社区农民及周边村庄都可以获得种子银行储存的种子。但只有种子银行的管理人员能决定是否将种子出售或借给非种子银行成员的农民。

种子银行作为本地种子保护和改善策略的一部分，会定期开展有关各领域的培训。重点关注种子保存方法（筒仓、桶或密封塑料容器）和大规模选种（插图 13）。每个繁育者负责选择其田间的最佳植株。优选从开花就开始，一直到收获结束，优选出的植株要用标签标记。一些社区种子银行的种质资源会被用于参与式植物育种。也会把形态特点和质量作为各种玉米品种的特征来记录。

23.3 治理和管理

育种者选出主席、秘书和财务主管来管理每家社区种子银行。这些管理人员的职责包括交换和更新种子，确保种子银行的种子库存，召集会议并与主导项目的机构联络。董事会通过选举产生，任期为 1～3 年，具体根据利益相关方会议的决定而定。

女性农民的参与对瓦哈卡种子银行的活动非常重要。女性农民参与选择、保护、交换和使用种子。她们中有许多人是董事会成员，并且在参与课程培训、种子市集及准备传统菜肴等方面比男性农民更积极。

育种者会领到密封的金属筒仓或桶（储存容量为 200kg），以储存用于种植和保存的种子。参加市集的农民还可获得证书，还可因其所准备的优质种子、种子多样性或产品而获得奖品。

存储在种子银行中的每份种子都有一份由农民提供的种质资源基本资料信息，包括植物和果实的特征、其适应的种植区域、推荐的种植日期、传统用途和农艺优势等。

23.4 技术和援助

每年，农民都会对其储存在家的种子进行更新，以维持社区种子银行中种子的存活能力。相比之下，储存在热带地区的种子每隔一年更新一次，而储存在亚热带和温带地区的种子则是每 3 年更新一次。选种在每块田地的中心区域进行，以免受到邻近农民种植品种的污染。收获后，种子脱粒并干燥至10%的湿度，然后进行清洁，以清除杂质、其他物种的种子和受害虫或疾病侵袭的种子，然后存放到各种大小的密封桶中。

因资金资源不足，很多必要的活动，如形态特征描述、民族植物学研究、手工种子繁育、育种者定期培训，以及为鼓励农民种植、选择和保存本地种子而实施的激励措施等都无法开展起来。一旦无法获得政府支持，社区种子银行就要面临可持续性的挑战。为解决这个问题，截至2013年，社区种子银行都注册为民营农村生产有限公司。这种法律地位让农民可以获得市区、州或联邦政府提供的资源。农民也接受了培训，在没有外部资金支持的情况下可以继续开展保种和选种工作。几家非政府组织也积极参与瓦哈卡州一些种子银行的活动。

23.5 成就和可持续性

瓦哈卡州的社区种子银行让公众重新认识到保护当地作物品种的重要性。一些种子银行在州级种子市集上还赢得了多样性、品种和产品质量方面的奖项。一些人则通过在社区内及与其他种子银行的育种者交换种子而增加了多样性。社区种子银行还挽救了几种野生豆类和玉米，如玉米品种Teocintle。如今，农民全年都可以获得种子，但种子交换主要还是集中在雨季播种前。社区种子银行储存了在风、干旱、病虫害耐受性方面具有价值的特征种质资源。一些本地品种具有优异的营养品质，非常适合传统和工业用途。

种子银行一旦建立完善后，农民意识到他们的种子的重要性，保护措施也被证明是有益的，种子银行便作为法人实体成立，那么种子银行就可以独立运作了。种子银行必须调动自己的资源或寻找外部资金来开展活动。应建立合作社，组织对种子银行成员生产的产品进行统一销售。墨西哥政府应制定公共政策，支持社区种子银行对遗传多样性的就地保护。这种策略可缓解气候变化，减少转基因带来的威胁。遗传资源立法也是保护农民生物文化资源的必要措施。瓦哈卡州的社区种子银行应被纳入墨西哥植物遗传资源就地保护的国家战略之中。在保持着较高水平的遗传多样性或具有受威胁或濒危物种的原住民和麦士蒂索人群（拉丁民族和印第安族混血）居住的地区，应鼓励建立更多社区种子银行。

撰稿：弗拉维奥·阿拉贡-奎瓦斯（Flavio Aragón-Cuevas）

第 24 章 尼泊尔历史悠久的达尔霍维基社区种子银行

24.1 目标，活动和管理

尼泊尔第一家社区种子银行于 1994 年在达尔霍维基（Dalchowki）建成。达尔霍维基位于勒利德布尔区行政中心以南约 25km。尽管离首都不远，但在基本设施和公共服务方面，勒利德布尔南部算得上是该国水平最低的地区之一。达尔霍维基社区种子银行是通过加拿大一位论教派服务委员会（USC Canada）组织实施的综合村社发展项目（The Integrated Community Development Program，ICDP）建立的。该地区的农民种植了几种本地的谷物、豆类、油料和蔬菜作物。与这些村社合作的 USC Canada 观察发现，由于改良和杂交种子的逐渐引入，以及化学肥料和杀虫剂的使用，一些本地作物品种面临着消失的危险。农民工大量涌入附近城市，以及普遍存在的拙劣的种子管理技术使得这个问题进一步加剧。综合村社发展项目决定在达尔霍维基地区试点运行社区种子银行，通过促进种子安全和作物遗传资源保护来解决上述问题。种子银行的主要功能是收集、改良和繁育本地品种的种子。综合村社发展项目之所以选择使用社区种子银行的方法，是因为它被认为在提高村社敏感性、赋权和动员村社，以及促进本地种子和作物品种使用的方面都非常有效。

种子银行一直在达尔霍维基及其周边寻找可作为种子保管者的农民，并动员他们种植和保护本地品种，特别是阔叶芥菜、萝卜、小豌豆、蚕豆和一种多年生的当地花椰菜品种。其收集和保存了 7 种谷物的 17 个品种，6 种豆类的 12 个品种，3 种油料作物的 6 个品种，以及 14 种蔬菜作物的 22 个品种的种子。2012 年，有 70 名农民（37 名女性和 33 名男性）在银行存放种子，还有 21 名农民（14 名女性和 7 名男性）"借走"了 1.1t 种子用于耕种。此外，种子银行还收集了穆子的本地品种以评估其多样性，并且在非政府组织"尼泊尔援助之手"[Group of Helping Hands (SAHAS) Nepal，SAHAS Nepal] 在该地区实施的"地方粮食安全转型项目"（Local initiatives for food security transformation Project）的支持下，对这些品种进行了繁育。种子银行还借助 SAHAS Nepal、国家基因库和 USC Canada 的技术支持，开始收集、评估和鉴定稀有与独特的作物品种。

除保护种子外，达尔霍维基社区种子银行还生产和销售当地作物的种子，如玉米、油菜和一些蔬菜，以满足当地的需求。它得到了 SAHAS Nepal 和区级农业发展办公室的技术支持，以保证可获取种子并保持其质量。种子银行设立了一个2050美元的周转基金，其中一部分用于为其成员提供小额贷款及从小组成员处购买种子。种子银行还有一项任务是购买稀有作物品种的种子并储存一年。

达尔霍维基村社发展委员会是由村民组成并以村社为基础注册的组织，它全面负责种子银行的管理工作。委员会选出11名成员，组成执行委员会。执行委员会按照自愿的原则管理种子银行。目前，种子银行有48户农户参与，他们也一起组织各类活动。种子会被分配给成员，条件是他们借用种子之后，要偿还其借用数量两倍的种子。种子银行还按当前的市场价格向外界少量出售种子。种子银行力图保持对农民交易作物和种子的记录；交易的价格由执行委员会制定。出售种子的收入并不足以覆盖种子银行的全部运营费用，但可以帮助支付基本的运营成本。

在过去的19年里，种子银行经历了风风雨雨。尽管已经制定了标准和规则来增强村社对管理的参与，但由于技术和管理能力有限，项目的实施并不是很有效。该国的政治动荡也对成员进一步发展种子银行，并对其有效管理所付出的努力造成了很大的影响。2006年，当武装冲突得以解决时，达尔霍维基村社发展委员会重建了执行委员会，并以极大的热情重新开展了包括恢复种子银行在内的各项活动。2009年，USC Canada支持对社区种子银行开展独立评估，并提出了加强管理和运营的各项建议。评估报告建议社区种子银行要确保更具活力和包容性的领导，并改善与其他村社团体、合作社、地方政府，以及其他利益相关者的关系。

社区种子银行成员不仅负责种子生产，还负责选种和清洁。达尔霍维基村社发展委员会组织监督访问，以确保高质量的种子生产。村社还保留着一份村社生物多样性登记册，记录了所有粮食作物的特征，以及与之相关的当地知识和用途。因为缺乏人力资源，很难保证对所有种子交易进行适当记录。由于执行委员会的成员为志愿者，他们也不能保证有足够的时间来保存和更新记录。为加强社区种子银行的功能并吸引更多农民，委员会必须制定出可行的指导方针，动员群体和合作社成员一起来保护珍稀作物种子，保证种子质量并妥善管理各种信息。

24.2　支持，网络和政策环境

达尔霍维基社区种子银行得到了USC Canada的长期支持，以开展基础设施和能力建设。通过综合村社发展项目获得的资金用来购买了$1000m^2$的土地，并建造了两座建筑物用于举行会议和培训及建设种子银行。种子银行是一幢两层混凝土建筑，可存放28t种子，有4间办公室和厨房设施。USC Canada提供的资金还用来设立了2050美元的周转基金。周转资金用于支持管理和运营，特别是用于收集和分配当地作物的种子，以及为成员提供小额贷款。综合村社发展项目还支持购买了湿度计、温度计等其他种子储存和管理所需的材料。综合村社发展项目的策略是通过技术、资金和机构赋权来帮助种子银行实现可持续发展。在政治动荡期过后,种子银行与 SAHAS Nepal 等相关非政府组织、勒利德布尔区农业发展办公室,以及在尼泊尔农业研究理事会下运作的国家基因库等政府机构均开展了合作。

　　勒利德布尔区农业发展办公室为种子银行相关农民提供了培训支持。2012 年,种子银行与国家基因库建立了合作关系,并获得了用于在该地区发现的稀有和独特作物种子进行收集、记录与保存的技术及物质支持。国家基因库还支持建立了多年生作物田间基因库。尽管已经获得了这么多援助,但种子银行仍需获得更好的村社支持,调动当地的资源,以维持和增加种子银行的功能。

　　种子银行与当地有机农民合作社合作,销售盈余的种子。它与合作社共享办公空间,并为其成员提供资金资源。这家种子银行也成为新近成立的尼泊尔国家社区种子银行网络的成员。

　　国家政策环境已经变得更为支持社区种子银行的发展。农业部已将种子银行的计划和项目纳入主流,作为获取优质种子和保护地方作物的一项策略。最近修订的《国家种子法案》(National Seed Act)和法规放宽了规定,允许对本地作物品种进行登记。达尔霍维基种子银行目前正在准备为一种名为 Guzmuzze 的本地宽叶芥菜品种(插图 14)进行注册。当地政府,尤其是村社委员会和其他正式及非正式机构,都在积极地帮助种子银行加强和扩大活动,以造福更广大的农业村社。

24.3　成就和前景

　　达尔霍维基的两个村社:萨恩库(Sankhu)和乔赫尔(Chaughare)在很多方面从社区种子银行受益良多。社区种子银行提高了人们对本地种子价值和保护需求的认识,并教会他们繁育和管理健康种子的新方法。它还鼓励农民使用本地作物和资源,以减少对外部化学品投入的需求。自达尔霍维基种子银行建立以来,储存自己农场种子的家庭数量显著增加。但是,仍然需要对种子银行在促进作物多样性保护和种子安全方面的贡献开展系统性评估。

　　种子银行活动对农民和促进该地区的农业可持续发展很有帮助。这些农民已经采用生态农业的方法并将继续实践下去。达尔霍维基种子银行最近的活动,如种子繁育和资金筹集,都是直接激励成员的措施,这些措施增加了农民获得优质种子和贷款的机会。2012 年,种子银行收集并分发了 6t 多种子,其中有 1t 是本地作物品种的种子。自种子银行建立以来,玉米、谷子、油菜、大豆和豌豆等作物的多样性均有所增加。女性农民在种子银行中发挥着重要作用;她们接受了选种、作物育种和利用多样性来适应环境压力方面的培训。大约 60% 的女性农民在从事种子繁育和销售,也推动了她们在村社中获得赋权。

　　根据支持机构的建议和对过去经验的反思,达尔霍维基种子银行制定了一项作为资源中心来进行运作的计划,提供了多样化的服务,如培训和研讨会,并与农业生态旅游建立了联系,帮助维持种子银行的运作。种子银行也获得达尔霍维基村社委员会的一些资金支持用于其设施等物理资源的养护。其还把办公的空间出租给当地合作社和 SAHAS Nepla 而获得一部分收入。自 2012 年以来，种子银行一直在生产和出售玉米、豆类与油菜的种子，并实现了约 10% 的微小利润。这些收入加起来作为种子银行的维护成本。为能更成功地运作，种子银行仍在寻求 SAHAS Nepal、USC Canada、国家基因库、区级农业发展办公室等发展组织的额外支持。

撰稿：巴拉特·班达里（Bharat Bhandari）

苏里亚·塔帕（Surya Thapa）

克里希纳·桑杰尔（Krishna Sanjel）

普拉塔普·施莱萨（Pratap Shrestha）

第 25 章　尼泊尔塔马法克社区种子银行

25.1　目标和发展史

位于尼泊尔东部山区的塔马法克（Tamaphok）是地方生物多样性研究与发展计划（Local Initiatives for Biodiversity, Research and Development，LI-BIRD）所选的项目点之一，在此地开展的项目为"尼泊尔通过公平获取遗传资源的途径及实行利益共享机制来促进实现农民权益的创新机制"。塔马法克是由村庄发展委员会管理的一片地理区域，作为尼泊尔的一个行政单位，可进一步划分为 9 个"坊"。每个坊包含一个或多个小村庄。社区种子银行被建成为促进种子保护和农业生物多样性可持续利用的区域中心。同时是实现农民权益、推进遗传资源利用的有效途径和利益共享机制的试点项目。2007 ～ 2011 年，LI-BIRD 开展了多种多样的研究及开发和能力建设活动，如以村社为基础的生物多样性管理实践试点，并在每周都举办一次市集的穆德和（Mudhe）设立了社区种子银行。

塔马法克也是该地区一个小村庄的名字，它坐落于步行距离穆德和几小时路程的地方，需要翻越几座陡峭的山峰。尽管穆德和种子银行项目负责人的初衷很好，但塔马法克的居民发现要收集、储藏种子及参与种子银行的其他活动很困难。为解决这一问题，在 2010 年，许多致力于维护作物多样性的塔马法克农民决定在村里建立一个独立的社区种子银行。本案例研究描述的就是这段经验。

诸如生物多样性展览会、实地考察、村级工作坊，以及由 LI-BIRD 协助开展的培训和互动等提升保护意识的活动可以帮助塔马法克团队的成员认识到农业生物多样性对当前及未来种子和粮食安全的价值。作为一个团队，他们同意要识别并记录本地品种、相关的信息及传统知识；要收集并繁育本地品种和种植材料，并将它们供给当地村社；还要保护本地品种及与之相关的传统知识。

25.2　功能和活动

塔马法克社区种子银行具有多种功能。成员定期进行考察旅行，以识别并收集本地谷物、蔬菜品种，还有药用植物的种子。在考察过程中，他们也会留心寻找新的作物和品种。社区种子银行维护了 100 多个地方品种：水稻（16 种）、玉米（7 种）、穆子（7 种）、小麦（1 种）、大麦（3 种）、荞麦（2 种）、油菜（3 种）、豇豆（3 种）、菜豆（3 种）、南瓜（5 种）、黄瓜（2 种）、树番茄（2 种）、辣椒（6 种）、茄子（2 种）、豌豆（2 种）、大豆（4 种）、饭豆（4 种）、黑绿豆（3 种）、芝麻（2 种）、叶类蔬菜（4 种）、香料（6 种）、山药（2 种），以及其他蔬菜（12 种）。

种子储存起来，供农民获取。种子银行的成员每年在种子银行中分发、种植并收集所有农作物品种的种子。在分配过程中，普通成员享有优先权，他们可根据自己的偏好选择所需的种子。如果一个成员借走 1kg 种子，他（她）必须偿还 1.5kg 种子。种子银行的执行人员负责对一般普通成员不会选用的种子进行更新。每年都要保持水稻和穆子等主要作物品种的多样性，并在社区种子银行的土地周边种植一些蔬菜和药用植物。

根据 LI-BIRD 在尼泊尔其他地方开展的项目活动所获得的经验（见第 34 章），种子银行建立了乡村生物多样性管理基金，通过创收来奖励保护行为。例如，基金帮助成员开展猪和山羊饲养等创收活动。

社区种子银行是生物多样性保护与发展委员会（The Biodiversity Conservation and Development Committee）的一部分。生物多样性保护与发展委员会是一个村级发展委员会层面的农民组织，作为农村发展整体战略的一部分，负责对生物多样性相关的活动进行监督。塔马法克社区种子银行每年从生物多样性保护与发展委员会获得约 20 000 尼泊尔卢比（约 200 美元），作为村级生物多样性管理基金。在实践中，这种支持对于参与更新社区种子银行储存的种子的成员，一直是很有效的奖励机制。成员还参与汇总每月收集的种子，以及通过在租用的土地上种植蔬菜及销售蔬菜幼苗来创收。

提升保护意识的活动包括各种作物多样性区块的建立及管理。最后，种子银行的核心团队将当地作物多样性和传统知识记录在村社生物多样性登记册上（插图 15）。

25.3　治理和管理

塔马法克社区种子银行由一个由 9 名成员（6 名女性和 3 名男性）组成的执行委员会管理。执行委员会全面负责种子银行里种子的收集、储存、清洗、干燥、分发和更新。该种子银行有 92 名成员（村里 140 户人家中的 76 户），成员分成 5 个小组，其中有两个是女性农民小组。最初，执行委员会由一名男性农民领导，但在 2012 年，领导职责被移交给一名女性农民，以认可女性在种子银行中所起的重要作用。在塔马法克，大部分村民来自雅可汗（Yakkha）族群，也加强了他们之间的团结合作，可推动他们高效地开展集体活动。

25.4　外 部 支 持

尽管 LI-BIRD 提供的资金和物质支持很少，但它为种子银行成员提供的知识更为重要。到目前为止，塔马法克社区种子银行已经从 LI-BIRD 获得 50 000 尼泊尔卢比（约 500 美元），用于建立一个临时种子储存建筑。此外，一家推广机构——区级农业发展办公室（The District Agriculture Development Office）还为其提供了 300 个不同大小的塑料罐用于储存种子。与其他国家和尼泊尔其他地方的社区种子银行获得的支持相比，这些支持微不足道。然而，由于强大的村社力量和凝聚力，种子银行还是在外部支持非常有限的情况下建立并运转起来。

在村社获得的知识方面，塔马法克村社发展委员会组织了一系列相互关联的活动。生物多样性市集、村社生物多样性登记注册、作物多样性小组建立、考察访问、现场及场外培训，以及农民间的非正式交流，都有助于在种子银行成员间强调对农业生物多样性进行管理的价值。

25.5　社区种子银行的好处

尽管塔马法克社区种子银行运营的时间不长，还有很多事情要做，但它的成员已经观察到种子银行给村社带来的一些益处。以前，除了收集和保存自家作物的种子和与邻居进行交易，塔马法克的农民再没有其他获取种子和种植材料的途径。社区种子银行缩短了社会和物理距离，同时大大增加了农民关于其所使用种子的相关知识（即来源及质量）。例如，种子银行已经恢复了一个传统的早熟的具有白色种子的穄子品种 Seta kodo。它还引入了一个水稻新品种 Pathibhara，这个品种因其优良的碾磨特性和口感，以及即使种植时间较晚也能表现良好而在农民中大受欢迎。以村社为基础的生物多样性管理基金还为成员创造出一个奖励机制。他们不再需要去路途遥远的商业银行办理小额贷款。一些成员已经使用由村社生物多样性管理基金提供的资金及每月经过储蓄计划所存下来的钱，通过饲养生猪而增加了收入。

此外，种子银行的成员还参加了培训课程、参观和工作坊，利用这些新的机会学习和分享知识及想法。这些活动激发了人们对种子的好奇心，也改变了农民对传统知识，特别是有关药用植物知识进行保密的习惯做法。农民有着更为开放的态度是让人欣喜的变化，使其能更好地利用本地的遗传资源。

25.6　展望未来

塔马法克社区种子银行相信"小而精"的说法。它并没有那种需要大量资源和巨大努力去实现的宏大计划。它的成员相信在没有外界帮助下，仍然可以将种子银行维持在目前的运作水平。目前，它通过出售在租来的土地上种植的蔬菜和从每月的储蓄及村社生物多样性管理基金获得的利息来赚取收入。对于成员耗费在种子收集和在种子银行工作的时间，他们并不期望从中获得报酬。他们想让社区种子银行成为一个法人实体，并计划要在地方农业发展办公室将其注册为一家农民团体。这将拓宽其与其他团体之间的互动，也许还能扩大他们的资源基础。他们迫切需要的是一栋永久性建筑，用于安全地储存种子，并更可靠地服务于社区。

25.7　致　　谢

作者要再次向加拿大国际发展研究中心通过"尼泊尔通过公平获取遗传资源的途径及实行利益共享来促进实现农民权益的创新机制"项目所提供的资金支持表示感谢。还要感谢挪威发展基金（The Norwegian Development Fund）通过"以村社为基础的生物多样性管理南亚项目"（Community-Based Biodiversity Management South Asia Program）帮助建立并强化了尼泊尔桑库瓦萨巴的塔马法克社区种子银行。

撰稿：迪利·吉米（Dilli Jimi）

马尼沙·吉米（Manisha Jimi）

潘泰巴尔·施莱萨（Pitambar Shrestha）

第 26 章　尼加拉瓜的拉·拉布拉扎二村种子银行
——"我们是一个网络"

26.1　目标和发展史

拉·拉布拉扎（La Labranza）二村社区种子银行成立于 2007 年，用于满足当地农民在适当的种植时间对种子的需求。过去，政府机构和当地市场提供的种子贷款政策都以失败告终，生产者因购买种子和化肥而负债累累，农民对这种情况日益担忧。2000 年，塞戈维亚地区的全国农民和牧场主联盟（西班牙名称为 PCaC-UNAG）发起了一项农民互助倡议计划，通过抢救当地资源、创建社区种子银行来保存当地种子，从而保障食物安全。

拉·拉布拉扎二村社区种子银行在开始时有 5 户成员，他们将第一批种子储存在其中一户成员家里，用这家主人提供的麻袋和筒仓来保存种子。每个种子繁育者储存 2 ~ 11kg 的玉米和豆类种子（插图 16）。当时，他们约定"即使我们没有任何东西可吃，那些种子也不能离开种子银行"，而且这个约定一直遵守到现在。其他家庭看到效果后也加入了这个小组。这个种子银行运行了 6 年，现在有 40 户成员，他们来自拉·拉布拉扎二村和邻近的拉·拉布拉扎一村、拉·纳兰吉塔（La Naranjita）和圣·何塞（San José）（插图 17）。

26.2　功能和活动

社区种子银行的主要功能是储存成员繁育的当地种子和驯化的主要谷物品种。其他功能包括在种植季节提供种子，推广和收集与种子保护相关的知识，提升种子管理技术水平，培育村社组织。社区种子银行鼓励成员保护当地品种，最开始时在种植季节为成员提供本地品种的种子。后来，随着种子银行的成长，最先参加的那些成员变得自给自足，不再需要种子银行的种子，他们还建立了自己的家庭种子银行，现在这些种子银行已经形成了一个网络。种子银行不仅能满足本地村社的需求，还惠及了邻近村社的农户。

社区种子银行目前有 7 个玉米品种（Yema de Huevo、Amarillo Claro、Blanco Fino、Carmen、Pujagua、Pujagua Negrito 和 Pujagua Rayado）和 4 个豆类品种（Colombiano、Estelí 90、Boaqueño 和 Guaniseño Amarillo），在第一批种子银行成员收集这些品种时，它们几乎在这一地区濒临消失。玉米品种用于个人消费，也

用于许多传统菜肴［玉米粥、南美式浓汤（pozol）、小面包圈（rosquillas）、甜甜圈（rosquetes）、皮诺饮料（pinol）、皮诺利洛饮料（pinolillo，玉米粒和可可粉做的冰饮料）、塔玛利（tamales，玉米面团包馅卷）和香蕉叶包裹的塔玛利（nacatamales）］，但主要用来做玉米面薄烙饼。截至 2013 年 6 月，这个种子银行存有 830kg 玉米和 780kg 豆类种子。这些品种可以很好地适应这里不断变化的气候条件，它们在村社乃至地区的重要性和市场价值也正在恢复中。

种子银行集体组织宣传活动，记录农户的经验，开展农户参与式种子改良和优质种子繁育。PCaC-UNAG 网络通过提供促进知识共享的培训和用于改善设施的资源来为种子银行提供支持。目前使用种子银行的用户是玉米和豆类作物的生产者（23 名女性和 17 名男性）。

社区种子银行也发挥着社会作用，因为它改善并加强了村社中的性别关系。种子银行的一位杰出成员尼亚·卡门·皮卡多（Doña Carmen Picado）表示，这个种子银行促进了家庭的团结，"男人和女人都为共同的事业奋斗；我们通过紧密的联系团结起来。我们感觉这里就像一个大家庭，家庭成员里有 23 名女性和 17 名男性，每个人都被团结合作。"

女性农民在种子银行的表现非常活跃，这一集体也充满了独一无二的活力。董事会主要由女性组成。无论男性农民还是女性农民，都对自己的工作很负责。

男人守时、诚实，女人也一样，这并不因为性别不同而有区别。我们通知他们什么时候种子能够准备好，到了日子他们就会来付钱，不会找借口推脱。有些单身女性对自己的债务非常负责。男人和女人提出的需求基本相同，也没有什么区别。

种子银行的挑战在于维持其可持续发展。拉·拉布拉扎二村社区种子银行的协调员、PCaC-UNAG 项目的农户推广代表卡门·皮卡多补充道：

我们不能仅仅寄希望于得到帮助而活着。我们需要自己让种子银行变得能可持续发展，而不是让它没落。它必须持续发展下去并成为其他村社的榜样。我们需要有足够的种子来销售，而不是一直借钱。

26.3　治理和管理

社区种子银行的协调委员会由主席、秘书、财务主管和两名支持人员组成，其中 4 名为女性，2 名为男性。委员会由 40 个成员家庭代表选出，每月开一次会，但如果出现紧急事情，可能每月最多聚 3 次。他们的主要职责有协调、运输、接收种子，制定收货和运输日期，记录种植前的需求，确保在交付时满足商定的条件，协调收割后的活动，在作物生长期内与成员沟通进展并协调田间日、市集和集会。

社区种子银行建立了自己的规章制度。贷款申请截止到第一个生长期（5 ~ 6 月）前，也就是 4 月，然后经委员会仔细审查这些要求。为了确保种子银行能够收回种子，他们会着重考察申请人是否是一个公认的诚实的人。农户从种子银行里取种子时会签一份承诺书和一份合同，声明同意归还同质量的种子，并确保是等量、清洁、干燥且没有霉菌的种子。在借种子方面，种子银行的成员享有优先权，但是当有足够的种子时，非成员也可以借，借的利息为 50%。种子银行还规定了成员的职责和权利，以及种子借贷的偿还条件。出售种子的利润用来购买种子银行里还没有的材料和设备（麻袋、秤等）或是没有的品种的种子。到目前为止，种子银行商业方面的交流很少。

传统上在 10 月举行的种子市集是马德里（Madriz）、新塞哥维亚（Nueva Segovia）和埃斯特利（Estelí）居民分享有关农艺和烹饪知识、用于制作手工艺品的品种的极好机会。今年，马塔加尔帕（Matagalpa）的居民也参加了市集。在塞戈维亚地区 PCaC-UNAG 和该地区其他组织的资助下，村社每年组织一次市集，大约有 1000 人参加。一般来说，活动由社区种子银行的协调委员会牵头组织，但村社的所有成员都会参与这些活动。

这个市集以创意比赛而闻名，市集上会评选出用当地种子制作的最好的手工艺品和传统食物，还上演了一些由农民围绕当地种子保护和环境保护主题创作的舞蹈、诗歌和音乐等文化节目。

社区种子银行正在茁壮成长，剩余的种子越来越多。然而，如果种子银行想冒险进入种子商业化的领域，要想能够开展没有太多过往经验的商业性活动，就必须调整目前的组织。

26.4　技术问题

技术委员会在合作成员的支持下负责种子的处理。在农民把种子送到种子银行之前，农民先在他们自己的农场上清理、选择种子，并将种子干燥到储存要求的湿度。这个过程经手工操作完成，因为农民没有湿度计，他们通过咀嚼种子来评估含水量（如果种子裂开时有尖锐的爆裂声，那说明它就是干燥的）。

品种在不断流通。当农民具备了建设种子银行的条件，他们就会建立自己的家庭种子银行，并保留最好的品种来进行种子扩繁。反过来，社区种子银行获得新成员要求的其他品种；因此，种子银行里储存的材料可不断更新。有关书面的记录，他们将经验写下来或在广告牌上绘画，或是在 PCaC-UNAG 网络协助下把一些信息整理后放在折页上。

集会、会议、市集、交易会、课程培训和社区联谊都是种子银行与用户互动的机制。通过正式和非正式的交流与具体的课程培训，可以提高和增强用户的技能。种子银行面临的最重要的技术挑战是改进收割后种子的管理，因为筒仓内湿度仍然很高。

26.5　支持，网络和政策环境

到目前为止，种子银行唯一得到的重要外部支持来自 PCaC-UNAG 网络。这个网络从欧洲非政府组织获取资源，其中最重要的是"瑞士援助"（SWISSAID）组织。过去，芬兰锡门堡（Finnish Siemenpuu）基金会、比利时维科（The Belgian Veco）组织和尼加拉瓜亚历山大·冯·洪堡中心（The Nicaraguan Alexander von Humboldt Centre）曾为核心种子银行与家庭种子银行提供过基础设施，以及培训和经验分享活动等方面的支持。拉·拉布拉扎集体的家庭种子银行和社区种子银行网络是国家 PCaC-UNAG 网络的一部分，而该网络又是 SWISSAID 支持的一个名为"种子身份"（Seeds of Identity）的联盟组织的一部分。除此以外，种子银行和村社不属于任何其他系统或网络。

社区种子银行没有维护成本的记录。不过，建设和管理种子银行的劳动力成本由村社承担。PCaC-UNAG 提供了基础设施、设备、知识分享和培训活动的资源。预计 PCaC-UNAG 至少还会提供两年的支持。

由于缺乏鼓励保护本地遗传资源的政策，出现了遗传侵蚀和偏爱少数几个粮食品种，导致了一些品种的丧失。目前，像"种子身份运动联盟"（Identity Seed Campaign Alliance）等机构要求制定合理的法律法规，促进保护本地品种的种子。该联盟以网络的形式运行，游说那些在当地种子品种和生物多样性问题上具有影响力的人。联盟的成员包括生态农业促进小组（The Grupo de Promoción de la Agricultura Ecológica）、亚历山大·冯·洪堡中心（The Alexander von Humboldt Centre）、粮食与安全主权影响小组（The Grupo de Incidencia en Seguridad y Soberanía Alimentaria）、农业生态运动（The Movimiento Agroecológico de Nicaragua）、PCaC-UNAG 和 SWISSAID。后面两个组织为联盟提供了资金支持。

因此，为了促进增加和保护当地的农业生物多样性，政府正在考虑制定市政法规。有了法律框架便可以刺激本地品种的生产和消费，保护国家的基因遗传资源，并鼓励村社之间建立创新的组织来保护这些遗传资源。而其中一个重要的例子就是通过乡村和家庭种子银行来保存本地品种的种子。

26.6　成就和可持续性

种子银行的成员认为建立社区种子银行的重要性在于它将农户聚集在一起，形成了一个稳定的组织：农民团结起来互相帮助，并确定他们的团体目标；村社获得了国家乃至国际上的认可；种子银行成员觉得他们已经获得了独立。最初，这个小组计划恢复两个品种，如今已抢救恢复了 11 个品种。

总的来说，农民觉得他们现在不必到村社外寻找种子。创办这个组织的成员现在已经在家里有了自己的种子银行，而且有很多种子可供选择。农民更加自给自足，饮食品质得到了改善。据卡门·皮卡多所说：

以前人们不喜欢用黄玉米做玉米粥和玉米卷。现在他们正在尝试做这些食物，每个人都说玉米粥和玉米粉蒸肉非常好吃。年轻人再次珍视他们父母曾经失去的这些特色食物。

目前，种子银行会将多余的种子借给其他村社。种子的品质也得到了保证。农民正在推广参与式育种来改良 Carmen 这个品种。尽管繁育出来的种子在价格上很有竞争力，可以提高农民的收入，但从中期来看，风险在于低价的主粮将降低小农种植这种品种的兴趣。

现在社区种子银行面临的最大挑战就是在没有外部援助的情况下能否实现可持续发展。种子银行可以探索更积极的方式来进入本地和国家市场。然而，需要一个有利的立法框架来认可这些小农繁育的当地品种的种子，并承认他们在保护国家遗传资源方面发挥的作用。承认和尊重小农的种子繁育系统，激发地方交流，把多样性看作是一种潜力而不是弱点，对于国家体系是可以做到的。种子银行如果想要成为国际体系的一部分，那么农民群体必须熟悉信息和材料的管理与分发，并能够根据国际条约签署协议。

撰稿：豪尔赫·伊朗·巴斯克斯·塞莱东（Jorge Iran Vásquez Zeledón）

第 27 章　卢旺达鲁巴亚乡村基因库

鲁巴亚（Rubaya）乡村基因库坐落于卢旺达北部吉坤毕区（Gicumbi district）的鲁巴亚区（Rubaya sector），由昆迪库卡（Kundisuka）合作社管理。这个基因库最初是因一位名叫穆贝姆拉班齐·塞拉斯（Mpoberabanzi Silas）的农民和一名在鲁巴亚地区工作的农学家意识到需要对该地区正在流失的遗传资源（如多个菜豆品种、豌豆、玉米、小麦和高粱）进行保护而建立起来的。

该项目的实施获得了卢旺达农业委员会（The Rwanda Agriculture Board，RAB）人员及国际生物多样性中心（Bioversity International）（插图 18）的支持。基因库管理合作社成立于 2012 年 9 月，由大约 10 名成员组成，Mpoberabanzi Silas 担任董事。在针对最贫困人口的社会保护项目"远景 2020"（Vision 2020）之乌穆仁齐（Umureng）分项目和当地政府部门的支持下，乡村基因库的基础设施得以在当地修建而成。基因库的主要目的是储存当地主要作物（玉米、小麦、豆类和白马铃薯）的种子，但农民也可免费使用这些设施储存其他种子和种植材料。

因为乡村基因库尚处于成立初期，它在村社种子繁育或参与式作物改良等方面还没有产生明显的效果。不过，基因库成员的愿景是希望基因库能用于种子繁育，使人们通过当地村社和区域的基因库就能获得高质量的种子。这可以使乡村基因库转为获得卢旺达农业委员会认证的以经营为主的农民合作社。

27.1　功能和活动

乡村基因库有三项职能：保存当地作物的种子；协助农业技术培训；推广本地濒危品种或因农民采用改良品种而减少种植的品种。乡村基因库已经开始从邻近村庄的农民那里收集种子，并着手繁育可储存于乡村基因库的植物材料。起初，它只限于在总计 0.3hm^2 的 3 小块土地上进行繁育。如今，种植面积已扩展到 15 块地（0.85hm^2），种有多种菜豆、玉米、豌豆、豇豆、白马铃薯、番薯和高粱。

种植安排在每一季的头几天。在地区农学家和卢旺达农业委员会的帮助下，农民可对作物的病虫害和普遍长势进行监测。为保障有高质量的产出，他们坚持遵守良好的农业规范。卢旺达农业委员会为他们提供无机肥，用于添加在农家肥中。通常，农民是无法获得这种肥料的：它非常昂贵，因此在该地区没有供应商。卢旺达农业委员会也为种植各种豆类和高粱品种的农民提供技术支持，提供包括种植、除草、病虫害防治与采收后处理与储藏在内的培训。这种支持不仅提供给合作社农民，也提供给参与卢旺达农业委员会作物集约化项目中集约种植的农民。

在 2013 年 3 ～ 6 月的种植季，基因库种植的用于繁育的作物包括 3 块地中的豆类（丛生和蔓生）、3 块地中的高粱、4 块地中的白马铃薯（Mbumbamagara）和番薯(Utankubura)，以及 2 块地中的玉米和豌豆。平均一块地的面积大约为 0.15hm²。

番薯的种子是从农民那里获得的，而高粱的种子则来源于卢旺达农业委员会，白马铃薯的种子是在当地市场购买的。将种子繁育后，合作社计划也能为其他农民提供这些作物种子。乡村基因库在保护与利用被忽视和未被充分利用的品种方面起到了关键作用，如本地豆类品种 Kachwekano 和 Kabonobono，它们都很高产，但是因容易染病而被农民放弃了。

基因库面临的主要挑战是干旱。在 2012 年 9 ～ 11 月的第一个生长季，降雨不足毁掉了农民的作物，延迟播种也导致了部分损失。此外，基因库的成员必须支付运作成本，包括劳动力、土地租赁和农业投入。基因库有两名临时工，合作社每天支付 1000 卢旺达法郎（约合 1.47 美元）作为工资。他们是合作社的成员，愿意通过季节性地在公共土地上耕作来挣取这份报酬。合作社希望能增加会员并对村社动员提出了一些设想。

与该地区的其他合作社类似，乡村基因库由委员会管理，委员会由合作社成员选举出的董事、副董事、秘书、出纳员及两名顾问组成。委员会包括 2 名女性、4 名男性，目前正在制定管理人员的指导原则。合作社成员已经就一项机制达成共识，通过这个机制，他们可通过劳动来换取种子和种植材料。

27.2　技术问题和网络交流

按照传统的品种筛选方法，农民会在田间挑出比较健康的植物，并在上面绑上带子标记，以优选出高质量的种子。到收获时，合作社的工人将优选出的不同作物的种子做上标记，并分开储存。目前，还没有正式的系统用于记录传统知识、有关乡村基因库储存的本地品种的信息。有关所有品种名称、批次、播种日期、除草日期、施肥和收获日期的信息都是用笔记本记录，并按照活动和季节进行仔细区分。这些笔记本均由合作社秘书保管。委员会成员每月召开会议讨论问题，但主席可以在紧急情况下召开临时会议。会议记录由秘书保管。乡村基因库获得了来自卢旺达农业委员会与地区农学家的技术和道义支持。最近，它还收到国际生物多样性中心的小额赠款，用于购买货架、塑料容器、瓶子和杀虫剂。

乡村基因库与伊颂戈·Mw'.伊桑戈（Isonga Mw'Isango）青年合作社合作，并与一家关注农业的非政府组织卡里塔斯·卢旺德（Caritas Rwanda），以及卢旺达农业委员会等国家层面的农民及公共机构建立了联系。近期，合作社的成员还访问了乌干达的一家乡村基因库，与之分享经验并讨论豆类种子样品在采购、保存和储存过程中等有关基因库的管理问题。在访问期间，两国的农民与育种家和其他科学家一起开展了气候脆弱性及应对策略的参与式评估，并随后确定出适应气候变化所需的种质特征。他们还对所拥有的种子进行了参与式评估，以筛选具备这些特征的种子。最后，他们还对一种农民交换种子的机制进行了探讨。

27.3　政策环境和展望

卢旺达的土地集约化和单一优选作物集中种植的政策对基因库的活动产生了负面的影响，因为农民无法自由地种植本地作物品种。政府会给农民发放种子（改良品种）和肥料作为推动作物集约化项目的活动之一。不过，卢旺达农业委员会当局也会就如何平衡规定品种和自选品种种植的问题，为合作社委员会的成员提供建议。

乡村基因库投资 889 000 卢旺达法郎（约 1306 美元）用于建立并维护种子银行。这笔投资覆盖了土地租赁、购买种子和肥料，以及劳动力的支出。由于土地租金和农业投入的成本很高，基因库无法在没有外部支持的情况下运作。为了使基因库能实现经济独立和可持续性，农民需要更多的资金和技术支持，以便让他们可以拓展活动、扩大生产，并增加利润。

展望未来，乡村基因库已在国家层面与卢旺达农业委员会建立了联系，在区域层面上，也与乌干达国家农业研究组织（Uganda's National Agricultural Research Organisation）建立了联系，以获得技术支持。此外，基因库还需要在管理方面进一步加强。

撰稿：莱昂尼达斯·杜森格蒙古（Leonidas Dusengemungu）

泰奥菲勒·恩达恰伊森加（Theophile Ndacyayisenga）

格洛丽亚·奥蒂诺（Gloria Otieno）

安托万·鲁津达纳·尼里吉拉（Antoine Ruzindana Nyirigira）

让·鲁维哈尼扎·加普斯（Jean Rwihaniza Gapusi）

第 28 章　斯里兰卡坎达拉的哈里塔·乌达纳社区种子银行

28.1　建立和功能

传统上，斯里兰卡的农民一直都在使用传统、简单而有效的技术和工具收集种子并将其储存在自己家里。他们的储存设施包括：在房子外面，以 4 根木桩为基础，用黏土、竹子和稻草搭建的抬高式建筑，这类建筑主要用于储存谷物；在房子内部，一到两个房间用于储存，或者是在火炉上方屋檐下的阁楼处储存。然而，在过去的三四十年中，随着农业的商业化，许多农业村社已经放弃使用这些技术和工具。种子公司向农民施压，迫使其使用新品种，同时政府没有对维持本地多样性给予支持，因而农民普遍增加了引进作物和改良品种的种植。这导致了全国许多地区作物多样性的丧失。幸运的是，在不同的农业村社中，还有许多农民出于对社会文化及生态及经济价值的认同，而将一些传统的本地品种保留了下来。

位于坎达拉（Kanthale）拉结-阿拉（Raj-ala）的哈里塔·乌达纳（Haritha Udana）社区种子银行，是斯里兰卡种群生物多样性管理项目管理的 5 家社区种子银行之一（插图 19）。该项目由斯里兰卡的地方非政府组织"斯里兰卡绿色运动"（The Green Movement of Sri Lanka）发起并实施，与南亚以村社为基础的生物多样性管理项目合作，由地方生物多样性研究与发展计划（Local Initiatives for Biodiversity, Research and Development，LI-BIRD）进行协调。

哈里塔·乌达纳种子银行于 2011 年建成。该村社充分意识到了本地传统农作物品种和地方品种对可持续生产系统及营养、均衡膳食的重要性。同时，他们认识到了种子作为资源的价值，以及它们与当地农业系统间的联系。这些知识为种子银行的建立提供了坚实的基础。

社区种子银行由哈里塔·乌达纳村组织进行管理，该组织由拉结-阿拉农业村社创立。哈里塔·乌达纳社区种子银行在坎达拉区秘书处注册，秘书处为地方行政机构，种子银行也因此具有合法地位。起初，这个种子银行由 35 户农家组成，但如今，已经有 80 户成员家庭，以及约 20 户非成员家庭直接或间接从中获益。

社区种子银行提供储存空间储存几乎所有一年生作物和本地品种的种子，包括谷物、豆类、叶类蔬菜、药用植物及精选出的水果。农民可以借用种子并归还给种子银行。管理团队根据成员家庭菜园的大小决定可借出的种子数量。

借用者必须以所借种子 3 倍的量来返还借用的种子。自成立以来，社区种子银行的主要作用没有改变。种子银行也为参与式作物改良项目提供本地传统品种资源，如高粱、穆子和豇豆（*Vigna unguiculata*）。在改良项目中，农民种植这些作物并努力提高种子的收成。

来自萨伯勒格穆沃大学、坎达拉农业服务中心、伦古姆韦拉（Lunugamwehera）的普拉巴维（Prabavi）村社组织及斯里兰卡绿色行动组织的一些人员均从种子银行获取种子并分发给农民，以研究水稻、高粱、丝瓜、绿豆及其他作物不同品种间的形态差异。然而，国家基因库（斯里兰卡植物遗传资源库）还尚未从社区种子银行获得过种子或者遗传材料。

28.2 治理，管理和支持

哈里塔·乌达纳村组织全面负责管理种子银行并向成员派发任务及职责。执行委员会的委员每年从村社成员中经过选举产生。

村社组织负责确保储存种子的质量。不过，种子的筛选、清洁、储存与更新工作主要由女性来承担。在斯里兰卡，传统上女性承担了这些工作。一般而言，女性在村社组织中更为活跃。男性则更多地参与其他类型的劳动，如在村里或村外的建筑工地里做工等。目前，哈里塔·乌达纳村组织中已有66名女性和14名男性。

村社成员均可从种子银行借用种子，但必须按照既定的规则从他们的菜园或农场中选取高质量的种子偿还给银行。社区种子银行用玻璃和塑料瓶、陶罐和聚乙烯袋子来储存种子。储存容器的种类和尺寸则根据作物种类及种子数量来选择。

村社组织的所有成员和村社的所有农户（村内的）均可平等地从社区种子银行获取种子。但村社组织会优先考虑那些积极从事农业生物多样性保护和可持续利用的人。这样的规定能鼓励非组织成员与村社组织取得联系，并参与当地的种子保护活动。目前，在斯里兰卡以村社为基础的活动中，女性总是比男性更积极。

村社组织保存着种子储存和交易过程的手写记录：主要记录了种子的流入和流出。当村社收到种子时，一名执行委员会委员或代表就会更新记录。她/他还会跟进所有的种子储存信息，包括作物信息、品种、收获日期及储存日期，以确保种子银行顺畅运行。执行委员会通过月度会议、项目官员现场访问期间召开的特别会议、面对面的口头交流、公共场所的通知，以及在必要时采取电话通话等方式来保持与村社成员之间的互动。

斯里兰卡绿色运动组织自社区种子银行成立以来，就为其提供了免费的技术、资金和道义支持。政府机构，如植物遗传资源中心、在职培训学院和坎达拉种子农场也提供了技术与道义支持，帮助村社维护和改善种子银行，并扩大它的规模，使其成为充满活力的可持续的种子资源中心。斯里兰卡以村社为基础的生物多样性管理项目提供了初期的资金和非货币支持，包括技术培训和能力建设。资金主要用于购买村子里无法提供的建筑材料。其他建立种子银行所需的成本，如土地、劳动力和木材等，则由社区承担。

28.3　前　　景

迄今为止，社区种子银行取得的成果为重振因农业现代化而丧失的本地种子的生产奠定了基础。不过，社区种子银行现在仍处于初级阶段。

社区种子银行提高了本地和传统农业生物多样性的可持续性，同时有助于保证食物和营养安全，还改善了坎达拉结-阿拉农业社区的生计。如今，农村社区对农业生物多样性的重要性已经有了更广泛的认识和了解。例如，与之前相比，农民现在更清楚单一种植和复种之间的区别。社区种子银行在使村社认识到农业生物多样性的重要性中起到了关键作用，尤其是对于年轻人更是如此。这种认识促使村社成员去寻找、收集并在自家的菜园中栽培不同的作物和本地品种、同一作物的各个品种及其野生近缘种。同时，他们恢复了传统的预备和烹调食物的方法。种子银行还支持重新引入被现代农业所取代的传统和本地作物品种、被忽视的品种及野生作物（在林区和天然植被中发现的食用与药用作物）。此外，社区种子银行还作为村社的教育资源中心，在可持续性农业和粮食安全方面发挥着重要作用。

社区种子银行还改变了村社组织成员对本地传统作物品种和作物多样性的态度。种子银行的工作成果是重新收集并储藏了 9 种水稻、几乎全部的高粱、黄色绿豆和木豆品种。当有很多本地作物种类可供选择时，大多数村社成员很愿意主动去实现日常生活的自给自足。

表 28.1 所示的作物种子，以及苦瓜、蛇瓜和有棱丝瓜种子现已全年可用。村社正在确定未来的需求，以期增加种子储量，扩大储存设施和改善储存种子的质量，以便在不利的气候和环境条件下能更有效地使用这些种子。

表 28.1　可从社区种子银行获得的作物种子

作物	种类数	年交易量/g
裙带豆	3	850
豇豆	2	600
黑绿豆	1	2000
苋菜	2	100
菜豆	1	1250
绿豆	1	1000
葫芦	3	500
番茄	2	150
红辣椒	5	100

续表

作物	种类数	年交易量/g
南瓜	2	350
黄瓜	2	100
秋葵	1	290
高粱	3	1400
翼豆	2	400

通过社区种子银行和种子交易机制，哈里塔·乌达纳村作物种内和种间多样性（主要是村社组织成员自家的菜园）已显著提升。目前，菜园中平均有作物和药用植物 45～50 种，相比社区种子银行成立和种子交换流程制定前的 10～15 种，已经有了很大提升。大多数村社成员在家庭菜园种植了所有作物，且每种作物至少种植了两个品种。具有丰富农业生物多样性的家庭菜园为增加村社日常消费食品的多样性、提高粮食供应量与食品质量提供了实现途径。

在社区种子银行成立之前，人们平均每周会消费 5～7 种蔬菜和水果；现在，他们每周会消费 12～15 种蔬果。社区种子银行已经帮助人们降低了 15%～20% 的日常食品开销，大多数村社成员的蔬果费用节省了一半。此外，通过在村内外销售剩余的农产品，农民还获得了额外收入。如今，村社家庭的月平均收入约为 900 斯里兰卡卢比（7 美元）。

哈里塔·乌达纳社区种子银行还在发展之中。到目前为止，它对农业政策或农民权利的影响甚微。然而，它的成绩有目共睹，有望创造出一个能解决相关政策问题的环境。为维持社区种子银行的高效，哈里塔·乌达纳村组织必须有足够的资金和非资金资源。社区种子银行运作要靠团队的努力，这需要强大的能力建设、人力资源开发和财政资源支持，以减少其对外部资源的依赖。

社区种子银行发展所面临的挑战是技术和资金支持水平低。在需要的时候，难以找到合适的人才资源，还面临种子公司推动商业化农业发展所带来的持续压力。该国缺乏成功的社区种子银行示范，也让寻找正确的方向变得困难。

近期，哈里塔·乌达纳村组织的一些成员已经离开了社区种子银行。他们意识到了获得不受市场支配的种子的作用，开始在家庭层面维护个人种子储备。村社组织的成员担心，随着时间的推移，家庭层面种子储备的加强会降低村社组织的协同性和团体的凝聚力。加强现有机制以创造收入，如建立以村社为基础的生物多样性管理基金和以村社为基础进行种子繁育，可确保社区种子银行的活力。

撰稿：C. L. K. 瓦库姆比尔（C. L. K. Wakkumbure）

K. M. G. P. 库玛拉辛赫（K. M. G. P. Kumarasinghe）

第 29 章 特立尼达和多巴哥 SJ 种子收集人

29.1 目标和发展史

在多种原因的驱动下，我们的社区种子银行通过农业公司"农副产品 2007 有限公司"（Agro plus 2007，Ltd）注册成立了。其中一个原因就是我们希望保护本地的种质。另一个原因是希望获得种植材料，并为各个村社的农民提供能适应本地条件的最好品种。现在，种子银行隶属于一家私营企业"SJ 种子收集人"（SJ Seed Savers），这家企业开创了所有种子业务的先河。

由于我们生活在一个以多元文化习俗为特征的多民族社会（如在传统食物方面），我们一开始就意识到对各种作物品种的保护与可持续利用极为重要。保护品种和种类的多样性是 SJ 种子收集人的业务核心。我们所保存的一些品种已种植了很多代。鉴于我们关注本地品种和天然授粉品种的保护，我们所有的研究和开发行动都是通过与各家机构合作开展的，如农业与生物国际中心（CABI International），其设立的图书馆也为我们的研究提供了很多帮助。

我们创建种子银行的目的是为农民和在家种菜的人们提供种子，并且已在多个领域取得巨大进步。例如，通过安装制冷机，我们得以稳定种子的含水量，改善了种子的储藏条件；我们还专门用一块土地进行试验和选种。我们一直致力于建立农民团体，并通过我们的"脸书"（Facebook）账户将农民联系起来。我们也是一家民间基金会的一部分，该基金会自 2001 年成立以来一直与村社合作开展家庭园艺种植等项目。

种子银行运营的成效非常卓越，包括创收、与新农民团体建立工作关系，还通过与大学里的加勒比农业研究与发展研究院（The Caribbean Agricultural Research & Development Institute，CARDI）等研究机构合作来丰富知识。我们已与 100 多名农民一起开展试验，为 10 多名人员提供了种植及收割采集种子的兼职工作。

特立尼达和多巴哥还没有建立基因库，因此，保护遗传多样性是一场艰苦的战斗，它已经成为我们机构的终生目标。我们有志于进一步推动种子研发的教育，与加勒比农业研究与发展研究院的合作也给我们带来了很大的希望。作为一家机构，女性、男性和年轻人都是我们服务的对象。我们所有的教育项目对种子银行的每个人都是开放的。

29.2   功能和活动

种子银行选出不同种类的多个品种进行种植，将收获的品质最佳的种子提供给农民。通过适当的化学种子处理方式和一套包括制冷剂在内的存储系统确保种子在全年可用。我们还不断进行发芽试验以保证种子的活力。种子银行使用番茄、辣椒（甘椒）的家传品种，以及其他多种辣椒、茄子、南瓜、葫芦、菜豆、木豆、苦瓜和其他多种作物的种质。

由于饮食文化的改变，我们注意到本地品种和家传品种的味道已经没有那么受欢迎了。在某种程度上，我们已经可以通过面向小规模农业的家庭菜园项目重新引入这些品种。在女性就业受限的地区，菜园种植项目既有助于提供食物，也能维护作物的多样性。我们鼓励女性农民保存一些种子，并为其组织了短期的种子保存培训课程。对我们的种子银行来说，很明显，村社中妇女在本地品种和目前尚无市场需求的品种的保护工作中起到了举足轻重的作用。

每一种种子都会根据其批次和品种进行标注，并且我们可以通过记录系统监测并控制种子的储存、筛选和销售。我们储存了一些可能不会立即用到的物种，这些种质是为将来的发展而保存下来的。有时，它们会因出色的抗病虫害能力而被用作嫁接材料。

29.3   治理和管理

种子银行由农民和志愿者组成的各个小型委员会来组织。每个委员会都有其专门的职责：整地、成本预算、种植种子作物、收获及包装等。我们的责任是进行全面管理。种子通过我们的公司"SJ 贸易"来进行销售。SJ 贸易是一家依据《国际化学与生物制品质量标准》，为农民提供农用化学品、肥料和各种耗材的公司。SJ 贸易的利润与销售额会按一定比例用于管理及运营"SJ 种子收集人"公司的工作。

因正在开展的保护工作，我们获得了特立尼达和多巴哥负责作物开发和植物育种的主要种子机构加勒比农业研究与发展研究院的认可。这一联系使得我们的运营实现了现代化，并通过引进脱离机、烘干机，以及建设不受降雨影响、在可控环境下繁育种子的生菜种植温室而取得了更大的成就。我们还与全球有着共同兴趣的人们沟通交流。SJ 贸易通过将种子卖给农民和村社成员来支持种子银行的运营。我们有时也会因为 SJ 种子收集人公司及其合作者要开展的育种项目而购买种质。

在我国，除了种子的进口政策，并没有适用于我们工作的种子政策或法律。

因此，我们可自由地利用所拥有的资源发展我们的事业，并向他人学习。不过，只要在适合我们的情况下，我们欢迎任何形式的帮助。

29.4　技术问题

种子通过多种技术进行筛选、清洗、储存及更新。有些种子要根据收获时间或天气情况进行筛选。一些作物要种在温室中。有些种子被储存并保留亲本。我们按照传统文化来进行种子收集和人工采收。我们还教会村社的女性农民收获并优选种子。此外，村社的托儿所也依附于 SJ 种子收集人公司的经营场所。

我们运用多种技术来确保种子的质量，并持续监测发芽情况。我们使用一个日志系统来记录种苗的品种、农民的繁育申请及其他相关信息，还用一个记账系统来记录所有财务操作。因为我们培训年轻人认识到选种的重要性，青年项目也能为我们提供额外的帮助。

目前，我们正在为 SJ 种子收集人公司建立网站。现在还处于数据录入阶段，以便用计算机按照团队制定的程序对种子银行的所有工作进行全面监控。我们相信，这项技术能以透明、易操作的方式对作物品种、日程安排和账目进行跟踪，从而简化我们的工作。

29.5　成就和展望

我们已经对番茄、甜椒、茄子、秋葵、苦瓜、黄瓜、南瓜、辣椒等 10 余种作物种子进行了筛选，并为 100 多位农民提供了总重约 135kg 的种子。还为我们的种子储存设施建立了一个本地冷却系统，以保持合适的种子湿度，并尽可能做到密封储存。通过作物试验，我们成功地开发出了木豆、辣椒、秋葵等作物可以在干旱、洪涝和其他不良环境因素下都能有较好表现的品种。

由于各个村社都能获得更多的种子，因此现在产出的粮食有了剩余，并且质量和产量都有所提高。农民现在不仅可以自给自足，还能出售一些农产品。这对他们的经济情况也产生了积极的影响。

到目前为止，资金的稳定和运营的可持续性都完全依靠我们这两位创始人。然而，基于对工作的浓厚兴趣，我们决定为 SJ 种子收集人公司建立一个新的组织结构，让其能更高效地运作。该组织架构包括经理、助理经理、秘书、助理秘书、公关各 1 名，以及理事、委员会成员和普通成员各 3 名。只要能满足植物检疫等的相关国际标准，我们愿意与世界各地的种子银行合作，交换新的种质资源用于研发。作为一家机构，我们期待能在未来实现或推动种质和遗传资源的多样化。

29.6　致　　谢

　　我们要感谢国际生物多样性中心（Bioversity International）给予 SJ 种子收集人及我们的国家——特立尼达和多巴哥这个机会，让全世界知道，我们有热情也有决心肩负起这一崇高的使命。要为了我们的后代保护我们的本地品种和我们的世界，也要确保此时此地我们粮食质量的可持续性。

撰稿：耶松·蒂卢克（Jaeson Teeluck）

萨蒂·布杜（Satie Boodoo）

第30章 乌干达基齐巴社区种子银行

30.1 种子银行的起源

基齐巴（Kiziba）社区种子银行成立于 2010 年，位于乌干达谢玛（Sheema）基齐巴行政区的卡布沃赫（Kabwohe）。通过座谈会和家庭调查发现，一些大豆品种的数量正在减少，并且一些大豆品种在本地区已经不再种植。因为大多数的农民依赖与同行、商店和市场进行交换获得种子，所以获得高品质的种子是一个难题。由于这些交换的资源缺乏可靠的质量控制，种传病害在该地区快速蔓延。农民也表达了他们需要一个可以暂时储存目前在市场、田间和口感上并不受欢迎品种的设施，以便满足将来不可预知但当前并不重要的需求。通过举办一系列与农民交流的会议，乌干达植物遗传资源中心（Uganda's Plant Genetic Resources Centre）与国际生物多样性中心（Bioversity International）牵头建立了社区种子银行，将有助于解决上述问题，并且可以为农民提供多种可利用的资源及当地常见的大豆种子。

30.2 种子的供给途径

在国际生物多样性中心和乌干达国家农业研究组织的技术支持，以及联合国环境规划署全球环境基金（The United Nations Environment Programme's Global Environment Facility，UNEP-GEF）的财政支持下，农民开始着手储存种子并且形成了种质库的起始资本。第一批受益者大约有 100 个农民，他们归还了所借种子两倍数量的种子，而这种情况在随后的几个季节中还会持续。截至 2012 年，共有 200 个农民从种子银行中受益，至今已经有 280 个农民从种子银行中获得了常见的菜豆（*Phaseolus vulgaris*）品种，而有些种类的大豆种子已经供不应求（插图20）。社区种子银行管理委员和受益的农民不仅种植从种子银行得到的大豆种子，而且通过认真观察他们所种植品种的生长情况来丰富他们的知识，也承担着记录来自菜园、商店、市场及食用过程中不同种类大豆详细特点的任务（表 30.1 和图 30.1）。

表30.1 种子银行中可利用的常见大豆品种的特点

种类	农户偏爱的原因	缺点
Nambale long（Kachwekano）	市场价值高、能适应不利的气候条件、口感好、可以长时间储存且不被象鼻虫破坏	成熟期较晚（4个月才能收获）
Nambale short	市场价值高、能适应不利的气候条件、口感好、可以长时间（4个月）储存且不被象鼻虫破坏	
Yellow short	口感好尤其是烹饪katogo（混合了大豆、香蕉、木薯或甘薯的一种食物）、早熟（两个半月可收获）、外种皮软、烹饪时间短（1.5h）	易遭受象鼻虫的危害
Kankulyembarukey purple	口感好尤其是烹饪katogo（混合了大豆、香蕉、木薯或甘薯的一种食物）、早熟（两个半月可收获）、外种皮软、烹饪时间短（1.5h）	易遭受象鼻虫的危害
Kabanyarwanda	在贫瘠土壤生长良好、适用于烹饪汤食、能适应不利的气候条件	种子小
Gantagasize	高产、适用于烹饪汤食、烹饪时间短、种子在烹饪后仍可以保持完整	
Kabwejagure	在贫瘠土壤产量较高、能适应不利的气候条件	
Yellow long	高产	未能市场化；烹饪质量差，汤黏稠，过夜存放易坏
Kiribwaobwejagwire	高产、能长时间（4个月）储存且不受象鼻虫的破坏	种皮坚硬，烹饪时间长（4h）
Kanyamunyu	高产、能长时间（4个月）储存且不受象鼻虫的破坏	种皮坚硬，烹饪时间长（5h）
Kakurungu	口感好、早熟（两个半月可收获）、外种皮软、烹饪时间短（1.5h）	易遭受象鼻虫的危害
Kanyebwa	口感好、早熟（两个半月可收获）、外种皮软、烹饪时间短（1.5h）	易遭受象鼻虫的危害
Kayinja	口感好、早熟（两个半月可收获）、外种皮软、烹饪时间短（1.5h）	易遭受象鼻虫的危害
Mahega short	早熟（两个半月可收获）	
Kahura short	早熟（两个半月可收获）	
Kahura long	高产、能长时间（4个月）储存且不受象鼻虫的破坏	种皮坚硬，不利于烹饪

　　通过一系列的培训会议，农民了解了大豆象鼻虫的生活周期，同时通过争取缩短收获和晾晒种子的时间来减轻种子在处理并储存到种子银行之前过程中受到的伤害。

　　刚开始，每个季节的种子储存量都在稳定增加，因而种子银行得以平稳运行。然而在2012年7月，由于降雨量和日照情况发生了变化，影响了大豆的生长，有些品种甚至灭绝。对于幸存下来的其他品种，总的收获量要比总播种量低10%左右（图30.1）。在卡布沃赫（Kabwohe）、纳卡塞克（Nakaseke）和卡巴雷（Kabale）

的种子繁育点,以及国家种质库所属的植物遗传资源中心的所在地恩德培(Entebbe)都有上述情况发生。种子银行中心储存的品种从最开始的 49 个品种减少到现在的 35 个。有 14 个品种没能在 2012 年的种植季节存活下来,很可能是由于这些品种不能适应天气的变化。

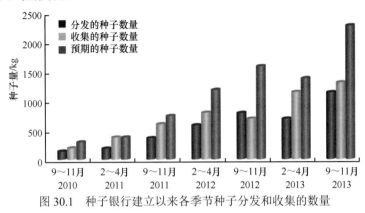

图 30.1　种子银行建立以来各季节种子分发和收集的数量

没能存活下来的 14 个大豆品种是从处于高海拔地区、拥有不同农业生态环境的卢比亚(Rubaya)繁育点引进的攀爬型大豆。造成这种损失的部分原因可能是基齐巴的农民不愿意种植攀爬型大豆,因为种植这些大豆必须打桩,而这一过程在农民看来是在增加他们在劳动力和购买木桩所用资金方面的额外负担。种子银行管理委员会针对这一情况在实时监测和记录,并汇总了导致这些品种消失的真实原因。农民也表示很担忧气候的异常变化,尤其是一些季节长时间干旱和降雨量很少,他们也很关注这种异常气候对社区种子银行产生的影响。灌溉可以缓解缺水的状况,但是对于生活在这一区域的大多数农民过于昂贵。

30.3　运　　作

种子银行按基齐巴受益社区制定的规章制度管理。种子银行的管理委员会由种子银行管理员、档案管理员、分发管理员、质保管理员及 4 个流动工作人员组成。种子银行管理委员会在自愿的基础上运行,有可能会限制工作人员的积极性,尤其是当种子产量平稳增长导致工作量增加时。种子银行管理员主要负责种子银行的整体运作;档案管理员主要负责保管记录;质保管理员负责确保优质的种子得以引入、保管和储存;分发管理员负责种子的分发工作。流动工作人员的任务是确保农民从种子银行顺利拿到种子,并用部分收获偿还所借的种子。农民不仅有机会得到多种普通的大豆品种,而且可以享受来自国家农业研究组织和国际生物多样性中心所提供的培训。在其他形式的农业实践活动中,农民学会了怎样繁育优质的种子,以及怎样处理收获后的种子。

在每年的种植季开始，向农民分发完种子后，由质保管理员领导的管理委员会成员会监测农场以确保所推荐的农艺实操措施能得到实施。农民必须实施这些实操措施，然而有些农民不愿意这样做，也有其他农民曾因贫瘠的土壤和不利的气候条件导致种植失败以致不能收获足够的种子归还种子银行。其中也存在少数情况是因为种子质量不过关而被管理委员会拒绝收入到种子银行中。因此，农民和分发管理员不仅要负责种子的分类拣选，还要对归还的种子数量进行记录，此外种子银行只接收干净的种子。

管理委员会确保存放在种子银行的种子能使用当地制作的有机材料进行合理的储存，这种材料主要是牛粪燃烧后的灰烬，按每千克大豆混合 25g 牛粪灰烬的比例储存大豆种子。因为这种技术的储存有效期和效力都还不明确，所以管理委员会亟待与植物遗传资源中心和国际生物多样性中心共同调查这种方法能否发挥作用。管理委员会也表示有兴趣了解更多关于种子保管与储存的方法。

30.4   治   理

种子银行目前的运作由国际生物多样性中心和植物遗传资源中心提供技术支持，由管理村社的成员自发进行管理。种子银行的管理委员会成员一般由委员会在年度常务会议上统一任命，任期为两年。委员会的选举由行政区的长官主持。常务会议在每年收获季结束，同时在收获和将种子返回给种子银行后举办，以让所有的农民都能知道有多少种子返回到种子银行，并就下一季度的种子发放量达成一致意见。农民在播种前两个月通过流动工作人员申请种子，并且受益人要得到管理委员会的批准。分发种子的数量取决于返回种子银行的种子数量。

30.5   建立种子银行的支出

建立种子银行花费了 4633 美元，装修花费了 612 美元。剩下的 3312 美元用于支付会议开支，会议的目的是发起新的计划并付诸实践，以及培训农民怎样运作种子银行，并进行能力建设。这些建设获得了联合国环境规划署全球环境基金（UNEP-GEF）和瑞士发展公司的支持，国际生物多样性中心通过国家农业研究组织提供了资金。种子银行的运作仍然基于志愿工作，但是关于怎样建立业务部门去销售种子获得收入，同时维持免费提供种子给小农的初步想法仍然处于讨论阶段。

30.6   连接和网络

在连接和网络方面目前已经取得了很大的进展，并且现在引起了附近地区的关注。国家农业咨询服务机构已经要求基齐巴种子银行提供种子给布韦朱（Buhweju）和米托马（Mitoma）的周边地区，并帮助其他农民团队在其他地点建立种子银行。这项活动为其提供了一次合作的机会，不过现在种子的繁育量还不能满足基齐巴的需求，就目前情况来看，这一合作还是个挑战。团队已经就在不牺牲种子质量的前提下怎样提高种子产量展开了讨论。他们希望在继续维持为小农提供免费种子服务的同时，在向中等规模企业经营过渡的过程中得到更多的技术支持。该团队希望进一步在商业计划和管理、财务管理、市场策略及其他功能方面加强能力。

农民已经与种子综合发展项目（The Integrated Seed Sector Development Programme）的一些官员进行了讨论，该项目致力于发展本地种子的可持续性商业贸易并探索合作的可能性。由于认识到种子银行所做工作的贡献，种子银行经理被选举为乌干达西南部谢玛区多方参与种子平台的代表。在植物遗传资源中心的技术支持下，社区种子银行的工作人员与位于恩德培的国家种子银行保持紧密的合作。该中心保留了基齐巴种子银行种子的复本，并且将种子银行与一些国际支持联系起来，如种子银行获得了国际生物多样性中心的资助。为提高知名度和获得更多的合作机会，基齐巴社区种子银行团队也开始参与一些工作，如在国际世界粮食日及多样性展览会上进行展示。

30.7　政策和法律环境

种子银行在地区层面注册为一个种子繁育组织，并遵循不同的政策来运作，但是目前正处在复审中的《国家农业种子政策（草案）》（The Draft National Agricultural Seed Policy）（2011 年）将是影响其运作的主要政策。该政策规定了对种子产业调控的方式，以及包括农民在内的种子产业中不同参与人员的角色。《种子和植物法案》（The Seed and Plant Act）（2006 年）作为一个法律框架，规定了如何促进、管理及控制植物育种和品种发布、种子扩繁和市场经营、种子进出口和种子及植物材料的质量保证。《种子和植物监管条例》（The Seed and Plant Regulations）（2009 年）则为该法的实施提供了指导方针。《粮食和农业植物遗传资源国际条约》及多边体系（The Multilateral System）也对种子银行在国际体系准入和惠益共享方面做了规定。基齐巴种子银行的成员在与世界上其他组织之间合作和惠益共享方面表现出很高的热情。

30.8　成　　就

种子银行从刚开始的 100kg 种子起步，在短短 3 年的时间里，它已经分发出超过 3000kg 高质量的常见大豆种子。同时从中受益的人数从 2010 年少于 100 个农民增长到 2013 年的 280 个农民，并且其对大豆种子的需求超过了一些其他品种的供给。

一些农民成员已从能力建设的活动中受益，这些活动包括常见大豆品种繁育、收获后处理、种子分拣、保存及病虫害防治的培训。他们也开始学习商业管理，以期将种子银行发展为一家企业。

该团队与其他地方参与种子活动的农民团队共享了知识、信息和经验。例如，与来自乌干达密支那（Mityana）的农民协会和来自卢旺达鲁巴伊（Rubaya）的库辛杜卡（Kusinduka）农民合作社进行了交流。除此之外，他们对《粮食和农业植物遗传资源国际条约》中关于粮食和农业方面问题的认识也有所深入，同时学会了如何与其他国家由农民运作的社区种子银行交换种质。

30.9　可持续性和前景

种子银行如果成为一个可盈利的企业，则具有可持续发展的能力。例如，农民可以通过销售种子、教授其他想要通过同样方式参与种子繁育的团队来获取经费，与其他一些组织合作也可为种子银行的长远发展提供更多的机会。对多边体系的展示和宣传也为种子银行提供了与其他国家合作的机会，增加了农作物的多样性并且获得了科技和资金的支持。

撰稿：穆伦巴·约翰·瓦斯瓦（Mulumba John Wasswa）

罗斯·南克亚（Rose Nankya）

凯西·基武卡（Catherine Kiwuka）

乔伊斯·阿多科拉克（Joyce Adokorach）

格洛丽亚·奥蒂诺（Gloria Otieno）

玛乔丽·基奥穆吉沙（Marjorie Kyomugisha）

卡洛·法达（Carlo Fadda）

戴夫拉·I. 贾维斯（Devra I. Jarvis）

第31章　美国"本土种子/搜寻"计划

31.1　目标和核心业务

美国西南部和墨西哥西北部（所谓的"大西南"）组成了北美洲一片干旱地区，它极具自然和文化之美，有着丰富的本土农业传统，但也面临最为严峻的粮食安全问题。因为认识到该地区的独特文化和农业多样性遭受的破坏正在日益加速，几位有识之士聚在一起，于1983年建立了非政府组织——"本土种子/搜寻"（Native Seeds/SEARCH）。该机构的总部设在亚利桑那州图森市，旨在采取迁地保护和就地保护相结合，并开展有针对性的公共教育策略，通过保护、记录和推广大西南地区的适应作物多样性及相关文化知识，改善这个地区的粮食安全及主权。

该机构的工作核心是实施一个迁地保护项目，围绕其种子银行和24hm² 的保护农场活跃地开展各类活动。种子银行收集了1900种驯化作物及其野生近缘种，代表了该地区50多个土著民族及拉美裔社区和英裔定居者的农业与民族植物学遗产。由"本土种子/搜寻"组织保护和推广的作物品种具有耐旱、耐热并能适应贫瘠土壤的特点，对大西南恶劣的干旱条件具有独特的适应性。在这个气候变化和荒漠化的时代，这些品种对世界的重要性将日益凸显。在"本土种子/搜寻"组织开始收集之前，这些作物中有很多濒临灭绝，它们所具备的遗传特性和文化作用也几近消失。

种子银行收集的种子中，大部分为本地品种，主要有玉米、菜豆属和南瓜属的多个种类。总的来说，有超过100种植物，包括索诺兰稗草（*Panicum sonorum*）等一些有潜力但被忽视的作物。种子在种子银行56m² 的冷室（温度为7℃，相对湿度为25%）进行短期储存，或置于11m² 的冷冻室（温度为–18℃）进行长期保存。保护农场定期使用标准技术对这些种子进行繁育，以保持遗传多样性和纯度。"本土种子/搜寻"的农场也一直是该组织分配用种子的来源，也是其实现研究和教育功能的重要场所。

"本土种子/搜寻"组织认识到如不对作物多样性加以利用，就无法体现其价值，并且，不断提升作物的多样性和适应性对于保持任何一个农业系统的长期恢复力与可持续性都必不可少，因此该机构积极地将收集到的种子广泛分发给大西南甚至更远处的农民和园丁。目前，除农场规模经营所需的有限的批量操作量外，每年还派送出5万多个包裹。分发出的种子除了当地品种，还补充了一些作物的家传品种，它们虽然并不是大西南地区的传统品种，但该地区的农民常常在找这类种子。这一战略带来的额外收入用于支持机构的保护工作，增加了当地可用作物的多样性并增加了向公众推广的机会。

"本土种子/搜寻"通过几条渠道分发种子。种子在图森市的一家零售店出售（零售店同时成为组织与公众之间的重要桥梁），还通过网店、产品目录、当地杂货铺和苗圃来批发销售。"本土种子/搜寻"最重要的一个项目就是美洲原住民免费种子项目。它免费为该地区的原住民提供种子，以支持本土农业并分享广泛使用本土作物多样性所带来的好处。免费种子项目每年分发约5000包种子。"本土种子/搜寻"也通过其村社种子资助项目将种子捐赠给整个地区的教育、营养或社区发展项目。

提供获得各种种子的途径并不足以建立起稳健的地方种子系统。另一先决条件是，具备如何种植并利用作物、如何保存种子并用简单的育种方法提高作物的适应性及改良品种的知识。因此，"本土种子/搜寻"在公共教育上投入了大量的精力。该组织的旗舰教育项目就是通过种子学校提供为期一周的课程，以帮助个人和村社构建有复原能力的种子系统（插图21）。"本土种子/搜寻"还以提供免费系列讲座、开放种子银行和农场供公众参观，以及在不同场所进行展示说明等形式来提供公共教育。

31.2 治理和支持

"本土种子/搜寻"由志愿者董事会管理，由其为执行董事提供指导，让执行董事来负责监督机构实现其使命及对员工进行监管。截止到本书撰写时，机构共有16名员工，分别承担保护、分配、开发、教育及管理的工作。除了正式员工，机构还依赖村社的大量志愿者所提供的支持。志愿者在诸多方面协助农场进行种植，不仅清洗、包装种子银行的种子，还在零售店和其他地方各种工作的各个方面提供协助。

"本土种子/搜寻"在多个方面接受经济支持。作为一家由成员支持的非政府机构，来自其会员（目前约有3000户家庭）及非会员的捐赠约占到其收入的1/3。还有1/3的收入来源于种子、大西南地区粮食产品、原住民手工艺品及相关产品的销售。机构剩余的财务需求则通过私人或企业基金、部落社区或政府实体来满足。

31.3 成就和未来方向

"本土种子/搜寻"在其成立的最初30年内取得了很多卓越的成就。最明显的也许就是，种子银行通过收藏种子保护了大量独特的作物。这些作物中有许多曾濒临灭绝，若不是有种子银行，它们今天可能已经消失。种子银行不仅减缓了多样性的消失速度，还尽可能地保存品种的多样性以便让它们能被更容易地获取。

种子银行已经帮助很多品种在其起源村社里恢复种植。还有一点或许看起来不够具体，但同样重要，那就是"本土种子/搜寻"的创举在于它提供了一个区域种子保护模式，给其他地方开展的工作以启发，并且在大西南及更广泛的区域将作物多样性的重要性带入公众视野。

过去取得的成就及现有的项目都显示了"本土种子/搜寻"活动的广泛性及其影响的深远程度。通过马德雷山脉项目，它与墨西哥北部西马德雷的拉拉穆里人（Rarámuri）密切合作，支持他们的传统生计，包括他们丰富的农业系统。"本土种子/搜寻"还帮助亚利桑那州建立起一个植物保护区，对野生辣椒（甜椒）开展就地保护。这是美国此类保护区的第一例。它还建立了传统美国原住农民协会（The Traditional Native American Farmers' Association），在美国为原住农民的工作提供联络平台和支持。此外，它还开展了糖尿病沙漠食品项目（The Desert Foods for Diabetes），为肥胖或患有糖尿病的人群提供有关野生和驯化大西南地区沙漠食品益处的教育。迪恩文化记忆库（Diné Cultural Memory Bank）项目则制作了一档教育节目，教授迪恩儿童有关传统农作物和种植实践的知识。"本土种子/搜寻"近日在亚利桑那州成立了第一家种子收藏馆（一家可免费交换种子的小型村社种子银行），提供种子和相关教育，帮助该地区的其他人建立种子收藏馆。它还在图森市 8 家公共图书馆建立起种子银行网络。"本土种子/搜寻"近期还帮助恢复了一个名为 White Sonora 的本地传统小麦品种，为推动亚利桑那州南部重建当地的粮食经济做出了贡献。

在许多方面，"本土种子/搜寻"发展出的区域种子保护模式都被证明是成功的，然而仍有许多工作要做。机构采取了种子集中繁育和分配使用的模式，虽然在某些方面有效且高效，却未能使整个村社充分参与区域作物多样性管理工作，所以没能充分发挥适应性及恢复力方面的潜力。而且，对"本土种子/搜寻"所管理的适应沙漠环境种子的需求日益增长，对机构繁育足够数量和种类种子的能力提出了挑战。总之，上述及其他的考虑因素都强调了应建立更为分散的、由村社主导的区域种子繁育、分配和教育方式，同时应辅以强有力的种子储备及交换机制。我们希望能在这个区域建立起包含多家社区种子银行和种子收藏馆的综合网络，"本土种子/搜寻"能在其中起到有价值的支持作用，同时具备了由获得赋权的担任种子保管者的农民群体所组成的坚实基础。

撰稿：克里斯·施密特（Chris Schmidt）

第32章 布隆迪基隆多社区种子银行和救济世界饥饿组织项目

32.1 目标和发展史

救济世界饥饿组织（Welthungerhilfe）在布隆迪北部基隆多省的项目关注了种植季节的种子可及性问题。农民在家中因为储存不善而损失了许多种子，失窃也很常见，还有一些农民缺钱的时候往往把种子卖掉。结果是许多家庭不能从自家的收获中留种，而不得不在种植时依靠外部的种子资源。基于现有的种子繁育计划和个人经验，救济世界饥饿组织的项目负责人和国别主任开始建立种子银行。这类设施可在收获期间作为储存设施，但更主要的是可作为种子银行，一举两得。收成的一部分被储存起来，以确保下一种植季节能有足够的种子，并且通常可将一部分出售给贸易商。这些储存设施在基隆多称为"伊基加鲁桑吉"（Ikigega rusangi，意为"村社粮仓"）（插图22）。

救济世界饥饿组织制定了储存设施的建设计划和针对这些设施的管理培训项目。这一计划和方法后来启发了包括救济世界饥饿组织在内的2015年联盟合作伙伴、比利时技术合作（The Belgian Technical Cooperation）、欧盟在布隆迪的支持计划，以及"冲突后农村发展项目"（Programme Post-Conflit de Développement Rural）等来投资建设种子银行。目前已建立了几家种子银行，并且当地政府正在为它们启动支持计划。最初，每家种子银行只有不到50名农民参加，储存的作物也只有几种。但如今，参与的农民人数已显著增加：现在有14家种子银行，每家都有300～1000名农民参与，这些种子银行仍然依照最初的设计计划来运作。近期，各种子银行已在公证机关正式注册。

建设一个附带设备的15m×10m的种子银行和一个10m×10m的发芽储存区的成本约为2万欧元（约27 740美元）。这些资金由救济世界饥饿组织项目提供，并与德国联邦经济合作部（Germany's Federal Ministry for Economic Cooperation）共同提供配套资金。运作和维护费用估算为所储种子价值的5%，或约为每家种子银行每季度1000欧元。目前，尽管并未得到救济世界饥饿组织进一步的直接资金支持，但这些种子银行也都运行正常。

种子银行的所有成员均需一次性支付订购费。每家种子银行收取的费用各不相同，为1000～5000布隆迪法郎（0.65～3.23美元）。种子银行的成员必须将他们储存种子数量的 5% 贡献给种子银行，管理委员会将其出售以支付运作成本。救济世界饥饿组织的行政和监督费用则不由村社来承担。

32.2　功能和活动

种子银行储存粮食和种子，确保粮食安全和下一种植季能有足够的种子用于种植。另一功能则是对种子进行适当的保护并防止盗窃。种子银行储存了豆类、玉米、大米、马铃薯、高粱、洋葱和木薯。马铃薯和洋葱是新近被引入这个地区的，种子银行也为这两种农作物建造了专门的储存区。

种子银行还带来了重要的间接影响：其帮助规范了小农的种子和粮食价格。这种影响在 2011 年体现得尤其明显，因为当地政府禁止农民向贸易商出售主粮作物，以确保农民能保存作物供个人使用，同时能留下最低限度的种子储备。这一政策对种子银行也产生了重大影响；种子银行在 2011 年的种子使用量增加了 40%，并在接下来的几年中一直持续增长。这 14 家种子银行目前储存量为 500 ～ 700Mt。

所有种子都来自本地作物。农民将一部分收获储存在种子银行中，以确保他们在下一个种植季有种子可供播种。种子银行在村社的粮食和种子生产体系中发挥着非常重要的作用。随着时间的推移，作物产量的增加使农民可以获得更多的种子。种子质量与个人储存时相比有所提高，如通过在种子银行进行适当的烟熏处理，象鼻虫感染率已大幅降低。种子银行还承担了教学的功能：农民可以聚集在种子银行中交流经验。不过，在对所储存产品和设施进行良好管理方面，仍然存在挑战。

32.3　支　　持

起初，村社获得了建立种子银行的资金和技术援助。管理团队接受了管理和设施运营、烟熏消毒材料、基本家具和文具、行政培训和创收活动方面的小额资助。种子银行成立后，这些支持逐步减少，改为监督访问和提供进修培训课程。随着该地区不断取得新的进步发展，救济世界饥饿组织的工作人员将提供后续能力建设支持和设施改善资金。

目前，种子银行主要维持内部人员之间的非正式接触和经验交流，因为农民很少有机会同他们村社之外的人员进行交流。不过，救济世界饥饿组织已经与区域层面的机构和农作物研究机构建立了联系。这种联系也帮助种子银行获得了国家层面的认可。布隆迪政府已采取了初步措施，制定了必要的法律法规，支持将农民组织成立为合作社。而这也对种子银行产生了一定的影响（见下文）。目前，种子银行与国家基因库还没有建立正式联系。

32.4　管理和合作

所有种子银行的成员都是小农，他们可以使用其所在地的种子银行设施。男女均可使用。在布隆迪，男性和女性在农业方面没有特定的角色分工。有时夫妻一起在田间工作，有时只有女性在田间工作。土地面积是一个重要的因素：基隆多有 20% 的农民土地面积小于 $0.8hm^2$。家中通常是女性在土地上耕作，而男性则去其他地方工作，如去大地主家做工或成为骑着自行车走街串巷的小商贩。布隆迪社会正在发展，社会性别的问题也受到越来越多的关注。

从种子银行中提取储存的粮食和种子需要遵循成员在种子银行首次建立时所制定的行为准则。在一些种子银行，成员提取时要求丈夫和妻子同时在场，或者至少要提供缺席配偶的书面授权。这条规定是为应对当地普遍存在的一夫多妻制问题。有两个或两个以上妻子（通常是两个，其中一个为非官方登记的）的男人经常会将大老婆的收获取出来给小老婆。还有人说，男人会在妻子不知情的情况下，把粮食拿去卖了买酒喝。

种子银行既储存成员个人的储备，也会出于整体管理目标而对每种作物的种子进行储备。储存材料记录由选举产生的委员会保存。

在由选举产生的管理委员会的指导下，成员负责种子银行的日常运营，救济世界饥饿组织工作人员也提供后备支持。成员以口头交流来传递信息，并且组织定期会议。处理成员与管理层的挪用公款和不信任问题是个挑战，已经对一些社区种子银行造成了影响。目前，所有种子银行都正式注册为合作社，期望这种"官方性质"能有助于提高管理团队的工作能力。救济世界饥饿组织将继续进行政策和法规方面的倡导，推动种子系统能为小农提供更多支持。近期，救济世界饥饿组织正在向管理合作社的政府部门倡导对种子银行的管理架构给予认可，因为这种架构是在救济世界饥饿组织的帮助下建立起来的，并且其管理委员会也接受该组织的培训。

救济世界饥饿组织与布隆迪农学科学研究所（The Institut des Sciences Agronomiques du Burundi，ISABU）合作，对各种马铃薯品种进行试验，最终选出一个品种，然后通过提供给愿意参与的农民试种及繁育，而后在该地区进行推广。目前，还有一些农民仍然在种植马铃薯，尽管种植数量较少。种子银行还设计有第二个储存区，专门用于马铃薯种子的发芽；而干燥机主要用于干燥通过另一救济世界饥饿组织项目生产的洋葱。在布隆迪农学科学研究所的参与下，救济世界饥饿组织通过帮助一些农民与其他省份已有马铃薯种子生产经验的农民建立联系，从而支持马铃薯生产活动持续开展。

位于内罗毕的国际半干旱热带作物研究所（The International Crops Research Institute for the Semi-Arid Tropics）为救济世界饥饿组织项目提供了改良花生、木豆和一种禾草（*Elusine*）的种子，这些种子更适应干旱条件，且生长周期短。救济世界饥饿组织进行田间试验，种子银行则进行种子储存。目前，已经有一些农民在种植花生品种。

赛利安地区研究中心（The Celian Zonal Research Centre）是一家位于坦桑尼亚的研究机构，它负责引进和推广另一种在田间试验中表现出色的抗旱作物——山药。尽管有越来越多的农民开始种植，但基隆多了解这种作物的人并不多。这类植物没有特殊的保护性储存要求，因而并未储存在我们的种子银行中。据我们的农学家说，在这个地区山药比马铃薯更具潜力。救济世界饥饿组织还与联合国粮食及农业组织（FAO）、布隆迪农学科学研究所和天主教救济处（The Catholic Relief Service）合作，在该地区引进抗木薯病（主要是花叶病毒）的植物。

32.5　政策和法律环境

基隆多省的农业和畜牧业发展厅（The Direction Provincial d'Agriculture et Élevage）向救济世界饥饿组织项目伸出援手，它在种子银行管理委员会成立期间提供了帮助，增强了农民建立社区种子银行的意识。它还为种子银行管理委员会的组建提供了帮助。在救济世界饥饿组织的所有项目中，其都与基隆多省农业和畜牧业发展厅外勤人员密切合作：他们在每座"山"（hill，布隆迪最小的行政单位）有一名农业推广工作者；在每个"公社"（commune）有一名农艺师。

新的布隆迪国家农业政策（《国家农业投资计划》，Plan National d'investissement Agricole，2012—2017 年）强调了布隆迪农业部门和小农在确保粮食安全与减贫方面的重要性。为农民合作社提供支持是提高农业生产力和推动粮食流入市场的一种手段。种子银行可以从这种支持中受益。迄今为止，基隆多是唯一一个省级农业投资计划获得批准的省份。种子银行的建设和发展就是该计划的一部分，预算拨款为 187.5 万欧元（15 个单位，每家拨款 12.5 万欧元），占基隆多农业投资总预算的 2.7%。

目前，所有救济世界饥饿组织建立的种子银行的成员都接受了有关建立正式合作社（或至少是注册协会）方面的培训，包括宪法、会员资格、福利、权利和义务等培训。所有单位已经针对其特定结构提交了一份计划，并引入了经公证人认可的书面规定。他们现在正在等待政府批准其注册。救济世界饥饿组织一直与布隆迪共同发展部（The Burundian Ministère du Développement Communal）密切合作，建立种子银行并培训其成员，使其成为正式注册的合作社。

32.6　成果和展望

总体上，由于种子银行的建立，作物多样性增加了；新引入该地区的马铃薯和洋葱现已投入种植。种子银行的设施和种子繁育项目让种子银行全年都能提供种子。成员家庭的食物供应量和质量均有所提升。尽管我们没有精确计算，但社区种子银行的工作已经使成员家庭的收入有所增加。参与省级合作活动还会进一步加强种子银行的工作。新的布隆迪农业投资计划给了我们增加农业投资的希望。国家计划关注的重点是提高小农的能力，确保国家粮食安全。在这个背景下，尽管短期内还暂时无法实现，但对农民进行能力培养、对农业基础设施和网络建立的进一步投资或将促进国家（甚至国际）种子银行系统的建设。

撰稿：麦克里斯琴·恩根达班卡（Christian Ngendabanka）

戈德弗鲁瓦·尼永库鲁（Godefroid Niyonkuru）

吕西安·D'. 达胡赫（Lucien D'Hooghe）

托马斯·马克思（Thomas Marx）

第 33 章 洪都拉斯本地农业研究小组建立的社区种子银行网络

33.1 背 景

洪都拉斯的社区种子银行与本地农业研究小组（Comités de Investigación Agrícola Local，CIAL）密切相关，这些研究小组皆由国际热带农业研究中心（The Centro Internacional de Agricultura Tropical，CIAT）引入洪都拉斯。本地农业研究小组由村社农民所组建，这些农民对通过合作研究改善作物管理技能和提高作物产量感兴趣，期望为村社农业面临的挑战寻找解决方案。最近，一些 12～20 岁的年轻人聚集起来成立了"青年小组"，这些年轻人聚在一起接受实践培训以提升他们的农业管理技能。20 世纪 90 年代，洪都拉斯农业参与式研究基金会（The Fundación para la Investigación Participativa con Agricultores de Honduras，FIPAH）和农村复兴计划（The Programa de Reconstrucción Rural，PRR）两家机构开始与本地农业研究小组合作。目前，洪都拉斯全国有 151 个这样的农业小组，其中 117 个接受了这两家机构的资助。

本地农业研究小组成立的初衷是为村社参与农业研究铺路，通过引进新的管理技术和方法提高生产率。在加拿大国际发展研究中心（The International Development Research Centre in Canada，IDRC）的支持下，洪都拉斯农业参与式研究基金会和农村复兴计划率先启动了研究工作，这些工作同时得到加拿大圭尔夫大学及非政府组织世界协议（World Accord）的资助。自 1998 年起，洪都拉斯农业参与式研究基金会一直通过"生存的种子"（Seeds of Survival）项目（见第 37 章）持续获得加拿大一位论教派服务委员会（USC Canada）的资助。20 世纪 90 年代末，挪威发展基金（The Norwegian Development Fund）开始为其提供资助（见第 35 章），洪都拉斯政府也为技术推广和增加作物多样性提供了一些拨款。随着时间的推移，其他发展机构对运用本地农业研究小组的方法产生了兴趣，包括国际关怀协会 CARE 在乔卢特卡和尼格罗河流域的食品安全与经济发展项目，以及萨莫拉诺泛美农业学校（The Escuela Agrícola Panamericana Zamorano，EAP-Zamorano）项目，这两个项目共管理 34 个农业小组。

33.2　参与式作物育种

20 世纪 90 年代末，本地农业研究小组开始涉足参与式豆类育种项目，对从萨莫拉诺泛美农业学校和国际热带农业研究中心获得的改良系进行评估。项目目标不仅包括提高产量，还希望拓宽种质资源的遗传基础，以抵御影响当地植物遗传资源生产和保存的环境灾害（主要是 1998 年飓风"米奇"造成的侵袭）。试验结果表明，与本打算要取代的本地品种相比，大部分引入的改良系缺少适应性，产量也更低。随后，研究重点转向了本地可获得的地方品种，在一些地区对种质材料重新收集、鉴定后将其纳入参与式选育种项目。就这样，选育种试验逐渐发展成为一个更全面的项目，包含与农业生物多样性保护和利用有关的各类主题。

在收集和鉴定地方品种的初期，保存和登记种质资源对于维持作物育种的广泛遗传基础非常重要。无论是社区层面的每个农业小组或农业小组联盟，还是地区层面由洪都拉斯农业参与式研究基金会和农村复兴计划专家与农民及志愿者合作管理的区域备用中心，均做出决策达成了保存种子的共识。这些共识也催生了种子银行，使其成为项目工作的一部分。

第一个社区种子银行由米纳·洪达（Mina Honda）村社农业小组于 2000 年建立，这个村社一直致力于豆类品种的选育，成功改良出一个称为 Macuzalito 的品种，它是通过地方品种 Concha rosada 与萨莫拉诺泛美农业学校提供的改良系杂交组配而获得的。由于其他农业小组对种子银行表现出兴趣，新种子银行陆续建立起来。到目前为止，洪都拉斯农业参与式研究基金会支持建立了 11 个社区种子银行（Santa Cruz、La Patastera、La Laguna de los Cárcamos、Cafetales、San José de la Mora、Agua Blanca、Los Linderos、Ojo de Agua、Barrio Nuevo、El Águila 和 Maye），农村复兴计划支持建立了 2 个社区种子银行 El Palmichal 和 Nueva Esperanza（插图 23）。乔里托（Yorito，位于 Yoro）、圣·伊西德罗（San Isidro，位于 Francisco Morazán）和拉·布埃纳·菲（La Buena Fe，位于 Santa Barbara）建立了 3 个地区备用种子银行。

33.3　种子银行网络及其运作

洪都拉斯的种子银行受建立其的农业小组大小的影响，在规模和能力方面存在着差异，但它们往往拥有相似的基础设施和设备。农业小组的管理委员会负责种子银行的运行，运行模式也基本相同。它们的角色主要是保存好用于选育种试验的地方品种，也经常给农民分发种植用的种子。种子银行也保存了从当地收集到的原生地方品种的少量样品，特别是那些仍在种植和使用的品种，其余的种质材料保存在地区种子银行，那里更多是起保存作用。

位于乔里托的圣克鲁兹农业小组有 6 名活跃的成员，其种子银行规模相对较小，保存豆类和玉米地方品种，主要用于育种、为当地农民分发玉米改良品种（如 Chileño、Negrito、Capulín、Capulín cycle 2、Guaymas、Santa Cruz）。

虽然主要关注豆类和玉米种子，但耶苏·德·奥托罗（Jesus de Otoro）自治区的奥乔·德·阿格瓦（Ojo de Agua）农业小组也保存了具有丰富遗传多样性的种质资源，包括荷包豆（*Phaseolus coccineus*）、棉豆（*Phaseolus lunatus*）、葫芦科作物（包括许多种佛手瓜）及一些饲料作物。种子银行也保存果树样本，这些样本是由农业小组协调员顿·克拉罗斯（Don Claros）引进和保存的。Don Claros 的家族非常重视农业生物多样性，也通过种子银行帮助人们认识到健康饮食的重要性。

在这两个种子银行中，不常用、量少的地方品种保存在玻璃瓶里，经常使用、量大的种子保存在金属筒或陶罐里。种子与草木灰、辣椒或大蒜拌在一起，用来防止病害发生，或是用松脂防治象鼻虫。

种子银行保存的种子对农业小组成员和其他农户是开放的。种子通过"借贷"、销售或交换的形式分发出去。如果农业小组成员或有良好信誉的人需要种子，并且能够还回检疫合格的种子，就可以使用借贷的形式。在这种情况下，借种子的人必须还回所借种子 1.5 倍数量的种子。由于农业小组成员更倾向于依据种子遗传完整性和植物检疫健康原则完全把控库存，额外收益的种子通常会作为粮食使用或出售。

尽管扩繁豆类地方品种是大部分农业小组成员的任务，但玉米种子的扩繁和制种同样与玉米种子保管者息息相关（阅读框 33.1）。种子保管者是村社认可的自然资源保护者，被委以扩繁（或改良）特定玉米地方品种的重任，大家相信种子保管者有能力挑选出能够代表玉米地方品种遗传多样性的最好种子及足够多的玉米穗，这对异花授粉作物尤为重要。

阅读框 33.1　玉米种子保管者顿·桑托斯·埃雷拉（Don Santos Herrera）和顿·克拉罗斯·戈梅（Don Claros Gomez）

多年来，Don Santos 一直为圣克鲁斯农业小组保管着本地玉米品种 Capulín。2013 年，他将这一责任交给了另一个种子保管者，因为他接到了将农业小组群体改良过的地方品种进行第二轮育种的任务。为了避免与其他品种串粉，他在圣克鲁兹县一个山顶上开辟了一块与其他玉米田隔离的小田块。Santos 每天至少巡一次田，检查玉米生长的情况。根据村社的指导方案，Santos 必须在每个生长季选出至少 200 棒玉米［从 500 ～ 1000m^2 或 1/4 manzana（当地的一种土地面积单位）大小的田块选出］，这样才能在保证地方品种多样性的同时避免同系繁殖。

Don Claros 是奥托罗耶稣下属县奥乔德阿哥瓦农业小组的协调员，农业小组的种子银行就建在他家。Claros 一家对种子保护的浓厚兴趣不仅表现在他们对玉米地方品种进行改良（经过 5 年多的参与式选种试验，地方品种 Matazaneño 的株高缩短了 1m），还表现在他家果园和花园中的多样性方面。Claros 多年前来到这里时，当地农民不确定他们是否可以通过种植玉米或豆类来保证食物安全或有盈余可以出售，他们当时还在依赖一个不可靠的马铃薯生产和销售系统。Claros 的决心和洪都拉斯农业参与式研究基金会提供的技术支持使玉米与豆类通过农业小组得以引进，从而增强了整个社区的食物安全状况。

　　农业小组的种子银行中的繁育种质材料得到了地区种子银行的支持，尤其是那些基础性的农民不常用的种质资源，村社往往缺乏保护其的动力和资源。地区种子银行也会收到农民借用种子的请求，在紧急状态下发挥供应种子的重要作用。例如，科马亚瓜（Comayagua）的拉·马哈达（La Majada）村区多年前曾遭受集中降雨，导致 60hm^2 玉米绝收。地区种子银行能够在更安全和更可控的条件下长期保存种子。农村复兴计划和约华（Yojoa）湖农业小组管理的地区种子银行建立了一个种子恒温系统，可以保证 18℃ 左右的恒温、12% ～ 14% 的相对湿度。在这种条件下，入库的种子大约每两年半更新一次。

　　地区种子银行也与其他机构、地区种子银行、国际种子银行建立了重要联系。农村复兴计划和洪都拉斯农业参与式研究基金会都是全国有机农业协会（The Asociación Nacional para el Fomento de la Agricultura Ecológica）的成员。洪都拉斯农业参与式研究基金会与国际玉米小麦改良中心（The International Maize and Wheat Improvement Centre）、萨莫拉诺泛美农业学校及其他地区种子银行开展合作，如与热带农业研究与教学中心（The Centro Agronómico Tropical de Investigación y Enseñanza）的种子银行进行合作。洪都拉斯农业参与式研究基金会和热带农业研究与教学中心的种子银行签署了一项协议，从种子银行的种质资源库取回一些蔬菜种质资源，将其纳入社区保护和育种项目。

33.4　对收集工作进行登记

　　农业小组的社区种子银行维护着一个简易登记系统，上面记录了收集或获得种质材料的地点、提供种子的农民姓名、收集日期、收集地点的海拔和以往记录的平均产量。登记内容还包括种子的借入、借出情况，以及用户资料。地区种子银行拥有更加详尽的数据库，如品种的农艺性状数据。品种的传统用途没有记录在册，因为这类信息在村社内部是口口相传的。管理和向第三方发布馆藏信息的标准还未建立，洪都拉斯农业参与式研究基金会和农村复兴计划对社区种子银行涉及的遗传资源获取和惠益分享、农民权益等问题很感兴趣。

33.5 能力建设和公众意识提升

尽管曾经尝试过用电台传播社区种子银行的理念，但有关种子银行的信息主要还是在村社和农业小组中以非正式渠道进行传播。洪都拉斯农业参与式研究基金会和农村复兴计划定期组织展示农业生物多样性的市集，种子银行成员在市集上展示他们收集的种子、互相交换种子、用保存的种质材料制作佳肴。参与种子银行活动的农业小组成员每年都会接受培训，培训重点是作物多样性的保护和管理、作物育种，他们现在对群体遗传学和选种的基本概念有了深入理解。近期的培训尝试将一种景观方法引入保护工作，鼓励农民保护森林，并将农田作为野生物种栖息地加以保护。

33.6 成效，可持续性和未来计划

通过农业生物多样性项目，洪都拉斯农业参与式研究基金会保护了 80 个村社中的玉米和豆类品种。据农村复兴计划估计，自 2011 年 6 月以来，通过国家种子银行和各地区种子银行的分发，已有 5000 多位农民获得豆类种子，超过 2500 位农民获得玉米种子。女性农民一直是这项尝试的重要受益者，因为她们在农业小组成员中占了一多半。社区种子银行目前在洪都拉斯农业参与式研究基金会和农村复兴计划的支持下运转，还得到了 USC Canada、挪威发展基金和世界协议组织的支持。为了保障农业生物多样性项目的可持续性，一个对传统品种和改良品种进行扩繁与商业化的方案正在构想当中。在外部支持下，初创的小型种子企业可以和农业小组合作，将农业小组生产的种子进行登记。未来的计划是在新的地方拓展玉米和豆类多样性，将项目扩展至其他作物，制定出具体的协议和方法。此外，基金会也有兴趣改进和整合种子银行的登记系统，构建全国玉米和豆类地方品种与本地改良品种的数据库。

33.7 制度，政策和法规

在制度层面认可农业生物多样性保护和使用的进展一直很缓慢，而且进展非常有限。直到最近，多亏洪都拉斯农业参与式研究基金会的宣传，决策者态度发生了转变。洪都拉斯农业参与式研究基金会和农村复兴计划现在是全国有机农业协会种子委员会的成员，他们能够参与讨论如何通过农业小组对改良的地方品种进行登记注册并使之商业化。这两个机构也是 2012 年重新组建的国家植物遗传资

源委员会和国家气候变化网络的成员。

一般来说，制定一个适当的法律框架保护农民权益是非常重要的，尤其是当农业小组开始登记和销售本地改良品种，将其作为一种支持种子银行活动的动力和机制时更凸显法律保护的重要性。到目前为止，维系村社开展种子保护活动的主要动力是其能够成功地稳定粮食产量并在市场上销售富余产品。然而，如果希望年轻一代能够持续参与洪都拉斯农业生物多样性的保护和可持续利用这一重要事业，则需要进一步的激励措施。

撰稿：奥维尔·奥马尔·加利亚多·古斯曼（Orvill Omar Gallardo Guzmán）
卡洛斯·安东尼奥·阿维拉·安迪诺（Carlos Antonio Ávila Andino）
马尔温·约埃尔·戈麦斯·采尔纳（Marvin Joel Gómez Cerna）
梅诺尔·吉耶尔莫·帕翁·埃尔南德斯（Mainor Guillermo Pavón Hernández）
杰亚·加卢齐（Gea Galluzzi）

第 34 章　尼泊尔 LI-BIRD 支持社区种子银行发展的模式

34.1　支持的目标和发展史

1997～2006 年，国际生物多样性中心（Bioversity International）、尼泊尔农业研究理事会（The Nepal Agricultural Research Council，NARC）和尼泊尔地方生物多样性研究与发展计划（Local Initiatives for Biodiversity, Research and Development，LI-BIRD）选取了 3 个地点合作开展"加强尼泊尔农业生物多样性原地保护的科学基础"研究项目，而位于尼泊尔中部平原巴拉地区的喀淖瓦（Kachorwa）便是这 3 个项目点之一。1997～2002 年在该项目点进行了各种提高认识的活动和研究，提高了当地农村对农业生物多样性重要性的认识，采用的参与式途径吸引了许多社区成员热情地参与其中。然而，尽管农业社区对多样性的认识有所提高，但喀淖瓦地区的水稻品种数量仍在继续减少：从 1998 年的 33 个品种减少到 2003 年仅有的 14 个品种。项目组为此进行了大量细致的探讨，与农业社区进行了广泛的协商之后，成立了巴拉社区种子银行（插图 24）作为一个试点项目。这个社区种子银行由当地农民管理，目的是阻止当地品种继续迅速消失，并恢复失去的品种。衡量种子银行成功与否可以从当地品种数量方面窥见一斑，如今本地品种数量大幅度增加，2010 年已经恢复到 80 个品种（Shrestha et al.，2010）。

为了使社区种子银行发挥作用并维持其可持续性，需要付出更多努力来提高农民的能力，因此，一个名为"农业发展和保护协会"（The Agriculture Development and Conservation Society）的农民组织成立并在地区行政管理办公室注册。该组织成立的目的不仅是促进社区种子银行发展，而且使其作为村级农业和生物多样性研究与发展项目的节点组织发挥作用。到 2014 年中期，该协会大约有 400 名会员，其中 362 名是女性。

随着农业发展和保护协会的建立，在作物成熟并能够容易识别品种的时候，会员通过访问邻近的村庄和地区开始寻找与恢复那些消失的品种。促使他们收集当地品种的部分原因是有些会员参加了利用当地品种开展的水稻参与式育种，育种得到的改良品种取得了良好的效果，所以他们收集当地品种更加积极。由于这一改良品种来自他们村庄的第 4 个品系，因此农民将这一改良品种命名为 Kachorwa 4，如今农业发展和保护协会会员每年都繁育这个品种的种子，它为生产者和组织创造了稳定的收益，这个品种现在正在尼泊尔国家种子局进行登记。

　　农业发展和保护协会有两种策略来维持其品种保护工作：一种是在协会的控制下每年都在一个多样性区块内种植所有本地品种，以确保种子定期返回到社区种子银行。另一种是在每次收获后每个品种都会保留少量种子存在社区种子银行中，作为补充储备。

　　农业发展和保护协会一直经营着一个社区生物多样性管理基金，以使保护工作可持续地开展下去，并支持其会员家庭层面的经济活动，2003 年开始时的管理基金是 7.5 万尼泊尔卢比（当时大约为 1000 美元），到 2014 年中期，该基金已增长到约 1 万美元。每年约有 100 名会员从该基金获得小额贷款以支持创收活动，如饲养牲畜或维持一家小商店，农业发展和保护协会收取 12% 的利息，利率低于其他来源的贷款，且借款人不需要担保，贷款偿还期为一年。农业发展和保护协会也向其会员出租当地品种的种子，借种人要在作物收获后偿还所借种子数量的1.5 倍。协会会员也要承担至少种植一种在社区种子银行中保存的本地稀有品种的任务。

　　除了保存当地品种和经营社区生物多样性管理基金，农业发展和保护协会鼓励其会员每月进行储蓄，这个策略能动员社会资本产生金融资本，到 2014 年中期，其会员储蓄的款额已达 48 500 美元，几乎所有会员每年都申请贷款用于生产和消费。几年前，农业发展和保护协会注册为合作社，以获得允许合法经营储蓄业务和社区生物多样性管理基金的资格。

　　在种子需求量大的地区，农业发展和保护协会也会繁育与销售改良品种的种子，可以帮助其会员通过收获和销售种子来赚取收入，农业发展和保护协会提供种子储藏与加工费用，与其他来源相比，相邻的农民能够就近以低廉的价格购买种子而获益。

　　由于农业发展和保护协会开展的这些活动获得了成功，喀淖瓦社区种子银行已成为参与尼泊尔农业生物多样性农场管理领域工作的农民团体和组织的关注中心。

　　在喀淖瓦种子银行成功的基础上，尼泊尔 LI-BIRD 在其他农业生物多样性管理项目中将社区种子银行作为主要的载体，如由全球环境基金支持的"西部地带景观综合项目"（6 个案例）、由挪威发展基金（The Norwegian Development Fund）资助的社区基地生物多样性管理项目（6 个案例）和由加拿大国际发展研究中心（International Development Research Centre in Canada）资助的"尼泊尔通过公平获取遗传资源的途径及实行利益共享机制来促进实现农民权益的创新机制"项目（2 个案例）。后来，由挪威发展基金资助，在社区基地生物多样性管理南亚项目的框架下，尼泊尔 LI-BIRD 也协助斯里兰卡非政府组织引进了社区种子银行（5 个案例）（见第 28 章）。在尼泊尔，通过与尼泊尔 LI-BIRD 合作，约有2000 个农民从 15 个社区种子银行获得了各种当地种子（Shrestha et al.，2013b；见第 25 章）。

34.2　功能和活动

在尼泊尔生产潜力大的地区，只有少数农场维持着主要农作物和一些蔬菜与果树当地品种的广泛多样性，而且，许多当地品种由于口味、对农业生态小生境的特异适应性、仪式利用和饮食文化、对生物和非生物逆境的耐受性、更耐储藏，以及针对家庭更长时间的蔬菜供应期等，仍然具有利用价值，由于这些品种的种子来源于农民而不是正式的种子部门，一旦具有这些性状的当地品种消失就难以重新引入。因此，由尼泊尔 LI-BIRD 支持的社区种子银行的主要目标就是对选定作物的当地品种进行农场管理，并保证其对农民的供应。

社区种子银行通过组织多样性市集（Adhikari et al.，2006）或者采用参与式四象限分析法确定当地作物多样性的状况（Sthapit et al.，2006），首先收集当地品种的信息和种子样本，这些信息用于鉴别常见、独特和稀有的本地品种，并在此基础上进行种子的收集和制定分配计划。其也通过建立多样性区块（Tiwari et al.，2006）并分配种子给种子银行成员，对这些种子进行定期繁育。除了保护当地品种，社区种子银行人员还对一些当地需求量很大的改良品种种子进行繁育和销售，种子银行认为这是为其成员以外农民提供服务的一种方式，既增加了育种农民的收入，又获得一些经营收入。

社区种子银行收集的种子包括一些谷类作物（水稻、小麦、穆子、玉米、大麦、荞麦和谷子）、蔬菜作物（普通丝瓜、南瓜、有棱丝瓜、瓠瓜、芋头、板薯或象脚山药、山药）、豆类作物（豇豆、菜豆、大豆、蚕豆、鹰嘴豆、木豆和豌豆）和油料作物（油菜、亚麻和芝麻），到现在为止，由尼泊尔 LI-BIRD 支持的 15 个社区种子银行保存的这些作物的当地品种已达 1200 多个，这个数量大约相当于国家农业遗传资源中心（国家基因库）保存数量的 10%，其中许多作物属于被忽视和未被充分利用的物种。

当种子储存在社区种子银行时，其品种的特性和收集的详细资料就会记录保存下来，为了继续繁育收集的这些种子，社区种子银行采用了 3 种策略：一是为其成员和非成员分配种子；二是为主要农作物建立多样性区块；三是在种子银行保留少量种子作为剩余库存。

根据"通过使用达到保护"的原则，种子和植株材料一般在小面积地块进行繁殖，或者根据当地需求在较大地块进行扩繁。种子通常以租借方式分发，有时也卖给村内外的成员和非成员。在喀淖瓦社区种子银行，针对通过参与式育种育成的水稻品种 Kachorwa 4 开展的种子繁育和销售已经是一个常规性的活动。在其他案例中，在尼泊尔 LI-BIRD 的技术支持和指导下也会开展品种改良，如在斯瓦谷（Shivagunj）、查巴（Jhapa）、兰布尔·当（Rampur Dang）对两个香稻品种 Kalonuniya 和 Tilki 进行了改良。

尼泊尔农村社区面临着多重挑战，像社区种子银行这样强大的农民机构可作为解决地方问题的手段和集体行动的平台，有些社区种子银行还为社区成员提供额外服务。例如，由尼泊尔 LI-BIRD 支持的每个社区种子银行一直在经营一个社区生物多样性管理基金（Shrestha et al.，2012，2013a），并以低息贷款支持生产活动，这个基金不仅为种子银行成员创造机会增加收入，而且是种子银行以利息形式创收的途径。

34.3　支　　持

作为一个起促进作用的组织，尼泊尔 LI-BIRD 为农业社区建立和管理社区种子银行提供了支持，这涉及几个步骤：首先是通过各种参与式方法来唤醒人们对种子保护的认识，如非正式讨论、乡村研讨会、多样性市集和实地访问，这些活动有助于提高村庄对遗传资源现在和将来使用价值的认识，并为规划社区种子银行活动提供当地农业生物多样性现状的总体情况。其次是通过各种项目，为种子银行发展所必需的有形基础设施提供资金支持，包括种子仓库、会议室、种子储藏器具、木制货架、种子清选和干燥材料等。尼泊尔 LI-BIRD 认为提高种子银行成员的能力是取得成功和实现可持续发展的关键。因此，培训和能力建设活动的内容不仅包括种子与社区种子银行管理的技术方面，而且涵盖地方机构的管理和治理方面。LI-BIRD 的工作包括开拓当地人力资源，以及在没有外部机构支持的情况下，为种子银行提供获取当地财政资源的方法。此外，它还加快了社区种子银行与地方政府、推广办公室和国家基因库建立联系的进程。

34.4　网　　络

据 2013 年的最新统计，从台地到高山，从东到西，尼泊尔全国各地共分布有115 家活跃的社区种子银行，其中大多数得到了国际组织或非政府组织的支持，也有少数得到了政府的资助，这些社区种子银行可以分为 3 种类型：第一类只从事当地品种的保护；第二类的主要功能是保护当地品种，也繁育和分发现代品种的种子；第三类主要是大量供应现代品种的种子（Chaudhary，2013）。在 2012 年首届社区种子银行全国研讨会上，与会者达成共识，即真正的社区种子银行应从事当地品种的农业经营管理，他们还得出结论认为，尽管尼泊尔有大量的社区种子银行，但除了少数几个农民团体和从业者访问过其他种子银行的案例，还没有进行知识和资源方面的分享。

2013 年 3 月在喀淖瓦参与尼泊尔社区种子银行建立和管理的农民与团体举办了一次全国研讨会，会议结束后形成了一个特设委员会，并建立了全国社区种子银行网络，详细的程序尚未制定，但委员会打算为社区种子银行之间的学习和分享提供一个平台；促进种子和种植材料的交换；编制由社区种子银行保存的国家遗传资源名录；加快社区种子银行与国家基因库的联系进程；必要时在全国论坛上代表社区种子银行参会；促进将植物遗传资源保护纳入尚未保护植物遗传资源的社区种子银行的活动中。尼泊尔 LI-BIRD 的工作人员正在帮助这个新成立的网络成为一个运作良好的组织。

34.5　政策和法律环境

为履行作为《生物多样性公约》缔约国的义务，尼泊尔政府制定了《2002 年国家生物多样性战略》（The National Biodiversity Strategy 2002），并起草了《获取遗传资源和惠益分享法案》（The Access to Genetic Resource and Benet Sharing Bill）。同样，作为《粮食和农业植物遗传资源国际条约》的成员国，其起草了《植物品种保护和农民权利法》（The Plant Variety Protection and Farmers' Rights Act）。此外，自 2007 年以来，还制定了一项农业生物多样性政策。

值得注意的是，这些法律文件都没有提及"社区种子银行"一词，只在 2008/2009 年度的预算书中尼泊尔政府认可了社区种子银行的概念，政府期望种子银行能够增加小农和边缘农民获得优质种子的机会，政府工作人员为在 17 个地区试行的新社区种子银行准备了一份操作指南，然而这份文件主要聚焦于提高改良品种的种子替代率，以保障粮食安全，在促进植物遗传资源的保护和可持续利用方面起的作用不大。尽管在正确的方向迈出了一步，但对于尼泊尔大多数社区种子银行，并没有提供更多实际的支持（更详细的影响尼泊尔社区种子银行政策的讨论，见第 41 章）。

34.6　可持续性和前景

社区种子银行面临的挑战是在没有外部机构支持的情况下，建立维持其运作的机制。在尼泊尔 LI-BIRD 支持的案例中，开始之初这就是一个重要的议程。尽管目前尼泊尔还没有完全可自我维持运作的社区种子银行，但已经尝试了一些做法并获得了较好的结果。例如，尼泊尔 LI-BIRD 支持的每一个种子银行都建立了一个由社区和项目基金捐助设立的当地管理基金，同时其在拓展资金来源方面发挥了一定的作用，一些种子银行通过为社区外农民繁育和向其销售改良品种的种子来创造收入，一些种子银行成员已经同意每人种植一个品种，而另一些则引入了建立由农民团体或村社管理的多样性区块的做法，这两种策略都有助于最大程度地降低成本。而将社区种子银行与地方政府、线上机构和国家基因库联系起来，则是当地管理基金为解决可持续发展问题所采取的另一种方式。

34.7　致　　谢

作者十分感谢国际生物多样性中心为 2003 年在巴拉（Bara）的喀淖瓦（Kachorwa）社区发起和建立的社区种子银行所提供的资金支持，这是 LI-BIRD 历史上所建立的第一个社区种子银行。我们也十分感谢为在尼泊尔建立和强化社区种子银行提供资金支持的机构：挪威发展基金（The Norwegian Development Fund）、联合国环境规划署全球环境基金（The United Nations Environment Programme's Global Environment Facility）、联合国开发计划署西部台地景观综合项目（The United Nations Development Programme's Western Terai Landscape Complex Project）和国际发展研究中心（加拿大）[The International Development Reasearch Centre (Canada)]。

撰稿：潘泰巴尔·施莱萨（Pitambar Shrestha）

萨亚尔·萨彼特（Sajal Sthapit）

参 考 文 献

Adhikari A, Rana R, Gautam R, Subedi A, Upadhyay M, Chaudhary P, Rijal D and Sthapit B. 2006. Diversity fair: promoting exchange of knowledge and germplasms // Sthapit B, Shrestha P and Upadyay M. On-farm Management of Agricultural Biodiversity in Nepal: Good Practices, Nepal Agricultural Research Council, Khumaltar, Lalitpur, Nepal. Pokhara: Local Initiatives for Biodiversity, Research and Development; Nepal: Bioversity International: 25-28.

Chaudhary P. 2013. Banking seed by smallholders in Nepal: workshop synthesis // Shrestha P, Vernooy R and Chaudhary P. Community Seed Banks in Nepal: Past, Present, Future. Proceedings of a National Workshop, 14-15 June 2012, Pokhara, Nepal. Pokhara: Local Initiatives for Biodiversity, Research and Development: 130-139.

Shrestha P, Shrestha P, Sthapit S, Rana R B and Sthapit B. 2013a. Community biodiversity management fund: promoting conservation through livelihood development in Nepal // de Boef W S, Subedi A, Peroni N, Thijssen M and O'Keeffe E. Community Biodiversity Management: Promoting Resilience and the Conservation of Plant Genetic Resources. London: Routledge/ Earthscan: 118-122.

Shrestha P, Sthapit S and Paudel I. 2013b. Community seed banks: a local solution to increase access to quality and diversity of seeds // Shrestha P, Vernooy R and Chaudhary P. Community Seed Banks in Nepal: Past, Present, Future. Proceedings of a NationalWorkshop, 14-15 June 2012, Pokhara, Nepal. Pokhara: Local Initiatives for Biodiversity, Research and Development: 61-75.

Shrestha P, Sthapit S, Paudel I, Subedi S, Subedi A and Sthapit B. 2012. A Guide to Establishing a Community Biodiversity Management Fund for Enhancing Agricultural Biodiversity Conservation and Rural Livelihoods. Pokhara: Local Initiatives for Biodiversity, Research and Development.

Shrestha P, Subedi A, Paudel B and Bhandari B. 2010. Community Seed Bank: A Source Book (in Nepali). Pokhara: Local Initiatives for Biodiversity, Research and Development.

Sthapit B, Rana R, Subedi A, Gyawali S, Bajracharya J, Chaudhary P, Joshi B K, Sthapit S, Joshi K D and Upadhyay M P. 2006. Participatory four-cell analysis (FCA) for understanding local crop diversity // Sthapit B, Shrestha P and Upadhyay M. On-farm Management of Agricultural Biodiversity in Nepal: Good Practices, Nepal Agricultural Research Council, Khumaltar, Lalitpur, Nepal. Pokhara: Local Initiatives for Biodiversity, Research and Development; Nepal: Bioversity International: 13-16.

Tiwari R, Sthapit B, Shrestha P, Baral K, Subedi A, Bajracharya J and Yadav R B. 2006. Diversity blocks: assessing and demonstrating local diversity // Sthapit B, Shrestha P and Upadyay M. On-farm Management of Agricultural Biodiversity in Nepal: Good Practices, Nepal Agricultural Research Council, Khumaltar, Lalitpur, Nepal. Pokhara: Local Initiatives for Biodiversity, Research and Development; Nepal: Bioversity International: 29-32.

第35章 挪威发展基金支持社区种子银行的实践

气候变化将会对发展中国家小农的生存造成重大影响，但是这些影响很可能会比较复杂且因地而异。对于那些依靠自然经济仅能维持生活的农民及其社区，气候变化带来的风险是多种多样的：干旱、洪水、农作物和动物病害都是可预见的会影响农业的风险（Morton，2007）。在风险日增的环境下确保长期的粮食安全，关键就是要加强发展中国家脆弱的粮食生产者的适应能力。

为了应对这些挑战，挪威发展基金（The Norwegian Development Fund）已设立了一个农业生物多样性对气候变化适应性项目。它强调自然资源的可持续管理和采取适应当地条件的农业实践。该项目还提供包括加强脆弱性风险评估、计划制定、地方治理和制定降低脆弱性措施等方面的社区知识。

当今的粮食生产越来越依赖有限的遗传基础，农民可选择的农作物减少且其脆弱性增加。挪威发展基金项目的主要战略之一就是与农民及其组织合作，保护、利用并提高农场中的农业生物多样性。粮食安全水平和农业系统适应气候变化的能力不仅取决于作物多样性的可持续性，还取决于农民利用传统知识和创新的能力。在这方面，挪威发展基金正在支持诸如社区种子银行和参与式植物育种等多种举措，以增加农场遗传多样性和确保地方种子安全。

35.1 目标和发展史

作为一种提高地方保存、利用和开发作物遗传资源能力的方式，社区种子银行应运而生。它为乡村社区带来两大重要益处：它既保证了优良种子的供应，又保存了作物的遗传变异性，从而使其能够适应不断变化的生长环境。要实现这两大功能，最好采用集体保存种子的方式，因为单个的家庭无法储存优质的种子或保存大量的品种。在实践中，一些农民大量繁育和储存种子以确保在需要时能保证供应。同时他们少量储存不同类型的种子，以确保能有基因材料，以备现在及将来为满足特殊的需要而将其用于植物育种，以开发特定品种。这些措施总体上保证了地方种子的安全。在许多地方挪威发展基金通过与民间组织合作，或与农民团体一起工作，对这个方法进行了试验探索。规模和范围因地而异，但模式大体一致。其中一个共性就是要与育种机构、大学和国家基因库等其他从事保护与开发遗传资源的利益相关方合作。

挪威发展基金通过区域项目已经支持了62家社区种子银行，惠及亚洲、非洲和中美洲约 21 000 个小农家庭。这些种子银行也为非成员农户和乡村提供服务（表 35.1）。这 62 家种子银行并非全部运行良好，有些建立的相对比较晚（不丹和马拉维的种子银行）。但总体来说，它们都提供了保存种子和确保种子安全的重要服务。社区种子银行主要具有以下三大功能。

1）提供种质资源：大多数基因库建在远离乡村的地方，使得农民很难获得基因库收集的种子。此外，集权控制的基因库都有其长期保护的目标，通常不会保存大量的种子用于满足农民的短期需求（如应对自然灾害等情况的需求）。

2）提供多种高质量的种子：非正式种子系统中种子的质量参差不齐，而正式种子系统无法为贫困农民提供多样化的种子。这在贫困国家仍是一个挑战。社区种子银行专注于种质资源的收集、保护、参与式植物育种、参与式选种和以乡村为基础的种子繁育及分配。

3）弥补正式种子供应系统覆盖面的不足：正式种子部门（政府及私营部门）无法满足小农的需求。对于这些农民，种子银行系统仍然在种子来源方面占主导地位。例如，在埃塞俄比亚（IFPRI，2010）和尼泊尔（Joshi et al.，2012），正式种子部门供应的种子不到国家种子供应总量的 10%，社区种子银行则提供了非正式的种子供应。

35.2　运　　作

在过去 10 年中，种子银行已经在作物覆盖、活动及管理方面不断发展。刚开始时，最重要的任务是恢复基因库和乡村中的作物。这部分工作是通过在种子银行租用的或由成员提供的土地上进行种子繁育来完成的。种子繁育以后，通过借贷或以地方价格销售的方式分发出去。

其他活动包括品种恢复（对已经出现质量退化的品种进行净化和恢复）、参与式植物育种和参与式选种（插图 25）。这些活动均由农民团体在相关机构的技术支持下开展。过去几年里，将保护工作和经济激励措施相结合已经成为重要的手段。一些社区种子银行的成员也组织成立了种子繁育协会，进行本地种子的生产和市场营销（如埃塞俄比亚和危地马拉的种子银行）。

在作物覆盖面方面，大部分开创性工作围绕谷物、豆类和油料作物开展。不过，也扩大到其他作物，如在埃塞俄比亚还包括马铃薯这一作物。在泰国则包括辣椒。越来越多的农民正在组建合作社，以此作为进入种子市场的一种方式。而另一项受到越来越多关注的活动则是对本地植物遗传多样性的传统知识进行记录，以防其消失或被误用。例如，在尼泊尔，种子银行就保存了社区生物多样性登记册。

表35.1 挪威发展基金资助的社区种子银行

国家及地区	合作机构	建立年份	CSB数量	FGB数量	机构平台	覆盖 村社数量	覆盖 农户数量	主要目标作物
埃塞俄比亚 奥罗米亚地区，舒瓦东部（埃热雷和切费雷东萨）	埃塞俄比亚有机种子行动（EOSA）	1997	2		由正式注册的农民保护者协会来经营	15	1142 间接受益农户超过2000户	埃塞俄比亚画眉草、二粒小麦、硬粒小麦、鹰嘴豆、小扁豆、山黧豆、紫花豌豆、蚕豆、大麦、亚麻、苦豆豆及其他物种
阿姆拉哈地区，舒瓦北部（安科伯和西亚·德比东）		1997	2		通过全球环境基金项目建立，自2001年起，IBC提供了一定程度的支持；尚未能全面运行；EOSA正在DF的支持下，对这些种子银行进行重组	8	239 作为种子银行成员来维护	大麦、硬粒小麦、青稞、二粒小麦、燕麦、紫花豌豆、亚麻、蚕豆、小扁豆、山黧豆、鹰嘴豆及其他物种
南部少数民族地区（古恩菊茹、安德格尼亚·阿库户、维塔、西加多、谢伊·安巴·卡莱尼、戈佐·博马·莎伊、沙什比德和米诺）		2010	8		新建，在区域政府预算和EOSA的支持下建立起来；EOSA正在DF的支持下，对这些种子银行进行重组	8	472 农户成员	大麦、硬粒小麦、二粒小麦、蚕豆、小紫花豌豆、亚麻、高粱、扁豆、玉米、山黧豆、埃塞俄比亚蕉、根茎作物及其他物种
马拉维 马拉维北部（伦比县）	生物多样性保护项目及"适应环境"项目	2008	14		在地方DF合作伙伴的支持下由村社进行管理；地方发展委员会和村社发展委员会在管理、动员与监督中发挥着重要的作用	14个村级发展委员会	13440	班巴拉坚果、花生、玉米、豆类、高粱、珍珠栗、芝麻、木豆、秋葵、宽米、豇豆

续表

国家及地区	合作机构	建立年份	CSB 数量	FGB 数量	机构平台	覆盖 村社数量	覆盖 农户数量	主要目标作物
危地马拉 奇安特拉、圣·胡安·埃克斯可依、阿瓜卡坦和托多素·桑托斯·库舒马坦地区	Cuchumatan 协会 (Asocuch)	2008~2010	7	4	每家种子银行由一个农民种子委员会来经营,并与农民合作社相联系,而合作社则与更大规模的合作社网络 Asocuch 相连;Asocuch 通过地方推广机构来为它们提供支持	15	680	玉米、小麦、豆类、马铃薯
洪都拉斯 陶拉比、康赛普希翁苏尔、耶苏·德·奥托罗、伦皮拉省伊瓜拉镇和圣·弗朗西斯科·德·奥帕拉卡尔的佛得山地区	洪都拉斯农业参与式研究基金会 (FIPAH)	2004~2009	6		由农民研究团队来经营,与地区农民协会合作,还有 FIPAH 提供技术支持	6	370	玉米、豆类、木薯、佛手瓜、芋头
尼加拉瓜 普艾普罗·新埃·斯特里、尤里、素莫托和卡里图·托托加尔帕尔	合作社发展联合会	2010	3		由种子委员会经营,这个种子委员会则与农民合作社合作	7	100	玉米、菜豆、高粱、谷子、牙买加豆、固氮豆类
不丹	国家生物多样性中心、自然资源研究中心和可再生研中心、各区农业厅办公室	2009	4		各家种子银行均由 4 个区的 FFS 管理,由当地推广机构(技术支持)及国家生物多样性中心提供支持	10	300 多户	水稻、玉米、荞麦、谷子、豆类
尼泊尔	LI-BIRD	2009	6	54	由村民发展委员会一级的农民组织(生物多样性保护及发展委员会)管理	6	每年 2 000 多户	水稻、小麦、玉米、蔬菜(葫芦、菜豆、豇豆等)、根茎类及其他物种

续表

| 国家及地区 | 合作机构 | 建立年份 | CSB 数量 | FGB 数量 | 机构平台 | 覆盖 | | 主要目标作物 |
						村社数量	农户数量	
菲律宾	地方政府部门，农业大专院校，农民组织	1996	3		由农民团体（FFS 毕业生），农业院校及东南亚社区自主区域项目（SEARICE）管理	17	500	主要是水稻和玉米
泰国	Joko 学习中心（JLC），农业田间改革办公室，替代农业网络，地方政府部门	1996	7		由农民团体在 JLC 的支持下进行管理，在一些地区还有学校或社区管理部门参与	60	1 800	水稻，玉米，豆类（绿豆，长豇豆，木豆等），蔬菜（茄子，丝瓜，南瓜，辣椒，番茄等）

CSB: 社区种子银行；DF: 挪威发展基金；FFS: 农民田间学校；FGB: 田间基因库；IBC: 生物多样性保护研究所；LI-BIRD: 尼泊尔地方生物多样性研究与发展计划。

35.3　服　　务

挪威发展基金的合作伙伴在不同国家推广社区种子银行的各种活动。其中一些在本地作物多样性的收集、繁育、分配和维护，以及相关信息和传统知识的记录方面高度专业化。还有一些从事农家品种和公共研究机构发布的现代品种的改良、种子繁育和市场营销。

种子银行提供的主要服务如下。

1）稳定供应本地种子：社区种子银行与种植户关系密切，确保能在合适的时间为贫困农民提供良好的种植材料。

2）保护：社区种子银行收集并保存少量作物品种的样本，确保有种植材料可供使用，特别是濒危品种。同时对这样的样本进行繁育以进行保护或用于参与式品种改良。

3）紧急救援：种子由有组织的农民团体大量储存，以确保种植材料可以通过借贷系统提供给种子银行的成员，也可以当地价格销售给非成员农民。在紧急情况下，如由干旱、冰雹或洪水造成了作物歉收，社区种子银行会可为社区提供种植材料。

4）品种开发：社区种子银行是植物遗传资源管理知识和技能交流的场所，特别是在品种改良方面。有组织的农民团体可利用自己收藏的种子和公共研究机构的出色品系来进行参与式植物育种及参与式选种，以开发出更符合他们需要的品种。

5）本地种子业务：社区种子银行允许农民联合繁育用于销售的高质量种子。这可以创造收入并确保社区种子银行活动的可持续性。

女性积极参与挪威发展基金支持的基层活动：她们成为选种者、保护者和种子商。在许多农民团体中，女性占比很高，有的甚至超过了男性。然而，由于文化习俗限制了她们的流动性、教育水平和自信，女性往往较少发表意见。因此，女性在担任领导和参与决策制定方面仍然存在挑战。

35.4　政策和法律环境

在挪威发展基金比较活跃的国家中，政策和法律环境都并不十分支持本地的种子系统。在一些国家，如印度和埃塞俄比亚，有农民的权利法案或相关条款，但实施得并不充分。在很多情况下，法律都不允许小农生产或销售种子。还有一些国家，法律的限制性太强，如基于特殊性、一致性和稳定性的正式种子系统标准所制定的《种子认证法》。这种不支持本地种子系统的政策会影响政府资金和技术支持的可获得性。从积极的角度来看，挪威发展基金正在努力推动社区种子银行进行合法注册。这一做法对于种子银行获得管理资金、促进一些国家开展种子销售、种子银行获得地方政府和其他利益相关者的认可与支持都具有重要意义。

挪威发展基金在网络交流方面也有一些经验。发展中国家内部和国家之间的交流使得分享经验与知识成为可能。这种分享不限于合作的非政府组织层面，还存在于同一国家中的不同农民团体之间。尽管在国家层面，参与挪威发展基金项目的利益相关方之间的相互交流很好，但支持社区种子银行的农民组织之间的交流很薄弱。另外，要获得种子行业制定和修改政策与法规的机构的支持也非常困难。

在国际层面，《粮食和农业植物遗传资源国际条约》的管理机构是一个与挪威发展基金及其合作伙伴相关的平台。挪威发展基金撰写了一份关于社区种子银行实践的报告并将其在巴厘岛召开的第 4 届管理机构会议上（2011 年）（Development Fund，2011）分享。该报告涉及 120 多个国家，以及来自许多国际和民间机构的观察员。其中表述的一些观点对政府提出了以下需求。

1）将建立并/或支持社区种子银行，作为落实农民权利和履行《粮食和农业植物遗传资源国际条约》相关条款的责任的一部分，如履行可持续利用和保护作物遗传多样性等责任。缔约国应该支持扩大社区种子银行的规模并使其尽可能多地惠及农民，尤其是边缘地区的农民。

2）将社区种子银行整合到广泛的农业生物多样性项目中：地方种子银行应成为参与式植物育种和参与式选种成果的储存场所，并让农民能够获得这些成果。种子银行也应该成为农民种子市集场所，让农民可以交换并展示他们种子的多样性。

3）将社区种子银行作为适应气候变化的工具纳入政府的农业发展战略。农业推广服务机构可以很好地将地方种子银行的经验推广到国家层面。

4）修订种子法规和关于种子知识产权的规定，确保农民在保存、使用、交换和出售农场保存的种子方面的权利。

5）重新分配公共补贴，从推广现代品种转向资助上述活动。

35.5　可持续性

种子银行可持续发展所必需的关键要素是加强农民团体的技术和组织技能，并与各个国家的利益相关方合作。后者是指在组织（如合作社的办公室）、种子相关政策和法规（如种子管理和认证）及技术技能（如研究机构、基因库、种子质量和市场管理部门）方面为农民提供支持的机构。

针对植物遗传资源的政策倡导也很重要。挪威发展基金针对不同层面的网络开展工作——地方、国家和国际层面，以推动对小农友好的政策并实现农民权利。在这方面，挪威发展基金的政策和倡导工作借鉴了其所支持的社区种子银行的实践成果。

利益相关方的技术培训也很重要，可提高农民在种质收集和短期保存、参与式选种、高质量种子生产和分配，以及财务管理和地方治理等方面的知识与技能。

除了挪威发展基金提供的资金支持，每家种子银行都由农民团体建立了一个地方基金，并对其进行管理。其收入来源包括将盈余的种子出售给乡村内的非种子银行会员、地方政府的捐款和注册费等。通过建立地方种子企业可以确保长期的经济可持续性。但是，应关注促进多样化，而非只关注少量品种和作物，致使基因基础缩小。表 35.2 是埃塞俄比亚种子银行维持其可持续性的做法。

表 35.2　埃塞俄比亚农民领导的社区种子银行确保可持续发展的策略

策略	示例
经济可持续性	
发展当地的种子交易和其他微型企业以创造收入	各种举措包括养蜂、水果生产、会费，以及会议室/办公场所的租金。在埃杰雷（Ejere），挪威发展基金支持建立了一家新的社区种子银行，为国家和国际培训会议提供服务
提高财务管理技能	社区种子银行拥有账户，并对其财务状况进行年度政府审计；他们努力进一步加强财务系统，使其能适应项目的多样化（青年/女性团体、土壤和水资源保护等）
使资金支持的来源多样化	从事种子繁育、销售和饲料供应
使用当地材料和建筑技术	社区种子银行使用本地材料建造而成，以降低成本
机构可持续性	
将农民团体注册为合作社或其他合法认可实体	在舒瓦（Showa）的社区种子银行，一些农民团体依法登记为种子繁育者；埃杰雷（Ejere）团体是获得国家层面政府奖励的 4 个农民组织之一：奖品是一辆带有全套配件的拖拉机，它将为本地提供服务，帮助协会创造收入
加强女性的领导及参与	所有项目都鼓励女性发挥领导作用并确保乡村能重视她们的技能和知识；强有力的女性领导也有助于激励其他女性参与
鼓励年轻农民和年轻人参与活动	在所有项目中，都制定了具体的鼓励在校儿童、青年和年轻农民的策略，包括支持青年农民研究小组的活动、青年农民的生产活动（种子繁育及养蜂），以及与当地学校开展合作
与地方政府、农业推广服务及其他机构建立合作和伙伴关系	东舒瓦的社区种子银行已经与地方和国家的政府机构（推广及环境发展）、研究机构建立了合作联系，合作内容包括参与式选种、基因多样性研究、农场保护、种质资源生产和种子繁育

35.6　挑战及前景

基于多年的工作，我们看到社区种子银行已经把重要农作物的种子及品种从国家基因库带回到农民的土地上；在自然灾害之后为农民发放种子；让农民可以获得高质量的种子；确保那些无力从贸易商处购买种子的贫困农民的种子需求能得到满足；通过种子销售和乡村生物多样性管理基金，增加了农民的收入，从而保护了作物的多样性。

　　然而，仍然还有许多挑战有待解决。其中包括：缺乏政策和技术支持；缺乏针对农民品种的市场；在农民中营销种子的能力和知识欠缺；储存设施不足；旺季时缺少人力资源支持；种子质量低下；延迟发放种子和种子贷款的延迟赔付；对非政府组织或少数专业农民高度依赖。

　　但是，最主要的挑战存在于乡村之外的更高层面上。政府的农业政策优先考虑少数高产品种，与社区种子银行的目标相悖。资金、研究和政府推广服务都关注改良后的品种，而忽视了本地品种。开发/推广机构所提供的培训也对支持本地种子多样化的需求视而不见。

　　农民也普遍持有一种印象，因为现代品种的推广，他们普遍觉得其传统品种的品质不如现代品种。而这种观念可能会更进一步加剧遗传资源和相关传统知识的丧失。尽管存在这些挑战，但基于此方面持续开展的讨论，以及人们对植物遗传多样性在维护地方粮食安全和适应气候变化方面作用的认可，我们仍旧乐观地相信，政府可能会加大对社区种子银行的支持。我们已经在埃塞俄比亚、尼泊尔和中美洲的几个国家看到了这个趋势。我们也希望国际社会继续支持《粮食和农业植物遗传资源国际条约》的目标，让社区种子银行成为管理植物遗传资源的关键手段。全球作物生物多样性信托基金（The Global Crop Biodiversity Trust）是负责收集、保护、描绘和评估农作物及其野生近缘植物的机构，如果它能够考虑与支持社区种子银行的民间社会组织合作，就可以使得社区种子银行朝着正确的发展方向迈出一大步。

撰稿：特肖梅·洪杜马（Teshome Hunduma）

罗萨尔芭·奥尔蒂斯（Rosalba Ortiz）

参 考 文 献

Development Fund. 2011. Banking for the Future: Savings, Security and Seeds. Oslo: Development Fund. www.planttreaty.org/sites/default/files/banking_future.pdf, accessed 17 July 2014.

IFPRI (International Food Policy Research Institute). 2010. Seed System Potential in Ethiopia: Constraints and Opportunities for Enhancing Production. Washington, D.C.: International Food Policy Research Institute. www.ifpri.org/sites/default/ files/publications/ethiopianagsectorwp_seeds.pdf, accessed 17 July 2014.

Joshi K D, Conroy C and Witcombe J R. 2012. Agriculture, Seed, and Innovation in Nepal: Industry and Policy Issues for the Future. Washington, D.C.: International Food Policy Research Institute. www.ifpri.org/sites/default/files/publications/Agriculture_seed_and_innovation_in_Nepal.pdf, accessed 17 July 2014.

Morton J F. 2007. The impact of climate on smallholder and subsistence farming. PNAS, 104(50): 19680-19685. www.pnas.org/content/104/50/19680. full.pdf, accessed 17 July 2014.

第 36 章 西班牙"重新播种和交换"种子网络

西班牙"重新播种和交换"种子网络（Red de Semillas：Resembrando e Inter-cambiando）是一个分散的具有技术、社会和政治性质的组织，过去 14 年中该组织一直很活跃。1999 年 4 月，西班牙一小群从事有机农业、生态及农村发展运动的人士，在马德里组织了一场关注农业生物多样性问题的研讨会。正是这次研讨会，为种子网络的建立奠定了基础。随后，在 2005 年，该种子网络注册成为一家非营利性协会。如今，它已成为聚集了全西班牙 26 个地方种子网络的非正式联盟（Red de Semillas，2008）。种子网络的成员包括农民、农民组织、技术人员、农业专家、责任消费的支持者、地方行动团队、大学职员和学生、生态运动活动家、研究人员，以及其他有志于发展建立不一样的农产品系统的团体或个人。受生态农业框架、粮食自治理念及家庭农场核心作用的启发（Altieri and Nicholls，2000），"重新播种和交换"种子网络的主要理念为重新引入已消失的本地、传统及农家作物品种。其目标是帮助协调各地种子网络间的活动并推动它们在国家和国际层面上参与活动。其具体目标如下。

- 支持并促进农民开展的保护及利用活动。
- 支持并促进农民间的种子获取、繁育及交换。
- 在农产品系统内提升公众对农业生物多样性重要性的认识。
- 向消费者推广本地及传统的品种。
- 通过在地方进行种子繁育及交易，增加农村地区的就业。
- 倡导发展保护农民权益的公共政策，以促进农民保护、利用、交换并出售他们自己的种子。
- 在西班牙农产品系统中禁止转基因作物。

这些目标由地方种子网络及"重新播种和交换"种子网络的工作团队共同实现。这些团队关注的主题主要包括国家及国际种子法规、传统知识、小型种子企业管理、种子交换、国家和国际关系与交流。

36.1 在地方层面开展工作

为了制定出针对本地品种的综合方法，必须让农民和消费者参与到所有活动中来。这些行动者紧密相连，通过集体的力量来提高对本地、传统和农家品种的利用。各地的种子网络为开展这种共同的活动而创造所需空间的组织架构。

36.2　恢复传统知识

"重新播种和交换"种子网络在地方和国家层面设立了多个研究项目。其中一个研究领域是恢复农民关于本地品种的传统知识。了解本地品种繁育及利用情况的人正是那些多年种植这些品种的农民。地方种子网络的成员通过对农民进行访谈，恢复有关传统品种的知识。将所收集到的知识整理成报告，用于分享。而对这些报告最有兴趣的，就是那些想要种植本地、传统或农家品种的农民。这是一个农民间相互学习的例子。

36.3　本地品种的参与式描述、测试和评估工作

2011 年，安达卢西亚的地方种子网络开展了一项有关本地传统知识的深入研究。采访了 70 名小农后，种子网络公布了针对 4 种蔬菜和 7 种果树的 50 个品种的管理指南（Red Andaluza Semillas，2011a，2011b；Sanz García，2011）。

由于关于本地和传统品种植物形态、利用与种植方面的信息缺乏，这类研究非常重要。为鼓励更多人利用这些品种——无论是农民还是消费者——都需要提供可靠的技术信息。在安达卢西亚，一个由 7 名农民研究者组成的团队，在当地种子网络的技术支持下正在开展一项研究。他们对各个品种进行描述，进行田间试验，并评估作物在有机环境下的产量和病虫害抗性（Red Andaluza Semillas，2012）。通过参与式研究，他们已经拟定出 15 种蔬菜的描述规程，讨论了在研究中需考虑的最重要因素和所需的最恰当词汇，并且与消费者开展互动以确定他们最重视的信息。

36.4　培训和咨询

"重新播种和交换"种子网络组织并开展了许多培训活动。每年，他们都在几个地区针对农民开展各种研讨会。主题涉及种子（蔬菜、谷物、水果）繁育、传统制备，以及对社区种子银行和种子交换网络的使用及管理。在意见咨询方面，"重新播种和交换"种子网络在地方和国家层面，为想要开始繁育并销售自家种子的农民提供建议。这些建议还包括相关行政要求和程序的指导说明。

36.5　种子交换网络

在过去西班牙的农民会与邻居交换本地品种的种子，但现在这种做法减少了。总体而言，西班牙农民不再储存种子。种子交换网络是通过恢复交换行为来帮助

农民获得本地、传统品种种子的机制。感兴趣的农民将种子捐赠给交换网络，让其把这些种子集中收藏起来，就像是种子收藏馆一样。作为回报，分享了种子的农民可以从这些收藏中获取种子。在安达卢西亚，当地的网络已经建立起一个交换系统。2013 年该系统已有 400 个会员，有 300 多个品种可供使用（Red Andaluza Semillas，2013）。种子可通过定期邮寄或直接在网络组织的种子交换研讨会上进行交换。

36.6　消　　费

农民需要出售自己的产品才能继续生产。因此，消费者就是保护和利用本地品种的基石。基于这种观点，"重新播种和交换"种子网络开展了大量针对消费者的活动。目的就是提高公众对本地品种在农产品系统中重要性的认识，并促进他们消费这些品种。种子网络用于接触消费者的主要方法：①在大学、中小学和妇女协会等地举办宣传会；②在学校、地方市场、消费者协会和小商店（后两者对于促进本地食品生产、建立较短的供应链尤为重要）设立信息宣传站；③邀请消费者参加本地品种的品鉴活动。

品鉴活动有两个目标。第一个目标，是找出受到消费者青睐的品种，因为它们更甜、味道更好等。这些信息帮助农民识别出受消费者欢迎的品种，并刺激销售。第二个目标，是帮助消费者在品尝时体会自己的感受。人们吃东西的时候总是心不在焉，因此教会我们的身心去体会触觉、嗅觉、视觉和味觉的感受非常重要。

36.7　知识的传递：出版物

"重新播种和交换"种子网络出版其有关研究、项目、反思、结论和方法的信息。所有这些出版物都可在网络的网站上免费下载，该网站拥有知识共享许可（www.redsemillas.info）。其目标就是分享知识和经验。

36.8　内部反思研讨会

"重新播种和交换"种子网络每年都会组织一次内部反思研讨会。这个为期 3 天的会议每年冬天在马德里举行，所有地方种子网络的代表都会来参加会议。这个年度会议包括以下内容。

1）一个为期一天的研讨会，讨论由各地种子网络提出的主题，如种子健康、种子交换网络的管理等。

2）一个为期两天的会议，在会上成员将对以下问题进行反思和讨论。

- 与农业生物多样性相关的政策问题：种子法律、有机农业中的种子、农民的权利等。
- 机构内部的各个方面。
- 工作组的工作进展。
- 其他技术及政治主题。

36.9　农业生物多样性市集

这是"重新播种和交换"种子网络的主要公开活动。在农业生物多样性市集上，本地品种得以展示。其还会举办讨论及研讨会，并帮助农民、研究者、消费者和当地居民建立联系（插图 26）。市集每年在不同的地区举行 3 天，所有的地方种子网络代表都会来参与、享受其中的乐趣并一起工作。至 2013 年，"重新播种和交换"种子网络已连续举办了 14 届的种子市集。

36.10　"保护作物多样性，播种你的权利"

自 2009 以来，"重新播种和交换"种子网络一直在从事一项要求改变有关保护和使用本地品种及种子生产的公共政策的政治倡导运动（www.siembratusderechos.info）。这是一项长期的事业，目前还没能带来任何具体的政策或法律变化。"保护作物多样性，播种你的权利"这一倡导运动主要关注以下几点。

（1）要求建立一个法律框架，允许农民生产并销售他们自己的种子。这意味着要尊重农民保存、使用、交换和销售农场自有种子及繁育材料的权利。

（2）要求政府部门对恢复耕作传统给予大力的支持。

（3）使得小型农业和有机生产体系、利用本地品种、恢复传统知识与地方文化的重要性得以显现。

（4）反对专利化农业和转基因作物。

这项运动目前的主要影响是使西班牙的几家从事农业、生态与农村发展相关工作的机构建立了联系，并集中力量来保护本地品种和农民权利。

36.11　建立联盟

"重新播种和交换"种子网络正努力开展构建一项国际运动。种子网络正作为欧洲一家名为"让我们解放多样性"（Let's Liberate Diversity）（www.liberatediversity.org）的机构的成员积极地参与活动中。这家机构汇集了来自法国、德国、意大利、西班牙、瑞士和英国等欧洲国家的各种种子网络。"重新播种和交换"种子网络还与国际有机农业运动（The International Movement of Organic

Agriculture)（www.ifoam.org）和"种子不设专利！"（No Patents on Seeds!）（www.no-patents-on-seeds.org）等国际平台合作，与墨西哥可持续农业种子网络组织（The Mexican organization Red de Alternativas Sustentables Agropecuarias）（www.redrasa.wordpress.com）和拉丁美洲农业生态运动（The Latin American Agro-ecological Movement）（www.maela-agroecologia.org）等拉丁美洲国家的种子网络保持着良好的关系。

撰稿：种子网络成员（Red de Semillas）

参 考 文 献

Altieri M and Nicholls C I. 2000. Agroecología: Teoría y práctica para una Agricultura Sustentable. Mexico DF: Programa de las Naciones Unidas para el Medio Ambiente/Red de Formación Ambiental para América Latina y el Caribe. www.agro.unc.edu.ar/~biblio/AGROECOLOGIA2 [1]. pdf, accessed 3 September 2014.

Red Andaluza Semillas Cultivando Biodiversidad. 2011a. Fichas de Saber Campesino. Vol. I. www.redandaluzadesemillas.org/IMG/pdf/Ficha_Saber_Campesino_RAS_31ago2011.pdf, accessed 3 September 2014.

Red Andaluza Semillas Cultivando Biodiversidad. 2011b. Guía de Conocimiento Sobre Utilización y Manejo Tradicional Ligadas a las Variedades Autóctonas. Vol. I. www.redandaluzadesemillas.org/IMG/pdf/guia_RAS_calidad_baja.pdf, accessed 3 September 2014.

Red Andaluza Semillas Cultivando Biodiversidad. 2012. Informe: Descripción de Variedades Tradicionales Andaluzas en Fincas Agroecológicas de Sevilla, Córdoba, Cádiz y Málaga. www.redandaluzadesemillas. org/IMG/pdf/121231_Memoria_RAS_Descripcion_VVLL_HEx_P-V_2012.pdf, accessed 9 January 2014.

Red Andaluza Semillas Cultivando Biodiversidad. 2013. Red de Resiembra e Intercambio de Variedades Locales de Cultivo: Listado Existencias Banco Local. Otoñ-Invierno 2013. www.redandaluzadesemillas. org/IMG/pdf/130530_listado_banco_local_rei_temporada_o-i-2013.pdf, accessed 3 September, 2014.

Red de Semillas. 2008. Dossier de la Red de Semillas "Resembrando e Intercambiando". www.redsemillas.info/wp-content/uploads/2008/06/dossier-rds.pdf, accessed 9 January 2014.

Sanz García I. 2011. Estudio Sobre Conocimiento Campesino en Relación con el Nanejo de las Semillas en una Comarca de Interés Agroecológico: la Sierra de Huelva. Master's thesis. Baeza: Universidad Internacional de Andalucía. www. redandaluzadesemillas.org/IMG/pdf/Conocimiento_campesino_en_relacion_con_el_manejo_de_las_semillas_en_la_sierra_de_Huelva-Sanz.pdf, accessed 3 September 2014.

第 37 章　USC Canada 在非洲、亚洲和美洲支持社区种子银行的经验

37.1　从饥荒到饱餐

在过去 20 多年中，加拿大一位论教派服务委员会（The Unitarian Service Committee of Canada，USC Canada）支持建立的乡村种子供应系统已从埃塞俄比亚应对干旱和基因流失的种子恢复项目，发展为一项全球性计划，关注通过农业生物多样性的可持续利用来实现粮食安全和粮食主权。USC Canada 是一家总部设在渥太华的非政府组织，于 1945 年成立。USC Canada 已经在国际上开展工作 60 多年，支持乡村开展多种多样的恢复和发展项目。鉴于本章中所述的"生存的种子"（Seeds of Survival）项目取得的成功，从 2007 年开始，USC Canada 一直致力于通过生态农业途径来支持粮食和生计安全，并特别关注包括种子系统在内的农业生物多样性的保护及可持续利用。

社区种子银行一直是这项工作的核心特色所在。它们作为乡村恢复力的孵化器，让社区不仅可以储存种子和种质，还能围绕种子进行试验和创新，以应对变幻莫测和极端的气候变化。同样重要的是，社区种子银行正是在帮助农业社区在尊重地貌景观与遗传资源完整性的基础上实现可负担的、高产的生产活动的过程中，围绕其权利及利益组织起来。

在这个过程中，USC Canada 从主导这些项目的男性、女性农民及合作机构那里获益匪浅。其中一个重要的经验教训就是认识到对于管理社区种子银行的农业社区，在提升领导力、拥有感及建立组织机制时，提供不断的支持和精心的陪伴十分重要。随着这些经验的积累，我们的项目正在加倍努力，通过与其他机构开展合作、提供有针对性的培训及开展政策倡导工作，将工作推广到国家层面。努力将蔬菜种子安全工作纳入项目、促进市场发展并增加创收机会、确保性别平等和促进青年参与也是当前关注的重点领域。试验研究和影响评估也将帮助我们更好地了解影响长期可持续性的因素，并且有助于指导未来的工作。

37.2　早期阶段

20 世纪 80 年代末，世界上几十年来最严重的一次大饥荒发生后，USC Canada 在埃塞俄比亚开始了它支持社区种子银行的工作。埃塞俄比亚作为作物遗

传资源的起源地和作物多样性的分布中心，在当时面临的不仅仅是饥饿所带来的危机。由干旱所导致的反复歉收，致使北方沃罗（Wollo）和提格雷（Tigray）地区的农业家庭失去了许多维持农业系统与传统文化的种子品种。种子材料短缺状况涉及的地区如此广泛，以至于农村家庭无法通过与亲戚、邻居或在市场上进行交换等方式来轻易获取所需的种子。出于善意的人道主义援助项目也无法解决问题：分发给农民的种子不能很好地适应当地的特定生长条件，不仅在产量方面表现欠佳，而且在农艺、文化、经济和小农的其他选择标准方面的表现也差强人意（Teshome et al.，1999）。由于被现代品种取代、土地短缺和冲突等，埃塞俄比亚的农作物遗传资源严重流失和以农民为基础的种子系统弱化等情况也出现在该国的其他地方（Tsegaye，1997；Worede et al.，1999；Tsegaye and Berg，2007）。

埃塞俄比亚国家基因库的亚的斯亚贝巴植物遗传资源中心（现名为埃塞俄比亚生物多样性保护研究所，Ethiopian Institute for Biodiversity Conservation）主任麦拉库·沃瑞德（Melaku Worede）博士，以及 ETC 行动小组（Action Group on Erosion，Technology and Concentration，ETC Group，前身为国际农村进步基金会）的研究员及活动家 Pat Mooney，这两位富有卓识远见的人，开始着手为了未来收获而拯救基因材料的工作。他们说服了 USC Canada 主任约翰·马丁（John Martin）支持一个雄心勃勃的项目——"生存的种子"（Seeds of Survival，SoS）项目。USC Canada 提供的经费来源于加拿大国际开发署和加拿大公共与家庭基金会的私人捐款。

"生存的种子"项目于 1989 年启动，开始与农民合作重建本土种子系统。利用从国家基因库获得的迁地保护材料并通过孜孜不倦地寻找农民家庭中的种子储备，国家基因库的科学家与北谢瓦和沃罗的 500 多名农民密切合作，在农场中培育了尽可能多的高粱品种和适应当地环境的玉米品种。这些品种被参与项目的农民重新带入本地的种子系统，并分发给数千名来自北谢瓦、沃罗和提格雷地区因旱灾而遭受最严重影响的农民。在东谢瓦的小麦生产系统中也开展了类似的工作，帮助农民重新引入了已完全被现代品种所取代的硬粒小麦、鹰嘴豆、苦豆和紫云英（Tsegaye and Berg，2007）。通过创新的参与式作物改良方法，农民和科学家合作开发出"增强型"的农家品种，使农作物品种既增添了农民感兴趣的特征，又保留了广泛的遗传多样性和完整性（Worede et al.，1999）。

37.3　扎　　根

在 1989～1997 年，有数以千计的农民从这项工作中受益，重新获得了各种珍贵的遗传资源。这些宝贵的遗传资源能很好地适应多种农业条件和不同文化经济需求。其中得出的一个重要的经验教训就是种子安全和遗传多样性对于粮食安全至关重要。然而，由于国家农业发展战略主要关注支持高技术投入品种的商业生产，因此政府几乎没有制定计划来支持和提高基于农民的种子供应系统的恢复力。

基于"生存的种子"项目的经验，开始形成一种综合方法以加强以农民为主的种子系统的安全，并促进埃塞俄比亚植物遗传资源的就地保护。提议将社区种子银行作为关键策略，通过赋权乡村来保护其植物遗传资源，同时提供后备种子资源以加强家庭种子储存和交换（Feyissa，2000；Worede，2010）。这一策略与参与式作物改良和农民技术创新相结合，支持作物系统的适应性和多样性不断提高，从而满足各种新的需求，以应对新的挑战。

为分享从"生存的种子"项目中汲取到的经验教训，1990～2006年，USC Canada资助开展了10余场国际培训，为来自29个国家的近300名发展从业者、农民和科学家提供了关于植物遗传资源保护及可持续利用的理论与田野实地培训。还建立了一个"生存的种子"计划小项目基金，以加强基于社区的粮食和种子安全倡议（这些倡议多数由接受过"生存的种子"项目培训的人员来主导）。同时技术援助发展中国家之间的交流和网络沟通等，推动了非洲、亚洲和拉丁美洲多地的"生存的种子"计划之间能开展持续不断的学习与交流活动。

通过这些努力，从1995年开始社区种子银行陆续通过USC Canada的项目建立。在USC Canada的直接资助下，马里（见第22章）、埃塞俄比亚和尼泊尔（见第24章）最先建立种子银行（Feyissa，2000；Bhandari et al.，2013；Goïta et al.，2013），并最终将种子银行推广到16个国家（表37.1）。尽管这16个国家中有许多国家是一系列谷物、块茎类、根茎类、蔬菜、豆类和油料作物的原产地与多样性中心，但支持各个社区种子银行建立起来的具体项目和国家背景各不相同。其中有以将农民作为主导的农业研究和强化种子系统为重点的项目，如埃塞俄比亚、洪都拉斯（见第33章）、古巴；以土地恢复和生计多样化为重点的项目（玻利维亚、尼泊尔、东帝汶、西非）；甚至还有一个项目（孟加拉国）旨在促进女性青少年生活技能的发展。截至2013年，USC Canada积极支持了非洲、亚洲和拉丁美洲10个国家的150余家社区种子银行。在2014年，开始支持加拿大各地的乡村种子收藏馆，设立关注加拿大种子安全的鲍塔家庭项目（The Bauta Family Initiative）的一部分（www.seedsecurity.ca/en/）。

37.4　农民主导和多层面的工作

社区种子银行的组织模式因国家和地区不同而异。在所有案例中，USC Canada均会与支持并直接针对社区种子银行项目开展工作的当地机构（通常是非政府组织）合作。虽然功能和作用各不相同，但它们大体包含以下内容。

表 37.1　目前受 USC Canada 支持的社区种子银行（CSB）和田间基因库（FGB）（2013 年）*

国家（地区）	合作机构	CSB 开始年份	USC Canada 支持		CSB 工作的组织平台	CSB 覆盖面		CSB/FGB 主要目标作物	项目背景
			CSB 数量	FGB 数量		村社数量	农户数量*		
非洲									
埃塞俄比亚（南沃罗卡鲁）和沃雷卢区（Kalu 和 Woreilu）	埃塞俄比亚有机种子行动机构	1997*	5	0	两个区的 CSB 是由一个合法注册的农民保护者协会（FCA）经营，总的会员超过 1800 人；每个 FCA 选 9 名管理人员负责 CSB 的运营，并且与地方附属地点的次级委员会合作	18	1955	田间作物，包括高粱、珍珠粟、穇子、二粒小麦、硬粒小麦、鹰嘴豆、小扁豆、菜豆、紫花豌豆、绿豆、苦豆	项目的核心特征是 CSB 和与之相关的参与式选种；年轻人和女性的创收项目，水土保持和其他项目通过 CSB 来保持和埃塞俄比亚有机种子国组织；埃塞俄比亚已将其工作推广到该国行动的其他地区
马里（杜安扎和莫普提区）	USC Canada-马里	1995	8	1	6 家 CSB 均由每个村的代表组成的村内委员会管理；日常的运营由一个 6 人管理团队来协调；2 家 CSB 均由受法认可的农民合作社经营	32	6072	珍珠粟、高粱、水稻、豆、福尼奥、班巴拉花生、福尼奥芝麻、木槿、秋葵、辣椒、棉花、葫芦、西瓜、非洲茄子、大蒜、番薯、木薯、甘蔗、香蕉	整合 CSB 以加强种子安全，增加萨赫勒地区的作物多样性；CSB 对土地恢复、商品蔬菜栽培、农林业、支持农民组织方面的工作做出了补充；杜安扎地区所获得的经验激励了西非其他的"生存的种子"计划
马里（萨福和巴马科近郊）	CAB 德米索（Demeso）	2008	1	1	CSB 由 邓卡·法（Dunka Fa）农民合作社（250 名成员）管理，FGB 由一个女性群体（约 100 名会员）管理	14	1655	高粱、玉米、珍珠粟、水稻、花生、豆豆、芋头、香蕉、秋葵、番薯、quinqueliba（一种草药）、cotonier（一种无花果）	主要项目关注促进农林业发展和通过支持巴马科近郊的农民合作社和妇女小组来创收

续表

国家（地区）	合作机构	CSB 开始年份	USC Canada 支持		CSB 工作的组织平台	CSB 覆盖面		CSB/FGB 主要目标作物	项目背景
			CSB 数量	FGB 数量		村社数量	农户数量*		
布基纳法索吉博（Djibo）	自然保护协会，萨赫勒	2002	9	3	CSB 由每个村的发展委员会运作；每家 CSB 安排了两名人员来监管日常运作	12	786	高粱、玉米、珍珠栗、福尼奥米、豇豆、班巴拉花生、花生、芝麻、秋葵、木槿、木薯、番薯、甘蔗	项目最初关注了参与式土地恢复；CSB 被整合进来后加强了种子安全，增加了作物多样性，并作为具有更广泛意义的土地恢复项目的组成部分
塞内加尔波多尔（Podor）	非洲综合发展网络	2007	2	1	CSB 和 FGB 均由其所在社区指派的种植管理委员会来运作	2	358	高粱、玉米、珍珠栗、豇豆、番茄、南瓜、非洲茄子、香蕉	CSB 被纳入该项目以来对种子系统开展的工作，包括推广由一家农民组织经营的蔬菜种子农场
亚洲									
尼泊尔（勒利德布尔区）	达尔乔基（Dalchowki）乡村发展委员会（DCDC）	1998	1	0	由 DCDC 管理，这是一家基于社区的合法注册的组织，由 16 个农民团体组成	16	>100	谷物、豆类、油料、蔬菜	支持 CSB 和相关参与式选种和作物多样性工作；为实现长期可持续性，加强 CSB 和其他农民团体、国家基因库和其他尼泊尔机构之间的联系
尼泊尔（玛卡万普尔和萨拉希区）	"改革"组织（Parivartan）	2006	1	3	CSB 由拉尼巴斯（Ranibas）有机农业合作社团（153 名成员）经营，FGB 则由当地农民团体经营	4	350	谷物、豆类、油料、蔬菜、芋头、山药、香蕉、杧果、番石榴	通过河滨重建提高田间与家庭菜园的作物多样性，以促进可持续的农业多样性，改善种子质量，促进有机农业实践，水土保护和合作社发展

续表

国家（地区）	合作机构	CSB 开始年份	USC Canada 支持		CSB 工作的组织平台	CSB 覆盖面		CSB/FGB 主要目标作物	项目背景
			CSB 数量	FGB 数量		村社数量	农户数量*		
孟加拉国（西北部6个区）	USC Canada-孟加拉国（以及9家地方非政府组织）	2011	9	0	CSB 设于青少年资源中心，该中心共有4455名青少年会员；CSB 管理委员会由8名青年、2名成年人和1名合作非政府组织的代表组成	33	2033	多种蔬菜作物	推广多样化的家庭菜园生产，尤其关注年轻农民；这个项目以之前 USC Canada 在青少年资源中心针对年轻女孩开展的生活技能培训项目为基础
东帝汶 艾利厄（Aelieu）和马纳图省	生物多样性行动恢复农业及经济（RAEBIA 东帝汶，前身为 USC Canada-东帝汶）	2007	10	0	每家 CSB 均由一个农民团体管理，负责储存集体使用的种子，以及一个用于周转信贷的种子基金	10	869	玉米、豆类、水稻	流域管理及生计多样化，包括推动农林业、家庭菜园、水产/渔业发展及创收活动；CSB 为粮食生产多样化提供了支持
美洲									
洪都拉斯（Yoro, Intibuca 和 Francisco Morazan）	洪都拉斯农业参与式研究基金会（FIPAH）	2001	13	5	11个 CSB 由农民研究团队运营（总共137个成员）；另外2个由区域农民组织共管	98	679	玉米、大豆和其他豆类、芋头、佛手瓜、香蕉、甘蔗、木薯	通过中青年农民研究团队，FIPAH 使用参与式方法进行农家品种的农艺保护，通过种子再生产和销售实现可靠的种子供应、参与式植物育种、社区种子银行运营，以及促进合作的粮食储存系统和集体企业发展

续表

国家（地区）	合作机构	CSB 开始年份	USC Canada 支持		CSB 覆盖面		CSB 工作的组织平台	CSB/FGB 主要目标作物	项目背景
			CSB 数量	FGB 数量	村社数量	农户数量⊕			
古巴（覆盖了全国15个中的10个省）	国家农业科学研究院（INCA）	2000*	95	部分 CSB	56	每年1000～1800个家庭从CSB借用种子	CSB 由致力于保护作物多样性的家庭来运作	有77种作物，包括谷物、豆类、蔬菜、香料、果树及薯类	地方农业创新项目是一个创新型农民与科学家研究项目，它确保了古巴5万多个农村家庭的种子多样性及安全；其活动包括推广农业生物多样性、生态种植实践，以及促进知识分享和开展农民与科学家的合作
玻利维亚（波托西省北部）	跨学科综合发展项目（PRODII）	2008	10	部分 CSB	无数据。CSB 所持有的种质资源通过种子市集和农民之间的交换进行散播		CSB 由致力于保护作物多样性的家庭来经营	安第斯山根茎作物，oca（一种块茎蔬菜）块茎薯属作物］玉米、小麦、蚕豆	通过作物多样化、水土保持和采收后管理、与农民组织合作、市场营销等手段来支持可持续的、以农业生物多样性为基础的生计
加拿大（全国性）	加拿大多样性种子组织（SoDC）	2014	SoDC 在多伦多的埃弗代尔（Everdale）农场中心，它推动了加拿大国家基因库和全国1000多名SoDC会员之间的种子交换；在与 USC Canada 合作的过程中，现有或是数量稀少、够种植者使用的种子支持渠道是支持周支持的加拿大全境的种子资源的途径		农民感兴趣的田间有一个种子收集中心，农场拥有一个种子收集中心和全国基因库馆，以增加公众获得多样性种子资源的途径			农民感兴趣的田间作物和蔬菜种子，以及无法在商业市场上购买到或是数量稀少、够种植者使用的种子	关注加拿大种子安全的鲍塔（Bauta）家庭项目是 USC Canada "生存的种子"项目在加拿大境内的部分。作为一个同时受到全国和地区协调的项目。它与生产相关的协调者、研究者、民间机构合作伙伴一起，促进具有区域适应性、多样化的加拿大种子的繁育、保护及传播

* 其他过去曾得到 USC Canada 支持开展 CSB 项目的国家包括莱索托、马拉维、加纳、印度和印度尼西亚；

⊕ 除非另有说明，从 CSB 受益的户数是基于人口数量来计算的；

◆ 埃塞俄比亚 CSB 的初始创始资金是通过全球环境基金提供给埃塞俄比亚生物多样性保护中心（国家基因库）的，从2002年才开始由 USC Canada 通过埃塞俄比亚有机种子行动提供支持；

❖ USC Canada 在2007～2012年持续为地方农业创新项目提供资金支持，目前则是与 INCA 签订协议，为项目提供持续的技术支持和联系及交流。

37.4.1　种质保护

大多数社区种子银行包含一个通过参与式选育种选出的作物品种，以及为应对严重的作物歉收而储备种子所需的储存空间。这些收集的种子大多为该地区的农家品种，但也常有从种子市集、农业研究站或其他来源所获得的种子。社区种子银行通过持续地进行参与式选种活动，或由特定成员来定期对收集来的作物品种进行更新。

37.4.2　种子获取

种子银行一个主要的作用就是为应对种子短缺或希望尝试新作物或新品种的社区成员提供适应性强的种子材料。"周转种子基金"（Reviving Seed Fund）是最常见的方式：种子被借出、种植并在收获季节偿还，并通常按由乡村或种子银行成员制定的利率计算利息。种子基金可以通过在收获期从当地农民手中购买种子、由成员捐出他们的部分种子和现金、由参与的村庄或农民团体建立种子繁殖基地等方式建立。在少数情况下，特别是在有剩余种子可供非成员使用时，种子是售出而非借出的。在马里，种子银行借助乡村广播来宣传可售的剩余种子，以吸引附近村庄的人来购买。在玻利维亚，种子主要通过行政区种子市集进行传播，但有时候个别农民也会从社区种子银行购买种子，尤其是在他们的家庭种子储备因作物减产而遭受损失的时候。

37.4.3　备用种子储备

社区种子银行还可作为保存和存储家庭种子的备用空间。成员有时也会在社区种子银行中存储一些他们自己的种子。这种做法有利于分散风险，以应对火灾或其他导致家庭种子储备损失的情况。备用种子储存服务通常仅限于提供给参与管理种子银行的合作社或农民组织的成员，但有时也会照顾社区中的弱势群体。例如，在布基纳法索，女户主家庭可以在种子银行储存种子，作为交换，她们需要维护种子银行的房屋；而在马里的杜安扎和莫普提区，那些没有粮仓的资源匮乏的家庭只需支付少量费用就可以在种子银行中储存种子。

37.4.4　参与式作物改良

社区种子银行可在引入、评估和优选作物与品种时起关键作用。这些作物和品种可以从种子市集、与其他机构或社区交换，或是农民通过自己的育种活动获得。这是通过以农民为主导的参与式选种来实现的。选种时，男性及女性农民会与项目技术人员、其他科学家或推广人员一起，通过多个季节的合作，评价新作物品种对本地环境的适应能力。农民的选择标准，如粮食产量、生物量、抗病性、储藏性、碾磨品质和营养价值，都被用来决定结果（Teshome et al.，1999）。

例如，在埃塞俄比亚的哈布，农民优选出几个抗旱的珍珠粟品种，这些品种之前在该地区并不为人所知。在晚熟高粱品种歉收的年份里，将抗旱的珍珠粟纳入农民的种植体系中，为早熟的高粱品种提供了一个有趣的补充。早熟高粱不易储存，珍珠粟能在降雨较少的年份增加粮食收获。同样，在埃塞俄比亚，农民在田间建立了几块种子繁育地，对经过几个季节的参与式选种优选出的种子进行繁育。之后，社区种子银行的成员可以通过周转种子基金来获得这些种子，还可通过农民间的交换或其他农业部门得到更广泛传播［参考尼泊尔达尔霍维基（Dalchowki）及洪都拉斯的案例研究，见第 24 章和第 33 章］。

37.4.5　知识交流和培训

通过培训、种子市集、农民之间的交换，以及学生、发展人员和其他人的参观，甚至是通过戏剧表演等方式，社区种子银行可以成为知识交流学习重要的场所。这些活动丰富多样，从当地的生产培训到生物农药的使用，甚至组织国际活动，如组织非洲粮食安全国际会议，去埃塞俄比亚东谢瓦进行实地考察（2012 年 10 月）等。

一些社区种子银行还被设计作为知识交流中心，并配有特别的基础设施或资源来支持这一功能，包括房间或户外可遮蔽阳光的会议场所、培训或开展其他活动所需的场所；设有水土保护、梯田、农林间作或其他农业生态技术的示范区；建有种子银行用于保存作物遗传资源的资源中心或收藏馆。埃塞俄比亚正在计划开发一个由 USC Canada 资助的、与社区种子银行相连的多媒体知识库（Worede，2010），将有助于支持开展一系列的培训和知识交流活动。

37.4.6　创收和其他项目活动

许多运作社区种子银行的农民团体和合作社都开展了创收活动，为社区创造了生计机会和其他福利。在马里的萨福，邓卡·法（Dunka Fa）合作社建立了洋葱储存设施，以便合作社成员生产的洋葱可以储存起来，等到价格适宜时再出售（通常在收获后的几个月）。许多社区种子银行也已经开展了种子繁育和销售项目（更多的信息，请见第 33 章洪都拉斯的案例研究）。

37.4.7　网络

随着项目的成熟，在促进当地和整个区域层面的社区种子银行交流方面所做的努力也越来越多，如马里和尼泊尔案例（见第 22 章和第 24 章）。

37.5　社会性别方面的考虑

女性在种子储存中起着关键作用。她们通常在家庭和社区中担负这项任务的主要责任，并能记住植物遗传资源的烹饪、储藏和其他采后特性等专业知识（Howard，2003）。因此，针对女性与农业生产有关的优先事项和需求，可将社区种子银行及与种子系统相关的工作作为提高女性知识和贡献价值的战略切入点，并为她们提供一个能在家庭和乡村中发挥更大领导作用的领域。USC Canada 还采用了一些重要方法来提升社会性别平等的水平。

37.5.1　重视女性的知识、作物和生产空间

从"拯救种子计划"项目的早期开始，女性关于种子保护和农业生产的知识就得到了承认与重视（Tsegaye，1997）。女性和男性都积极参与参与式选种和植物育种工作，并且他们的选择标准，包括农艺和采后特性等均得到了重视。

大多数由 USC Canada 支持的社区种子银行关注的作物较为广泛，满足了女性农民的需要。在某些情况下，这些女性农民还对某些作物或在某些生产空间（如家庭菜园）肩负着具体的责任。例如，在西非，种子银行的作物包括豇豆、班巴拉花生、木槿和秋葵，这些通常都是由女性农民负责种植的。在东帝汶、尼泊尔、古巴等其他国家，对树木苗圃和田间基因库的支持也增加了家庭菜园获取种质资源的途径。在孟加拉国，社区种子银行特别关注本地蔬菜种子，将其作为一个涉及面更广的项目的组成部分，通过参与式家庭菜园活动来赋权女性青少年。

除了这些成就，在许多开展 USC Canada 项目的国家，还有大批引进的蔬菜作物（如胡萝卜、番茄和卷心菜）仍在种植。农民必须依靠购买种子来种植引进的作物，这些种子大多是从欧洲或其他地方进口而来的。虽然 USC Canada 项目的一些措施促进了地方种子的保护和繁育（如在塞内加尔波多尔支持的一个蔬菜种子园），但在未来这仍是一个需要更多关注的领域。

37.5.2　促进女性的参与及领导

在大多数 USC Canada 支持的社区种子银行中，成员及领导中均保持有良好的性别平衡。在许多情况下，这是 USC Canada 和其他乡村工作机构开展并持续不断监测社会性别意识提升工作的结果。

例如，迄今为止，埃塞俄比亚登记的种子银行成员中只有 22% 是女性。这反映出会员资格是以家庭为单位的，通常登记男性户主。不过，经营种子银行的农民保护协会发起了一项运动，通过建立个人会员制度，而非以家庭为单位的会员制度，来吸引更多女性成员参与。这一举措似乎是 USC Canada 支持的参与式性别

平等评估过程所带来的结果。这项运动鼓励社区就如何促进项目的社会性别平等展开讨论（Dalle and Stefov，2013）。同时，它体现了田野工作人员和地方政府机构持续开展社会性别意识教育所取得的成效。对女性和青年团体的支持也帮助增加了她们对社区种子银行的兴趣，并鼓励她们更积极地参与其中。因此在一些农民保护者协会中，已经出现了一些强有力的女性领导人。

　　在洪都拉斯，最近的一项研究发现，女性参与当地的农业研究委员会（The Comités de Investigación Agrícola Local，CIAL）对社会性别平等和女性赋权起到了显著的促进作用：农业研究委员会提供了一个男性和女性可以挑战社会性别角色不平等的空间（Humphries et al.，2012a）。这表明围绕粮食和种子安全的集体行动能够促进更广泛的社会变革，这也是 USC Canada 在其资助项目中积极推行的一项策略。

37.6　政策影响

　　社区种子银行为农村社区和农民组织提供了重要的论坛，让他们可以在此交流和了解可能影响本地种子与粮食安全的趋势及政策，根据农民最关注的重要问题制定政策的修订版本，并且在地方或国家层面与政策制定者和其他相关部门或人员进行磋商。在推进这一进程中合作的非政府组织起到了重要的作用，它们也负责让农民了解非政府组织与较大的农民组织和其他社会组织参与方一起在推动国家和国际政策变革方面所做的努力。

　　近年来，洪都拉斯农业研究委员会一直在重新审视与参与式植物品种繁育相关的公平利益分享机制，农业研究委员会投入了多年劳动和技术去促进此事。他们认为这是其与政府和非政府合作者就所有权进行公开对话的第一步（Humphries et al.，2012b）。洪都拉斯农业参与式研究基金会还成功地说服政府设立了一个粮食与农业植物遗传资源委员会，以制定相关机制来履行洪都拉斯所要承担的《粮食和农业植物遗传资源国际条约》义务。鉴于洪都拉斯与美国达成的《2006 自由贸易协定》，这些举措尤其重要。根据该协定，农民的植物遗传资源和知识被视为可申请专利的商品（Humphries et al.，2012b）。在西非，USC Canada 支持的项目同样参与了区域间的保护非洲植物遗传遗产联盟，推动社区、农民组织和政策制定者开展有关植物遗传资源的工作。

　　在几个国家中，支持和促进社区种子银行发展的规定已被纳入国家立法、监管框架和农业发展计划中（见第 41 章的尼泊尔政策案例研究）。在东帝汶，USC Canada 的合作伙伴——"生物多样性行动恢复农业与经济"（Resilient Agriculture and Economy through Biodiversity Action，RAEBIA）组织是《国家种子法案》指导委员会的组成部分，指导了《国家种子法案》（2013 年）的起草，并在法案中明确指出了社区种子银行的价值。

　　USC Canada 还支持更广泛建立社区种子银行的倡议。近年来，USC Canada

支持的项目已经开始与地方和全国层面上广泛的参与者分享它们几十年的亲身实践经验，并且为政府、社会组织和学术机构提供越来越多的专业技术和培训，以便将其积累的经验教训整合到他们的实践中。例如，在埃塞俄比亚，埃塞俄比亚有机种子行动（Ethio-Organic Seed Action，EOSA）的田野工作人员和所建社区种子银行的农民专家已帮助沃罗大学在校园内开展参与式选种试验，让本地农民、学生和教师能以一种新的方式相互学习。埃塞俄比亚有机种子行动还为南方州、民族和区域人民政府提供技术支持与指导，在 8 个区建起社区种子银行，所有这些种子银行全部由政府出资。该组织经常收到来自政府机构和其他非政府组织的请求，希望为他们的种子系统相关工作提供技术建议。

最后，同样重要的是，USC Canada 会尽一切努力协助其合作伙伴，并在可能的情况下选择女性和男性农民参加国际论坛，其中最著名的 3 个论坛就是《粮食和农业植物遗传资源国际条约》论坛、世界粮食安全委员会（The Committee on World Food Security）论坛、《生物多样性公约》论坛。

37.7　可 持 续 性

作为农民主导和管理的机构，社区种子银行普遍能激发受益农民组织和社区的强烈主人翁意识与自豪感——这一特征能够增强这些项目在未来的可持续性。然而，USC Canada 的经验表明，这种主人翁意识、社区种子银行维持所需的组织技能和机制是需要时间来建立的，而且必须谨慎地加以培养。

这方面一个很好的案例来自马里，当 USC Canada 从巴迪亚里村（Badiari，位于杜安扎区）撤出后，社区种子银行可以继续独立运营。社区对种子银行强烈的主人翁意识已经建立起来，管理委员会早已制定出明确的组织机制来维持运作。相反，在奥诺宁村（Ouornio，位于莫普提区），USC Canada 提早结束对项目的资助后，当地的社区种子银行就停止了运作，而该种子银行成立后仅仅运营了 3 年。在这两个案例中，USC Canada 最终又恢复参与社区的工作，并提供额外的支持来升级老化的基础设施，并且在奥诺宁村重新培养组织技能和社区支持，以恢复社区种子银行。

在所有 USC Canada 支持的社区种子银行中，农民都与 USC Canada 的合作伙伴一起合作制定因地制宜的策略，以维持农民经营机构的资金和组织活力（表 37.2）。在东帝汶，只需要很少的资金资源便可维持种子银行的运作，其重点关注培养包括青年在内的农民参与的各项机构的能力。对更复杂的种子银行的运作，人们正投入巨大的精力来开拓资金资源，以帮助这些种子银行维持运作、加强农民组织的财务管理能力，并使其资金来源多样化。从所有的案例来看，良好的政策环境，合作机构在发展以协助农民为主导的方法上所具备的强大能力，都对社区种子银行的长期运作尤为重要。

表 37.2　构建农民主导社区种子银行可持续性策略

策略	示例
经济可持续性	
发展微型企业及其他机制以获得收入	许多种子银行正在培养繁育和销售种子的能力；其他举措包括养蜂、生产水果、收取会员费，以及出租会议室和办公间
开展能力建设以提高财务管理能力	大多数农民组织和合作社获得了培养财务管理技能的支持。在埃塞俄比亚，种子银行有自己的账户，进行年度政府审计，并根据日益多样化的项目（青年/女性团体项目、水土保持项目等）努力加强财务系统的建设
金融支持来源多元化	在尼泊尔，种子银行已从政府机构（区农牧业部门、国家基因库）获得了财政支持
使用本地的材料和施工技术	大多数种子银行利用当地的材料和建造技术，提高了当地乡村长期维护基础设施的能力
机构可持续性	
农民团体注册为合作社或其他法律认可的实体	马里的几家基于社区的种子银行已选择注册为合作社，通过会员捐款、储蓄/信贷基金为种子银行及其成员提供经济收入；合法注册的合作社也可以获得一些政府项目的资助
加强女性的领导及参与	所有的 USC Canada 项目都鼓励发展女性的领导力，并确保她们的技能和知识受到重视并贡献到种子银行的管理工作中；强有力的女性领导可以鼓励其他女性参与进来，拓展种子银行的支持基础
青年农民与青少年对社区种子银行相关活动的参与	已经制定了具体的策略来让学龄儿童、青少年和青年农民参与几个项目，包括支持青年农民研究小组（洪都拉斯）的活动，青年农民的生产活动（东帝汶、孟加拉国、埃塞俄比亚），并与当地学校（埃塞俄比亚）合作；青年项目预计能吸引更多的青年农民参与种子银行的管理和活动。
与当地政府、农业推广服务及其他机构的合作和伙伴关系	所有 USC Canada 支持的种子银行都与地方和国家政府机构及研究机构建立了联系，增强了这些机构对种子银行以农民为主导的方式运作的认识和理解；在某些情况下，他们还为种子银行提供材料、技术或资金支持
USC Canada 办事处转变为全国性的非政府组织和其他组织发展	USC Canada 已支持建立全国性的非政府组织来接管其田野项目的运营工作，这有助于使资金来源多样化，并增加了非政府组织进入国家项目、网络和联盟的机会；USC Canada 还为非政府组织的各种伙伴机构发展项目进行投资，包括加强财务管理系统、支持社会性别平等评估、促进人员能力建设和专业发展，以及介绍其他资助者为种子银行提供资金支持

37.8　致　　谢

　　我们衷心感谢 USC Canada 的所有伙伴机构（表 37.1），他们提供了撰写本文所需的宝贵数据和见解。然而，如有任何错误或遗漏，均由作者个人承担责任。

撰稿：萨拉·葆拉·达勒（Sarah Paule Dalle）

苏珊·沃尔什（Susan Walsh）

参 考 文 献

Bhandari B, Hamal M, Rai J, Sapkota D, Sangel K, Joshi B K and Shrestha P. 2013. Establishment and present status of Dalchoki Community Seed Bank in Lalitpur, Nepal // Shrestha P, Vernooy R and Chaudhary P. Community Seed Banks in Nepal: Past, Present and Future. Pokhara: Local Initiatives for Biodiversity, Research and Development: 47-58.

Dalle S P and Stefov D. 2013. Monitoring & evaluation as a learning process: USC Canada's experience in Bridging Gaps // Buckles D. Innovations with Evaluation Methods: Lessons from a Community of Practice in International Development. Montréal: Canada World Youth: 46-52.

Feyissa R. 2000. Community seed banks and seed exchange in Ethiopia: a farmer-led approach // Friis-Hansen E and Sthapit B. Participatory Approaches to Conservation and Use of Plant Genetic Resources. Rome: International Plant Genetic Resources Institute: 142-148.

Goïta M, Coulibaly M and Winge T. 2013. Capacity building and farmer empowerment in Mali // Andersen R and Winge T. Realising Farmers' Rights to Crop Genetic Resources: Success Stories and Best Practices. NewYork: Routledge: 156-166.

Howard P L. 2003. Women & Plants: Gender Relations in Biodiversity Management and Conservation. London: Zed Books.

Humphries S, Classen L, Jimenez J, Sierra F, Gallardo O and Gomez M. 2012a. Opening cracks for the transgression of social boundaries: an evaluation of the gender impacts of farmer research teams in Honduras. World Development, 40: 2078-2095.

Humphries S, Jimenez J, Gallardo O, Gomez M, Sierra F and Members of the Association of Local Agricultural Research Committees of Yorito Victoria and Sulaco. 2012b. Honduras: rights of farmers and breeders rights in the new globalizing context // Ruiz M and Vernooy R. The Custodians of Biodiversity: Sharing Access and Benefits to Genetic Resources. London: Earthscan; Ottawa: International Development Research Centre: 79-93.

Teshome A, Fahrig L, Torrance J K, Lambert J D, Arnason T J and Baum B R. 1999. Maintenance of sorghum (*Sorghum bicolor*, Poaceae) landrace diversity by farmers' selection in Ethiopia. Economic Botany, 53: 79-88.

Tsegaye B. 1997. The significance of biodiversity for sustaining agricultural production and role of women in the traditional sector: the Ethiopian experience. Agriculture, Ecosystems and Environment, 62: 215-227.

Tsegaye B and Berg T. 2007. Genetic erosion of Ethiopian tetraploid wheat landraces in Eastern Shewa, Central Ethiopia. Genetic Resources and Crop Evolution, 54: 715-726.

Worede M. 2010. Establishing a Community Seed Supply System: Community Seed Bank Complexes in Africa. Rome: Food and Agriculture Organization.

Worede M, Tesemma T and Feyissa R. 1999. Keeping diversity alive: an Ethiopian perspective // Brush S B. Genes in the Field: On-farm Conservation of Crop Diversity. Boca Raton: Lewis Publishers Inc.: 143-164.

第38章 津巴布韦社区技术发展信托基金的经验

38.1 目标和发展史

1991～1992年，非洲南部的干旱导致津巴布韦全国发生灾害，大部分农民在这场干旱中失去了他们的传统作物品种，也推动了我们计划和建立社区种子银行。因此，社区技术发展信托基金（The Community Technology Development Trust，CTDT）与政府机构和农民社区协商，决定采取一些措施来保护本地作物农家品种，阻止作物遗传侵蚀，以防农民拥有的作物遗传资源进一步丧失，从而抵御由气候变化及逆境胁迫造成的脆弱性风险，增强作物的适应性。这些措施旨在帮助农民增强当地种植作物的耐旱性，包括高粱、珍珠粟、花生、豇豆和当地蔬菜等的抗旱性。

1998年，在挪威发展基金（The Norwegian Development Fund）的资助下，社区技术发展信托基金在试点项目的基础上，分别在乌乌巴巴-马兰巴-普丰韦（Uzumba-Maramba-Pfungwe）、茨霍洛特霍（Tsholotsho）和奇雷齐（Chiredzi）地区建立了3个社区种子银行（表38.1），种子银行的建设由各村提供建筑材料并由农业部工程研究所提供技术设计。社区种子银行的建立旨在促进农民进行种子的交换和经验及知识的交流，促进农民开展在地试验和保护社区种质资源。种子银行同时被视为一个总体框架和制度平台，就作物种植、种子繁育和当地种质资源保存的意见做出决定。因此，社区种子银行的运行机制有助于落实和维护《粮食和农业植物遗传资源国际条约》所规定的农民权利。

表38.1 3个社区种子银行种质的资源类型（2013年）

作物	品种数量		
	乌乌巴巴-马兰巴-普丰韦★	茨霍洛特霍	奇雷齐†
高粱	17	12	7
珍珠粟	5	6	2
花生	6	4	4
班巴拉豆	9	6	5
玉米	4	3	3
豇豆	12	16	8
穆子	4	2	2
总计	57	49	31

★目前大量储存的有500kg高粱、100kg穆子和300kg珍珠粟的种子；去年留下的种子作为战略储备以防干旱或其他灾难。†由于奇雷齐地区反复发生干旱，种子银行中没有积累大量种子。

38.2　功能和行动

每个社区种子银行的大小为 12m×5m，分为 5 个房间（插图 27），其中两个房间为种子储存空间，这两个房间采用 1m 厚的混凝土天花板保持恒温，室内放置货架来保护种子免遭病虫为害。贮存的品种材料按提供者名字的首字母顺序排列贴上标签，并贮存可用于田间扩繁的大量种子。此外，社区种子银行还拥有一间办公室和一间会议室。

社区种子银行每两年会检测评估一次储藏种子的活力，如果种子萌发率低于 65%，种子将被分发给受过培训的农民进行繁种。2008 年开展的一项研究表明，小粒作物种子至少可以储存 10 年。

为提高公众对作物种质资源多样性、作物种质资源交换、农业生物多样性保护的的认识，每个社区种子银行每年都会组织种子交易会，每半年举办全国性的种子交易会。这些活动最初由社区技术发展信托基金与农民管理委员会合作开展，现在则由社区种子银行委员会组织承办。种子交易会期间，社区种子银行鼓励农民展示他们的作物，并根据展出作物的种类数量、种子质量、种子用途和相关知识进行评判，优胜者可获得奖励。种子交易会为农民提供了一个面对面地交流信息、分享经验、讨论问题和交换种子的平台，不仅有助于开展社区作物多样性水平评估、遗传侵蚀监测评价，还能够收购种子以增加种子银行的存量。

38.3　管理和治理

在社区技术发展信托基金和政府机构的支持下，社区种子银行由本地农民进行管理。乡村社区选举并设立管理委员会，负责协调和管理社区种子银行的所有工作。该委员会在社区技术发展信托基金的指导下，按照农民起草的章程运作。委员会由主席、副主席、秘书、副秘书、财务主管、保安、副保安和其他 5 名成员组成。委员会的职责包括管控种子银行里种子的进出，病虫害检测，提议和监督房间熏蒸消毒，以及种子活性的检测等。

社区的每个成员都可以提供和存放种子在种子银行，并有权从种子银行获得种子。提供种子的农民可以获得一张会员卡，并允许他们将种子部分存放在种子银行，部分自家保存，如果需要从种子银行机构获得服务时需要出示会员卡。社区种子银行希望通过这些方式促使社区农民积极参与种子交易和培训。

种子银行贮藏的种子在干旱、洪水或其他灾难发生的情况下，可供会员免费使用，发挥储备种子的救急作用。另外，非会员尤其是老年人和孤儿等弱势群体人员也可在管理委员会的推荐下得到种子，这也是社区种子银行对社会的承诺。其余贮藏量大的种子可以用于销售。

种子银行委员会与社区技术发展信托基金工作人员和当地农业推广部（AGRITEX）官员密切合作，为参与的农民进行注册。新收集到的品种在种子银行办公室进行资源登记并记录以下信息：农民姓名，身份证号码或登记号码，村寨名称，区域号码或名称，作物名称，品种，收集日期，登记号，货架号，发芽率，种子数量和材料接收人姓名。这些信息存储在社区种子银行并备份在社区技术发展信托基金总部，同时社区技术发展信托基金为技术人员编制了一份社区种子银行手册。

在家庭中发挥关键作用的女性农民也参与了种子银行活动，12 名管理委员会中至少有一半为女性。受当地社会经济、文化习俗规范和价值观念的影响，女性农民参与的活动主要包括田间选种和收获后种子的清理与保存，种子库的保洁，同时参与种子交易会。目前，参与上述活动的年轻人仍很少，只有从事保护性农业工作的年轻人才会将种子带到社区种子银行。大部分年轻人对农业不感兴趣，他们更希望在城市中有一份正式工作。

38.4　种子选择和管理

种子的收集和清理工作主要由农民完成。在种子银行管理委员会的监督下，两名当地农业推广部工作人员和一名社区技术发展信托基金工作人员共同指导农民收集与清理种子。接受种子处理培训后，农民可独立完成种子收集，在收获季大部分农妇会同时在田间选种及收获后选种。农民能通过谷粒大小、颜色或耐旱性等辨识种子的不同品质。种子贮藏之前，首先通过风选或清洁除去畸形种子、灰尘和杂质。然后在家晒干（将含水量降至约 11%），并通过手掰或牙咬的方法测试干燥度是否合格。之后将种子储藏在塑料袋或罐中。管理委员会在储藏前对种子进行检查，只有合格的种子才能放置在由社区技术发展信托基金提供的气密瓶中保存。

管理委员会对发芽率低的种子进行繁育并赋予农民管理种子的权力。管理委员会并没有规定种植季后农民应该返库的种子量，但会鼓励农民按照从种子银行获取的种子量的两倍来返还。社区技术发展信托基金官员和管理委员会通过记录相关信息来监控种子银行的进出情况，他们不仅与当地农业推广部及政府农业部门密切协商，还是农村社区的一份子。

对异花授粉作物，如高粱、珍珠粟、豇豆和玉米等，育种时需要谨慎对待。农民需要接受种子扩繁和育种方法等方面的培训。茨霍洛特霍和乌乌巴巴-马兰巴-普丰韦这两个地方的农民会与种子公司（Seed Co 和 Agri-Seeds）联系并获取原种。在 2009 ～ 2010 年收获季，他们繁育了 185t 改良珍珠粟种子、120t 改良高粱和 85t 改良豇豆种子。同时，这些地区通过参与式植物育种和品种改良，参与了作物改良计划，选育出 4 个玉米品种并贮藏在社区种子银行中。这些改良品种会被送到农业大学做进一步的研究开发利用。

38.5　《种子法》对社区种子银行的影响

津巴布韦的《种子法》规定种子公司为国内外市场繁育提供优质的种子。然而，新品种只有在品种发布委员会认定其特异性、一致性和稳定性（DUS）、栽培和使用价值（VCU）后才能进行商业注册与销售。开展新品种一致性和稳定性、栽培和使用价值的测试评估，延迟新品种开发与市场投放，整个体系成本也很高。种子的标准化认证要求让普通农户很难进行种子交易，而农民想在社区之外出售他们的种子就会面临知识产权的问题。《种子法》禁止农民出售任何自家保存的种子，但允许其在社区种子银行的支持下扩繁和自留种，这为农民种子系统打开一扇窗提供了机遇，使已建成的社区种子库与国家基因库相联系的情况下开展农家种子的扩繁和交换。

38.6　技术支持和合作

培训能为社区种子银行提供技术支持，如在茨霍洛特霍，国际半干旱热带作物研究所（The International Crops Research Institute for the Semi-Arid Tropics）为社区技术发展信托基金和当地农业推广部官员开展作物改良方面的培训，而国家基因库也针对这些官员开展了作物种质资源收集、记录、处理和储藏方面的培训。当地农业推广部始终与种子银行管理委员会密切合作，社区技术发展信托基金为工作人员和管理委员会提供技术支持，并针对管理委员会所有成员开展领导力和种子银行管理方面的培训，同时通过组织交流考察（如实地参观学习）让管理委员会成员分享包括植物遗传资源管理的最佳实践在内的信息和想法。荷兰乐施会（OXFAM-NOVIB）和国际农业发展基金为社区技术发展信托基金提供了资金支持。

种子银行管理委员会与国家基因库有着密切的合作关系。国家基因库针对社区技术发展信托基金的工作人员、当地农业推广部的官员和管理委员会的成员（核心种子银行管理团队）开展种质收集、材料记录、种子处理和储藏等方面的培训。国家基因库还会从社区种子银行收集样品，组织官员参加种子交易会，并将种质归还给农民进行繁种。在茨霍洛特霍，当地农民参与国家基因库的种质收集工作，有时也能获得少量报酬（收集 1kg 种子的报酬为 1 美元）。

农民认为应更关注惠益分享。社区技术发展信托基金已经多次组织召开了关于提高惠益分享意识的会议，然而在乡村社区层面这是一个非常复杂的问题。例如，在奇雷齐，农民表示当地没有从使用研究人员或外部人员收集的种质材料中获得税费的机制，同时女性农民认为这种惠益应该派发给个人，而不是给酋长或其他领导人。

38.7　政策和法律环境

除通过推广服务获得普遍支持外，目前还没有任何具体政策或法律框架支持社区种子银行。但就这一方面政府已经开展了涉及农民综合权利立法方面的讨论。拟议的框架包括建立与国家基因库和南非发展共同体（The South African Development Community，SADC）区域基因库紧密相连的社区种子银行。这一框架已成立了小组委员会，制定了具体措施并已提交内阁，一旦获批将形成法律草案提交议会。

津巴布韦政府对社区种子银行持支持态度。2010 年,副总统乔伊斯·穆菊茹（J. Mujuru）的夫人和其他高级政府官员在乌乌巴巴-马兰巴-普丰韦的马比卡（Mabika）的社区种子银行参加了一场种子交易会。官员一致认为社区种子银行不仅能保护植物遗传资源，还是一种应对气候变化的战略。同年赞比亚卢萨卡 SADC 基因库的高级官员桑迪（Thandi）女士访问了乌乌巴巴-马兰巴-普丰韦和茨霍洛特霍的社区种子银行，这次访问具有重要的意义，它巩固了社区种子银行与国家及区域基因库之间的交流联系和合作。

当地国会议员、领导人、政府部门和农民组织（津巴布韦农民联盟）都与种子银行管理委员会开展了合作，津巴布韦南非发展共同体植物遗传资源中心也强调了社区种子银行的成功经验和重要性，并考虑如何在 14 个南非发展共同体成员国推广津巴布韦的社区种子银行模式。

38.8　成就和挑战

目前，津巴布韦社区种子银行取得的主要成果是参与家庭和社区拥有的作物多样性有所增加。原先社区农户平均种植 4 种作物（谷物和豆类），但近年来乌乌巴巴-马兰巴-普丰韦的平均品种数量增加到 8 个，茨霍洛特霍增加到 6 个，奇雷齐增加到 5 个。同时种子银行大大增加了社区及农户获得本地种质资源的渠道，他们不再需要去远处搜寻种子。目前女性农民面临的主要挑战是掌握加工技术，这些加工技术通常价格昂贵使得穷人无法负担，因此需要在财政资源和研究方面增加投入。土壤肥力下降也是一个重要挑战，这是因为通常分配给女性农民的土地肥力较低，因而直接影响土地生产力。

现在至少有 1500 个家庭直接或间接地因社区种子银行储藏的种子而获益（表 38.2），其中大部分家庭正在帮助储存已经在大部分津巴布韦农村社区消失的本地谷物和其他相关的野生作物。许多年老的农民仍然记得以前曾经种植的品种，也愿意利用种子银行。例如，一位 70 多岁的女性农民说，多亏了社区种子银行，她们曾经在 20 世纪 40～60 年代种植的长季珍珠粟才得以恢复保留。正如她所说，"种子银行不仅仅是一个存钱的银行，更是一个保存生命和食品的银行。"

表 38.2　从 3 个地区的乡村种子银行直接受益的农民人数

地区（成立年份）	成立时		现在（2013 年）		总计
	男	女	男	女	
乌乌巴巴-马兰巴-普丰韦（1999 年）	32	65	237	474	711
茨霍洛特霍（2007 年）	3	60	52	421	473
奇雷齐（2003 年）	17	21	58	75	133
总计	52	146	347	970	1317

乌乌巴巴-马兰巴-普丰韦地方政府领导和社区技术发展信托基金工作人员认为社区种子银行已经成为分享当地知识和农民-推广者-研究员互动创造新知识的中心。但同时社区技术发展信托基金的农民和外地官员也指出有必要建立分享与交流知识的机制，进行专家培训和国家/区域一级伙伴间的经验交流。尽管利用种子交易会和社交场合能够分享这些知识，但这种分享仅局限于地方层面。农民认为区域和区域间的访问可促进不同地区间的农民分享知识。社区技术发展信托基金已与津巴布韦国家农民联盟签署了谅解备忘录，确保大规模推广社区种子银行的概念，从而在国家层面上促进农民间的联络。

参与社区种子银行的农民获取种子的数量和种类大大增加。随着农民转向小粒谷物和豆类的种植，社区种子繁育计划不仅填补了种子的空缺，而且正成为农民收入的主要来源。由于价格不高，销售仍然是小粒谷类作物面临的最大挑战，而社区技术发展信托基金也通过其他项目引入储蓄和借贷团体来改善家庭资产流动性，已有 40% 以上的社区种子银行受益者成为这些团体的成员。最终参与种子银行的家庭平均收入每月增加 35 ～ 50 美元。

撰稿：安德鲁·T. 穆希塔（Andrew T. Mushita）

帕特里克·卡萨萨（Patrick Kasasa）

希尔顿·姆博齐（Hilton Mbozi）

第 39 章 巴西的社区种子银行和法律

39.1 背 景

在过去几年，巴西的帕拉伊巴（Paraíba）、阿拉戈斯（Alagoas）和米纳斯·吉拉斯（Minas Gerais）3 个州已经制定了法律，旨在为小农协会在非政府组织和地方政府的支持下创建并维护社区种子银行提供法律框架。另外的 4 个州（巴伊亚、伯南布哥、圣卡塔琳娜和圣保罗）立法议会也正在对类似法案进行讨论。

第一个在管辖区内颁布法律支持建立社区种子银行项目的是帕拉伊巴州。它是巴西东北部最小的州之一，有一半人口生活在半干旱地区。阿拉戈斯、巴伊亚、伯南布哥和米纳斯·吉拉斯也有部分区域位于半干旱地区。这片地区的主要生物群落是 caatinga（地方名，意为"平整和开阔的森林"），这片巴西所独有的生物群落区占全国约 11% 的土地。这片生物群落区每年主要受两个旱季的影响：在间歇性降雨之后有一个较长的干旱期，然后在集中暴雨之后会有一个短暂的干旱期（中间的间隔可以持续数年）。该国大部分的最贫困人口（58%）居住在半干旱地区。在约 82% 的城市中，人类发展指数比较低，仅为 0.65（ASA，2014）。

巴西半干旱地区的特点是社会严重不平等：水、土地和种子一直高度集中在极少数在政治与经济上占主导地位的人群手中。促进社区种子银行的发展是小农克服粮食和种子不安全状况、加强生产系统自主权和维持生计策略的一种手段。在巴西，小农被称为家庭农民，因为家庭是农业生产的基本单位。小农使用多种耕作系统和农场保存下来的本地品种种子。这些种子在帕拉伊巴州称为"sementes da paixão"（热情的种子）和"sementes da resistncia"（反抗的种子）。这些种子适应半干旱地区的农业生态条件，并能满足特定的社会、文化需求和家庭农民的需求（见第 13 章）。

从历史上看，政府项目只会发放少数经过认证的改良品种的种子。而且，这类项目一直被指责是为政治利益而服务，即在选举期间用种子来换选票（Dias da Silva，2013）。另外，种子生产私有化导致种子价格高昂，家庭农民在购买种子方面一直面临着严重的困难。这一现实更推动了农业生物多样性的逐步丧失（Santilli，2012）。

为应对这种状况，巴西半干旱地区社区种子银行的主要任务之一就是确保能在适当的时间使农民能够获得充足的最受欢迎的（本地的）品种的种子（Dias da Silva，2013；见第 13 章）。种子银行把种子借给农民，而农民也同意在收获的时候返还所借数量并加一点额外数量的种子。

39.2　帕拉伊巴

　　在帕拉伊巴，社区种子银行一直得到一个由农民和乡村协会、小型合作社、工会、教区和当地一家名为"阿迪库拉考·德·阿拉戈斯"（Articulação do Semiárido de Alagoas）的非政府组织组成的网络的支持。这个网络的主要目标是增加本地农业系统的生物多样性，并推动社会平等及地方可持续发展。目前，帕拉伊巴拥有一个由超过 240 家种子银行组成的网络，覆盖 63 个城市的 6561 个农民家庭。它们保存了 300 多种玉米、刀豆、蚕豆、木薯、向日葵和花生的种子，以及饲料和水果品种的种子。农民使用种子银行种子的目的包括粮食、饲料、纤维和医疗用途（Agroecologia em Rede，2010）。种子银行的作用不仅仅是安全储存种子的设施，更是当地农民组织可以聚集在一起讨论政治问题、交换种子和传统知识的场所。

　　这个网络已经产生了政治影响力，其主要成就之一就是 2002 年推动政府批准了第 7.298/2002 号法律。该法律设立了一个社区种子银行项目，让帕拉伊巴州政府可以购买本地品种的种子，发放给农民和种子银行。在那之前，只有经过认证的改良品种的种子才能用于这一目的（Santos et al.，2012；Dias da Silva，2013）。这项法律还允许农民使用本地品种的种子生产粮食，并将其出售（通过与州政府机构之间签订的合同）给公立学校和医院（Schmidt and Guimarães，2008）。2004 ～ 2010 年，帕拉伊巴州使用 73 种本地品种种子共生产了 180 多吨粮食（Dias da Silva，2013）。

　　在第 7.298/2002 号法律获得批准之前，巴西法律并不认可本地品种的种子，而是将其视为低质的谷物，并把它排除在官方种子项目之外。

39.3　阿拉戈斯

　　2008 年 1 月 3 日，阿拉戈斯州（也位于巴西东北部的半干旱地区）批准了第 6903/2008 号法律，设立了一个社区种子银行项目，其目的是"通过公众对本地品种种子拯救、繁育、分发和供应的支持，来加强社区种子银行"，以"确保小规模农业生产系统的可持续性。"

　　在阿拉戈斯州，主要的种子银行网络一直由总部设在阿尔托（Alto）和阿加洛斯·阿尔戈迪奥（Médio Sertão de Alagoas）的小农合作社管理。它们得到了"阿迪库拉考·德·阿拉戈斯"网络的支持，该网络聚集了几个地方组织。目前，阿拉戈斯在 221 个城市里建立了 131 家种子银行，覆盖了 3350 个农民家庭，有 32 个地方品种的种子，主要为菜豆、蚕豆、豇豆和玉米（Almeida and Schmitt，2010；Packer，2010）。农民也广泛地使用和保护卡丁加群落生态区的本地物种（catingueira，巴西树胶，乌隆斑纹漆木）。

39.4　米纳斯·吉拉斯

2009 年，米纳斯·吉拉斯州通过了《社区种子银行法》（18374/2009）。该法律第一次为社区种子银行作出了法律定义："收集本地、传统和克里奥尔植物品种，以及本地品种的种质资源，在本地由家庭农民自主管理，负责种子的繁育或种苗的分发、交换和交易"（见第 13 章）。根据该法律，种子银行政策的主要目标是促进农户生产的植物种类与品种的恢复和保护；促进对可持续农业生态系统至关重要的本地遗传资源的保护；保护农业生物多样性，提升与之相关的文化价值，保护自然遗产；促进乡村组织的发展，以及种子银行的管理和保护传统知识能力的建设。

39.5　政 府 情 况

帕拉伊巴在社区种子银行方面的成功探索经验及随后巴西其他几个州的项目，都有助于说服国会在 2003 年 8 月 5 日通过的《联邦种子法》（10711/2003）中允许使用和繁育本地、传统和克里奥尔种子。将本地物种纳入法律文书以规范巴西的正式种子体系，是农民和社会组织机构施加的强大政治压力所带来的结果（Articulação Nacional de Agroecologia，2012）。

根据第 10711/2003 号法律，本地、传统和克里奥尔品种指的是：

由家庭农民、土地改革定居者或原住民开发、改良或繁育的品种，具有固定的表型特征，获得其各自社区的承认，并且根据农业部的规定，参照社会、文化和环境的描述符，这些品种在本质上与商业品种没有相似性。

法律还规定，"对于家庭农民、土地改革定居者或原住民所使用的本地、传统或克里奥尔品种，并不强制性要求其在国家品种名录中进行登记"。这项条款承认本地品种存在的问题及农民难以满足国家登记要求的现状，尤其是在统一性和稳定性方面。法律还规定"家庭农民、土地改革定居者和原住民，凡是繁育的种子用于彼此间分发、交换或销售的，也不需要在国家种子系统登记"。因此，只要种子的分发、交换和交易是在家庭农民、土地改革定居者和原住民之间进行，就无须进行登记。

撰稿：朱丽安娜·圣蒂利（Juliana Santilli）

参 考 文 献

Agroecologia em Rede. 2010. Bancos de Sementes e as Articulaçõesemdefesa das Sementes da Paixão. Agroecologiaem Rede. www.agroecologiaemrede.org.br/ experiencias. php?experiencia=993, accessed 4 September 2014.

Almeida P and Schmitt C. 2010. Construção de Conceitos e Marcos de Referência de Garantia dos

Direitos dos Agricultoressobre a Biodiversidade. São Luiz: Associação Agroecológica Tijupá.

Articulação Nacional de Agroecologia. 2012. Relatório da Oficinasobre Sementes Crioulas e Políticas Públicas, Brasília, DF, 18 e 19 de setembro de 2012. Relatora: FláviaLondres.

ASA (Articulação do Semi-árido Brasileiro). 2014. Semiárido. Recife, Brazil. www. asabrasil.org.br/ Portal/Informacoes.asp?COD_MENU=105, accessed September 2014.

Dias da Silva E. 2013. Community seedbanks in the semi-arid region of Brazil // DeBoef W, Subedi A, Peroni N, Thijssen M and O'Keeffe E. Community Biodiversity Management: Promoting Resilience and the Conservation of Plant Genetic Resources. London: Earthscan: 102-108.

Packer L A. 2010. Biodiversidade como Bem Comum: Direitos dos Agricultores, Agricultoras, Povos e Comunidades Tradicionais, Curitiba, PR, Terra de Direitos, Organização de Direitoshumanos.

Santilli J. 2012. Agrobiodiversity and the Law: Regulating Genetic Resources, Food Security and Cultural Diversity. London: Earthscan: 102-108.

Santos A, Curado F F, Dias da Silva E, Petersen P and Londres F. 2012. Pesquisa e Política de Sementes no Semiárido Paraíbano: Sementesda Paixão. Aracaju: Embrapa Tabuleiros Costeiros.

Schmidt C and Guimarães L A. 2008. Omercado institucional comoinstrumen to para o fortalecimento da agricultura familiar de base ecológica. Agriculturas, 5(2): 7-13.

第40章 社区种子银行在中美洲适应气候变化中所起的作用

在中美洲，尽管社区种子银行取得了许多成功的经验，其中一些经验也被收录在本书中（见第16章、第17章、第26章和第33章）。但是，它们在保护农业生物多样性、保障粮食安全和适应气候变化方面所做出的重要贡献尚未得到正式的认可。在这方面令人欣喜的进展是近期制定出台的《加强中美洲植物遗传资源保护和利用以调整农业系统适应气候变化的战略行动计划》（Strategic Action Plan to Strengthen Conservation and Use of Mesoamerican Plant Genetic Resources for Adapting Agricultural Systems to Climate Change）（Ramirez et al.，2014）。

该项计划是在2012～2013年制定的，资金来自《粮食和农业植物遗传资源国际条约》的惠益共享基金。来自该区域6个国家的利益相关者，在国际生物多样性中心（Bioversity International）美洲区域办公室的科学指导下，共同参与了该项计划的制定。该计划获得了中美洲部长理事会（The Central American Council of Ministers）的支持，并依照不同的主题来制定章节，主要包括原地/农场和迁地保护、可持续利用、政策和体制等方面。每个章节概述了未来10年将要开展的行动。所有章节都提到了社区种子银行，并将其与一些重要活动相关联。这些活动也反映出社区种子银行作为地方机构，在促进以乡村为基础的多样性保护和可持续利用方面起到的多方面作用及合理性。

战略行动计划的迁地保护部分概述了通过提高效率、促进行动者和机构之间的协作，以及减少重复工作来重建区域保护系统活动。在这种新架构中，社区种子银行在连接正式保护机构和农民方面的作用得到认可，从而可增强系统内植物遗传资源的流动，特别是那些具有适应性特征的植物遗传资源。同时，强调了促进社区种子银行之间进行联系和交换的重要性，包括与没有建立种子银行的社区农民之间的联系。在加强种子系统方面，强调了社区种子银行作为分散储藏库的作用，用于储存适应当地的遗传多样性和农民掌握的传统知识。该计划认可社区种子银行在保护具有显著特征的本地作物和地方品种方面所做出的贡献，并提出将种子银行纳入生物文化领域和传统粮食系统以实现粮食主权、可持续性与健康。

在加强植物遗传资源可持续利用的活动中，这项计划将在气候脆弱型乡村建立社区种子银行和种子储备，提高他们迅速应对环境灾害并恢复地方粮食安全的能力。在介绍政策的章节，认可了为社区种子银行提供制度支持的重要性，正式承认了社区种子银行在保护和利用农业生物多样性、保障粮食安全和适应气候变化方面所起的作用。这一部分还强调了支持社区种子银行与在国家层面实施农民权利立法的相关性。在加强区域能力的行动中，该计划提出在促进社区种子银行建立和提高其管理技术的基础上进一步培训社区及国家机构的专业人员，同时加强其与国家和地方植物遗传资源项目之间的联系。

战略行动计划可能是在跨学科技术和政策行动发展路线基础上，以粮食和农业植物遗传资源为核心，赋予社区种子银行正式作用的第一个区域性文件。下一个关键步骤就是国家决策者能采纳建议，随着气候变化充分发挥乡村在保护、可持续利用和调动地区丰富的农业生物多样性方面的作用。

撰稿：杰亚·加卢齐（Gea Galluzzi）

埃弗特·托马斯（Evert Thomas）

马尔滕·范·宗内维尔德（Maarten van Zonneveld）

雅各布·范·埃滕（Jacob van Etten）

马莱尼·拉米雷斯（Marleni Ramirez）

参 考 文 献

Ramirez M, Galluzzi G, van Zonneveld M, Thomas E, van Etten J, Pinzón S, Beltrán M, Alcázar C, Libreros D, Vay L, Solano W, Williams D, Maselli S, Quirós W, Alonzo S and Remple N. 2014. Strategic Action Plan to Strengthen Conservation and Use of Mesoamerican Plant Genetic Resources for Adapting Agricultural Systems to Climate Change. Rome: Bioversity International. www. bioversityinternational.org/news/detail/an-action-plan-to-conserve-and-use-the-diversity-of-mesoamerica/, accessed 3 September 2014.

第 41 章　尼泊尔社区种子银行的政策和法律

社区种子银行推动了集体的努力以加强传统种子系统，并且促进了高品质种子尤其是本地品种种子的系统化保存、获取、使用、交换和维护。通过推广本地作物品种，尼泊尔的社区种子银行在提高粮食安全和社区恢复力方面有巨大的潜力。然而，如果没有政府的支持和合适的政策，社区种子银行很难进行有效的管理和维持。社区种子银行长期不受政府重视：尽管最近出现了一些积极变化，但总体上得不到政策和法律的支持。这导致传统的种子供应系统受到推广现代品种的正式系统的威胁。因此，要重点审视当前的政策和法律，明确政策局限的根源，并提出未来强化社区种子银行的适宜方法。

通过回顾各种政策文件，我们发现了尼泊尔在社区种子银行的政策、法律、法规和法律框架及行政程序方面存在的缺漏和制约因素。在查阅了关于种子和农业生物多样性保护的主要监管文件后，我们了解到相关政策的利弊。这些文件（经批准或草案版本）包括《国家种子法》（1988 年版和 2008 年修订版）、《种子条例》（1997 年版和 2013 年修订版）、《种子政策》（1999 年版）、《植物品种保护法》（2004年版）、《获取与惠益分享法》（2002 年版）、《2025 年种子愿景》、《农业生物多样性政策》（2007 年版，2011 年修订版和 2014 年修订版），以及《社区种子银行准则》（2009 年版）。

2003 年，非政府组织——地方生物多样性研究与发展计划（Local Initiatives for Biodiversity, Research and Development，LI-BIRD）在巴拉（Bara）的喀淖瓦（Kachorwa）建立了一家种子银行。这是尼泊尔社区种子银行发展的转折点。这个社区种子银行非常活跃，运作良好且不断壮大，是其他案例的学习典范（见第 34 章）。

41.1　《国家种子法》

在 2003 年喀淖瓦社区种子银行成立之前，虽然国家制定和出台的政策与法规没有明确提及社区种子银行，但其中一些条款确实促进了社区植物遗传资源的生产和分配。《国家种子法》（1988 年版）是涉及种子的第一个律法，其中有一条规定，要邀请两名种子企业家、两名种子生产者和农民参与国家层面的种子委员会，为制定和实施种子政策提供现身说法与献策。尽管参与了种子法的草案制定，但2008 年修订的种子法并未提及社区种子银行。

41.2　《种子条例》

1997年，种子质量控制中心（The Seed Quality Control Centre）制定了《种子条例》（2013年进行了修订），作为实施《国家种子法》的有效途径。该条例支持推广通过参与式方法由农民或农民与科学家合作改良的本地品种。这些品种只要满足一些基本的、简单的标准便可进行登记，也给农民登记他们的本地品种提供了机会。社区种子银行在鉴定优良的本地品种，以及以农民个人或团体的名义进行品种登记两方面发挥了重要作用。然而，种子质量控制中心仍需制定出种子质量监控方面的综合指导方针，以确保这项条例顺利实施。如果社区种子银行和国家基因库都能参与这一过程，将会对相关政策的制定非常有益。

41.3　《种子政策》

《种子政策》（1999年版）强调了农民团体的建立、循环基金的支持和管理、偏远地区的种子技术服务和运输补贴。这项政策与社区种子银行直接相关，但迄今为止，相关项目可为其提供支持的资源非常少。

41.4　《植物品种保护法》

《植物品种保护法》（2004年版）承认了在植物新品种开发过程中育种家的努力和农民所拥有的知识与资源的作用。只要农民自己的品种满足特异性、一致性和稳定性的标准，就可以进行登记、控制、繁育和销售。该法还推动了农民培育品种的进出口业务，允许农民销售这些品种以获得酬劳。这项法律允许社区种子银行成员对优良的本地品种进行测试，并用他们自己的名字来命名该品种。例如，喀淖瓦社区种子银行在新品种选育与开发方面发挥了重要作用。

41.5　《获取与惠益分享法》

作为《生物多样性公约》的缔约国，尼泊尔有义务通过制定有关获取与惠益分享的法律，来保护地方社区利用本土知识和植物遗传资源的权利，允许其公平和公正地分享因使用本土知识和植物遗传资源所产生的利益。这项法律的草案于2002年起草，但是止步不前，因为关于原住民权利的相关问题存在争议。该法律草案指出，与遗传资源相关的本土知识属于社区，如果把这些知识用于品种开发，需事先取得村社区的同意。

2013年，遍布全国的社区种子银行决定建立一个网络，讨论保护其权利的策略。

在《获取与惠益分享法》通过之前，这个网络可以对草案中的条款起到重要的支持作用。

41.6　《2025 年种子愿景》

《2025 年种子愿景》是首个对社区种子银行、基因库、以社区为基础的种子繁育、种子繁育者及繁育者群体的能力建设方面做出明确规定的文件，以促进高品质种子的生产和获取。文件也展望了国内袋装种子生产的识别、筹划和发展，强调了私营部门的投资。如果实施得当，这项政策可对国内社区种子银行的发展做出巨大的贡献。

41.7　《农业生物多样性政策》

《农业生物多样性政策》最初制定于 2007 年，并分别于 2011 年和 2014 年进行了修订，是第二个支持种子银行的政策性文件，虽然是含蓄的认可。它关注通过保护、提高和可持续利用农业生物多样性来促进农业发展与粮食安全；保护并推动农业社区在本土知识、技能和技术方面的权利及福祉；为公平、公正地分享由获取和使用农业遗传资源与材料所产生的惠益制定合适的方案。它还促进国际非原生地遗传资源机构、国家基因库、公共和私人国内研究机构、种子繁育者、推广机构与从事在地保护和利用的农民之间的联系。它强调加强传统种子的繁育和分发系统，以保护农民之间的种子交换，改善遗传资源的获取方式。由于会出现种子质量的虚假宣传、出售假种子和盗版农家品种的可能性，这项政策还制定了有关欺诈活动的处罚规定。

41.8　《社区种子银行准则》

《社区种子银行准则》（2009 年版）是一份指导社区种子银行合理规划、实施活动和进行日常监测的综合性文件。该准则关注了那些很难获取种子的人，包括边缘地区、自给自足和受战争影响的家庭与原住民。准则制定了明确的愿景，并概述了各政府机构和非政府组织协调与合作、加强社区的补充作用、能力建设和制定社区赋权计划等方面的策略。该准则已被一些政府机构用于建立及支持多个社区种子银行，但尚未得到广泛传播。

41.9　政策制定和实施不力的主要原因

总体而言，是因为农业科学家对保护农业生物多样性的重要性缺乏认识，尤其是对社区种子银行的重要作用了解不够。社区种子银行的推广仍被视为是一项非政府组织活动。除了在几个地区对特定的种子银行进行过少量的测试工作，政府并未对其给予充分重视。

政府的官僚障碍是科学家试图推动保护工作需要面临的一项严峻挑战。要花费很长时间才能使政府同意立法，然后还要起草、审查、修改并将其批准成为法律。但是，在起草政策之前并没有从农民和基层组织那里征询合适的意见。此外，已通过的法律无法明确或清楚地传达到各个层面，其中的条款和陈述模糊不清、暧昧不明且相互矛盾。政府在签署国际条约前没有事先对相关性开展研究，也没有制定出合适的支持机制。

结果是相关的政府机构和非政府组织对这些政策的认同度非常低，又进一步降低了政策成功实施的可能性。在政府中担任重要决策职位的领导人和管理人员的高流动率也使事情变得更加复杂。尽管尼泊尔的政府机构和非政府组织过去与现在一直在合作（有时候主要是靠私人交往和友谊），但真正的联盟并未建立起来。

41.10　展　　望

尽管几项相关政策均未提及社区种子银行，但它们并不反对农民在保护、使用和分配植物遗传资源并分享由其产生的利益方面的权利。尽管农民可单独行使一些权力，但是以社区种子银行为代表的集体权力的实现仍然是一项挑战。地方社区与相关政府机构和非政府组织共同采取的强有力的治理及集体行动，将有力地推进尼泊尔社区种子银行的发展（插图 28）。机构间强有力和持续性的合作对于促进植物遗传资源与相关知识的交换十分必要。

撰稿：帕舒帕蒂·乔杜里（Pashupati Chaudhary）

拉沙娜·德夫科塔（Rachana Devkota）

迪帕克·乌帕德亚伊（Deepak Upadhyay）

卡迈勒·卡德卡（Kamal Khadka）

第42章　墨西哥的社区种子银行

42.1　就地保护策略

墨西哥的第一个社区种子银行建立于 2005 年，作为国家就地保护战略的一部分，为受自然灾害影响的农民提供支持。瓦哈卡州（Oaxaca）的社区种子银行（见第 23 章）和"种子篮网络"（Seed Basket Network）下的几个种子银行是第一批建立的社区种子银行。如今，墨西哥全国已有 25 个社区种子银行（插图 29），它们以其所在社区命名（表 42.1）。所有社区种子银行均被纳入墨西哥国家粮食与农业植物遗传资源系统（The Sistema Nacional de Recursos Fitogenéticos para la Alimentación y la Agricultura，SINAREFI）下的保护中心网络，由国家种子检验和认证服务部门负责协调。目前，这两家机构共有 7 名研究人员负责与 663 位种子繁育者合作，协调种子银行的运营工作。

表 42.1　墨西哥 25 个社区种子银行保护和使用的主要作物

村社	育种者人数	协会数量	主要作物（品种名称）
圣·阿古斯丁·阿马滕戈	40	152	玉米（Zapalote chico）、豆类、南瓜
圣·赫罗尼莫·科亚兰	40	79	玉米（Olotillo、Tepecintle、Tuxpeño、Zapalote chico），豆类，南瓜
圣·卡塔里娜·朱基拉	40	113	玉米（Conejo、Olotillo、Tuxpeño）、豆类、南瓜
圣·米格尔·德尔·普埃尔托	40	75	玉米（Comiteco、Mushito）、豆类、南瓜
圣·佩德罗·科米坦西略	40	105	玉米（Conejo、Olotillo、Pepitilla、Tepecintle、Tuxpeño）、豆类，南瓜
圣·玛丽亚·贾尔蒂安吉斯	40	290	玉米（Bolita、Pepitilla）、豆类、南瓜
圣地亚哥·亚伊特佩科	40	122	玉米（Bolita、Cónico、Elotes occidentales、Nal-Tel de altura、Olotón）、豆类、南瓜
圣·玛丽亚·佩诺莱斯	40	无数据	玉米（Bolita、Chalqueño、Cónico、Elotes cónicos、Olotón、Serrano、Tepecintle、Tuxpeño）、豆类、南瓜
圣·安德烈斯·卡韦塞拉·努埃瓦	40	无数据	玉米（Chalqueño、Cónico、Elotes cónicos、Tuxpeño、Olotillo、Conejo）、豆类、南瓜
普特拉·维利亚·德·格雷罗（1）	40	无数据	玉米（Conejo、Olotillo、Tuxpeño）、豆类、南瓜
恰帕·德·科尔索	40	85	玉米、豆类、南瓜
维利亚弗洛雷斯	40	60	玉米、豆类、南瓜

续表

村社	育种者人数	协会数量	主要作物（品种名称）
克索伊	4	12	玉米（Dzit Bacal、Nal-tel），豆类，南瓜
亚克斯卡瓦	3	50	玉米（Dzit Bacal、Nal-tel），豆类，南瓜
米尔帕·阿尔塔	3	50	玉米（Cacahuacintle、Chalqueño）
博科伊纳	14	25	玉米（Apachito、Azul、Cristalino de Chihuahua、Gordo、Palomero）
普特拉·维利亚·德·格雷罗（2）	22	22	番茄、生菜、菠菜、豆类、玉米、胡萝卜、豌豆、南瓜
奎尔纳瓦卡	20	21	番茄、生菜、菠菜、豆类、玉米、胡萝卜、豌豆、南瓜
克索奇塔兰·德·比森特·苏亚雷斯（奇夸森夸特拉）	20	23	番茄、生菜、菠菜、豆类、玉米、胡萝卜、豌豆、南瓜
休达·阿库尼亚	18	22	番茄、生菜、菠菜、豆类、玉米、胡萝卜、豌豆、南瓜
特佩特利克斯帕	13	41	番茄、生菜、菠菜、豆类、玉米、胡萝卜、豌豆、南瓜
阿梅卡梅卡（圣·佩德罗·内克萨帕）	6	27	番茄、生菜、菠菜、豆类、玉米、胡萝卜、豌豆、南瓜
阿梅卡梅卡（巴里奥·德尔·罗萨里奥）	27	83	番茄、生菜、菠菜、豆类、玉米、胡萝卜、豌豆、南瓜
阿特拉科穆尔科	15	199	玉米（Cacahuacintle、Celaya、Chalqueño、Cónico、Reventador、Tabloncillo、Tepecintle、Toluqueño）
克索奇塔兰·德·比森特·苏亚雷斯（索亚特克潘）	41	53	南瓜
合计	686	1709*	

* 未计算特有品种数量。

社区种子银行的主要功能：①就地保护本地的作物多样性；②在各农业生产周期到田间遴选种子，保证后续周期的种子供应；③推动种子银行成员和非成员之间的种子交换；④繁育面临威胁或濒危品种的种子；⑤参与地方、州级和国家层面组织的种子市集；⑥协助或指导种子保护和繁殖方面的相关培训活动；⑦维持种子银行库存，确保自然灾害后能恢复作物生产。

由于墨西哥作物种类繁多，因此，尽管种子银行重点关注小型家庭农场或栽培地种植的作物（即玉米、豆类、南瓜、辣椒等）（插图 30），但种子银行保存有大量的物种。种子篮网络下的种子银行为一个有机农业推广项目的组成部分，主要针对本地和引进的园艺作物，确保社区在自给自足的情况下也能有多样性的食物（表 42.1）。参与者多参与作物的改良实践和提高作物产量的活动。

由 SINAREFI 建立的各种子保护中心将种子样本储存在 25 个可控温控湿的社

区种子银行中。这些样本被用于研究多样性、形态特征和对生物与非生物因素的耐受性，同时评估其质量。

SINAREFI 还制定了材料转移协议，要求依据该协议来获取种质和交换品种。社区种子银行中的部分材料被用于参与式植物育种过程，以消除不良特性，并关注产量和病害耐受性的培育。例如，瓦哈卡州的 Bolita 和 Mixteco，墨西哥州的 Chalqueño 和 Cónico，以及瓜纳华托州的 Elotes Occidentales 都是通过参与式植物育种获得的品种。

42.2　治理和管理

多数情况下，由每个种子银行的育种者选出代表组建委员会，来负责种子银行的管理、种子交换、库存更新、保证充足储备、安排工作会议，以及联系项目指导机构。委员会制定种子使用的标准。通常，储存的种子不仅供成员使用，还可对其所在社区或周边社区的农民开放，具体准则由委员会制定。种子全年供应，但大多数的交换发生在种植季之前。由于各社区均拥有自己的职权制度，因此各种子银行的管理程序不尽相同。

种子篮网络下的种子银行包括中心节点、区域种子银行、社区种子银行和家庭蔬果园。中心节点保存家庭蔬果园所有材料的样本，复本则保存在 SINAREFI 的保护中心。网络参与者根据每个家庭和社区的需求获得初始种子储备。这份储备足以建立家庭蔬果园，繁育出的首批种子将送还给种子银行保存。

社区种子银行保存的各种种子数量依据各育种者提供的数量而各不相同。除了各种子银行保存的样本，每位农民还需自留一定数量的种子（相当于下次种植所需的数量）。如果依据霜冻、冰雹、飓风或干旱等事件的发生频率预计会有较高的损失风险，则储备量将会是种植所需数量的 2～3 倍。为了保证发生自然灾害时能够立即获得种植材料，到下一季作物收获前都不会使用储备的种子。大多数参与种子繁育的农民的种植规模不到 3hm^2，这意味着他们平均会在家自留 20～60kg 玉米、20～40kg 豆类和 1～2kg 南瓜的种子。尽管各种子银行的具体种子数量有所不同，但在社区种子银行中一名农民通常会大约存储 3kg 玉米、2kg 豆类和 500g 南瓜的种子。社区种子银行中的每种登记品种都记录了由农民提供的数据，如植株和果实特征、适宜种植范围、最佳种植日期、传统用途和农艺优势等。

每年，社区种子银行的成员都要更新种子储备，以保证种子活性。不同作物的种子均从田地的中心地块优选出，避免受到邻近农户种植品种的污染。收获后，种子被干燥至含水量为 10%，然后清洁并去除杂质。最后，它们会被储存在不同规格的密封容器中。所有农民均在社区种子银行委员会和支持专家的指导下参与种子处理。

负责各社区种子银行的专家制定电子表格，来记录存储在社区种子银行的种子的信息。记录的信息包括：种子的基本资料，农民列出的特征信息，以及专家在描述材料特征时观察到的形态特征。还有一个重要的信息是种子的可及性。社区种子银行中材料的种植基本资料目前正被转移至 SINAREFI 的 Germocalli 平台，各个社区种子银行在国家保护中心网络下使用这个平台。

SINAREFI 协同参与社区种子银行的活动，也会参与由社区种子银行与植物遗传资源保护机构共同组织的地方、州级和国家层面的种子市集，提高农民通过种子银行保护多样性的意识。市集同时为农民分享经验和感兴趣的材料提供平台。负责或支持社区种子银行的专家和研究人员在田间设立示范区，展示不同本地品种的优良特性。培训活动强调保护和改善种子处理的方法，以及促进生产的生态农业实践。

社区种子银行中很大一部分工作由女性农民完成。女性农民参与了从遴选、保存、交换到使用种子的所有种子银行的活动，她们也是管理委员会的成员。她们比男性更愿意参加种子市集、课程培训和制作传统菜肴。

42.3　机构联系和支持

作为保护国家植物遗传资源战略的组成部分，社区种子银行通过 SINAREFI 的项目获得资金支持。目前，墨西哥的保护中心网络由 5 家正常型种子保护中心（正常型种子指非原生境条件下能在干旱或霜冻环境中存活的种子）、3 家顽固型种子保护中心（顽固型种子指非原生条件下无法在干旱或霜冻环境中存活的种子，如鳄梨和芒果的种子）、一个基础收集中心、19 个运行收集中心和 25 个社区种子银行构成。种子篮项目以综合网络的方式管理，是该战略的一个组成部分。建立和维护社区种子银行的年度预算为 115 000 美元。每家负责社区种子银行项目的机构将获得物资、人员、基础设施和车辆方面的资金支持，用于跟进育种者的活动。除了国家遗传资源行动计划（The National Action Plan for Plant Genetic Resources）建立的这一结构，保护、管理和使用遗传资源的立法也在制定中。这些法律将进一步加强社区种子银行与体制结构之间的联系。

42.4　成就和展望

迄今为止，在 9 个州建立的 25 个社区种子银行中，共有 600 名生产者参与活动并直接获益，这些生产者主要集中在自然灾害风险最大的区域。社区种子银行拯救了对风、干旱、病虫害具有耐受性的宝贵材料。一些本地品种具有满足传统或工业用途的卓越营养品质。瓦哈卡州的社区种子银行通过与社区内及其他种子银行的育种者交换品种而增加了种子的多样性。一些野生物种得到了挽救：其中一个例子就是玉米品种 Teocintle（*Zea mays* ssp. *parviglumis*），此外还有豆类的野生近缘种。社区种子银行在提高公众对保护本地物种重要性的认知方面发挥了关键作用。在种子市集上，成员还可因其作物的多样性和质量，以及他们使用这些品种制作出的产品而获得嘉奖。

除巩固现有的各社区种子银行外，国家保护战略还设想在种子银行之间建立电子通信网络，以促进种子交换和经验交流，或至少要保证种子银行负责人之间的种子交换及经验交流。另一目标则是继续推动各级种子市集，推动所有利益相关方参与，并在他们之间建立联系。还有计划研究在国内建立新社区种子银行的可行性，并会优先考虑原住民社区和麦士蒂索人居住的地区，因为他们保存了较高的植物多样性和很多受到威胁的物种，此外还会优先考虑那些易受自然灾害影响的地区。

未来的可持续发展策略是提高农民对种子重要性的认知，并帮助他们从保护工作中获得实际的利益。社区种子银行还必须获得法律承认。未来，为保护活动提供支持的一个选择是建立生产者合作社，加强由种子银行网络保护的本地品种的传统产品的销售。

42.5　致　　谢

本章节的作者特别感谢以下人员：路易斯·安东尼奥·齐博·阿吉拉尔博士（Luis Antonio Dzib Aguilar）（查平戈大学）、因赫涅罗·霍埃尔·帕迪利亚·克鲁斯（Ingeniero Joel Padilla Cruz）（联邦区玉米产品系统）、因赫涅罗·奥斯瓦尔多·巴尔德马·佩雷斯·奎瓦斯（Ingeniero Osvaldo Baldemar Pérez Cuevas）（奇瓦瓦州国家种子检验和认证局）、瓜达卢佩·奥尔蒂斯-莫纳斯泰里奥·兰达（Guadalupe Ortíz-Monasterio Landa）（种子篮网络）、因赫涅罗·埃韦拉多·略韦拉·戈麦斯（Ingeniero Everardo Lovera Gómez）（墨西哥州玉米生产者联合会）和德利亚·卡斯特罗·拉腊（Delia Castro Lara）（墨西哥国立自治大学）。

撰稿：卡林娜·桑迪贝尔·薇拉·桑切斯（Karina Sandibel Vera Sánchez）
罗莎琳达·冈萨雷斯·桑托斯（Rosalinda González Santos）
弗拉维奥·阿拉贡-奎瓦斯（Flavio Aragón-Cuevas）

第 43 章　南非社区种子银行的新起点

43.1　以就地保护补充迁地保护

南非的小农种子系统面临的压力越来越大。干旱、作物歉收、储存条件差和贫困等因素都对农民可获得的种子数量和植物品种数量造成了不利影响。此外，由于农业现代化，越来越多的农民购买现代种子，使得本地适应品种及与选种和储存种子相关的传统知识与技能逐渐丧失。

为扭转这一趋势，南非的农业、林业和渔业政府部门考虑将社区种子银行作为强化非正式种子体系的手段，支持保护传统农家品种，维护地区和乡村种子安全。在各项重点之中，《针对粮食和农业用途的遗传资源的保护与可持续利用发展战略》（The Departmental Strategy on Conservation and Sustainable Use of Genetic Resources for Food and Agriculture）提出要对粮食和农业植物遗传资源同时开展就地保护与迁地保护。

南非拥有完善的迁地保护机构——国家植物遗传资源中心（The National Plant Genetic Resources Centre，NPGRC）。植物的种质材料均保存于此。该中心近期也将社区种子银行纳入其工作范围，作为促进农场管理和保护战略的一部分。为完成这项任务，NPGRC 认为关键的一步是加强一线员工的能力建设。而这种能力建设应通过加强非正式种子系统、支持保护传统农家品种和维护种子安全以赋权于农民来实现。NPGRC 与国际生物多样性中心（Bioversity International）联合制定出建立和支持社区种子银行的计划。在此之前，NPGRC 在国内两个小农地区建立社区种子银行的努力都没有成功。

首先是对位于东北部林波波省（Limpopo）的穆塔尔（Mutale）和位于东南部东开普省的斯特克斯普鲁特（Sterkspruit）这两个小农农业地区进行评估（Vernooy et al.，2013）。这项研究的目标是为以下问题找到答案。

- 农民还在从事种植本地品种活动的程度？
- 影响作物和作物品种选择的主要因素是什么？
- 多样性是否正在丧失？
- 农民是否受到气候变化的影响？如果是，他们是如何做出回应的？
- 农民是在农场还是社区层面保存种子？
- 农民是否交换种子？与谁交换，在何时并以何种方式进行交换？
- 农民的种子保存和交换做法是否有变化，如何变化？

• 农民如何看待社区种子银行？

为回答这些问题，评估小组组织了种子市集（插图 31），对作物的使用情况进行了历史分析，对作物和作物品种种类进行了四象限分析，绘制了种子网络地图，还开展了农民调查（详情请参阅 Sthapit et al.，2012）。

43.2　恢复本地种子系统

这两个地区的农民都是在降雨稀少等恶劣的环境下生活和劳作，两地往返主要的市场都交通不便，同时东开普省的山区寒冷多风。但是，农民仍然居住于此。他们种植粮食大多是为维持生活，不过还是成功地生产出少量盈余可拿到市场上出售。作物及品种多样性与多种畜牧业（牛、绵羊和山羊）实践相结合是他们的农业系统和生存核心。在这两个地区，大多数家庭在大块土地上种植几种主要作物（白玉米和黄玉米、白高粱和谷子；在林波波省还有落花生），以及在小块土地上种植多种作物（南瓜、大豆、豇豆、马铃薯、甜瓜、葫芦和烟草；林波波省还有多种水果和蔬菜）。玉米、高粱和甜瓜的品种多样性相对较高，其他作物则较低。据农民说，他们还曾尝试过许多玉米和豇豆的现代品种，但它们在恶劣的环境下均表现不佳。

传统作物和品种是农民生计的命脉。无论男女，农民对维护多样性所给出的主要理由：好吃和营养（农民口中使用的词语翻译过来是"强大"的意思）、易于制作传统菜肴、抗旱、抗病虫害、生长周期短、投入低、可长期储存，以及传承和间作性良好。然而，在过去几十年中，已经有多种作物和作物品种消失，或是难以寻觅到它们的种子。农民可选择的作物种类有限，而这方面的相关研究也很少。农民认为这是因为干旱年份增多，传统品种被现代品种代替（玉米），以及年轻一代对农业失去了兴趣。

虽然种子网络的组织因村庄不同而异，但是传统种子的交换仍然在这两地占主导地位。不过，从其他农民、街头小贩或合作社购买少量种子的行为也很普遍。在几个村庄，种子网络活跃而强大，有许多人参与捐赠和接收种子的活动。但在大多数的村庄中，种子网络不活跃，只有少数人进行交换，或是交换行为仅局限于少数几个农民之间。种子交换大多是在家庭、朋友和教会成员之间发生，且多数发生在同一村庄内。在林波波省，很多男性到非农业地区工作，女性才是种子网络的主要参与者；而在东开普省，男性则占主导地位。当农民被问及是否有兴趣建立社区种子银行，强化村级和省级的种子保护与交换时，两个地方的农民反应都很积极（阅读框 43.1）。

阅读框 43.1　农村妇女的观点

针对林波波省贡布（Gumbu）村 4 名女性农民的访谈显示，村里多数农民种植的蔬菜比粮食多。她们说自己保存了很多种类的多个品种，因为这些都是从她们的父母手里传下来的。她们说，作物主要供家庭消费；她们对这些品种很满意，还能让她们出售部分产品来赚取额外收益；种子和树叶也被用于装饰与文化庆典；此外，稀有物种能适应当地的天气和土壤条件。尽管有一些农民在种植稀有品种，但农场中的作物多样性并不高。据这些女性农民说，主要是在家庭内部和教会成员之间交换种子。信任是种子交换的关键。不过，她们也欢迎与来自不同社区和有不同文化背景的农民交换种子，并对制定以社区种子银行为基础的保护策略感兴趣。

43.3　推进发展的决策支持框架

根据研究结果，研究团队开发出一个框架，用于评估两个地区建立社区种子银行的可行性。这个框架共包含 14 个因素（表 43.1）。

表 43.1　决定建立社区种子银行应考虑的因素（改编自 Vernooy et al.，2013）

农民的兴趣

农民的领导力

对作物多样性下降状况的反应能力

对现有种子交换方式进行拓展的可能性

种子的可获取性

受益人数

将社区种子银行活动与作物改良相联系的可能性

应对气候变化对地方农业系统影响的潜力

具备发展成为涉及面更广的乡村发展机构的潜力

可以获得完善的技术支持

可以获得本地人力资源来动员人们和推动初始步骤

以低成本维护功能性设施的可行性

创造有利的政策和法律环境（激励、奖励、认可）

与国家基因库和研究机构建立联系的可能性（种子交换、合作）

将这一框架付诸实践后，为在每个地点建立由农民主导的社区种子银行试点提供了建议。研究小组建议社区种子银行重视农民的反应、支持性推广机构的参与，以及它们与农业、林业和渔业部门、国家基因库及研究机构建立联系的可能性。

　　过去，曾有人提议要求为每个种子银行制定为期 3 年的初始管理和监测计划，并支持开展计划的活动，确保各种子银行不会孤立运行，而能发展成为社会学习和乡村发展的平台。通过这样的平台，南非政府可提供奖励，如嘉奖对维护传统作物和维持品种多样性做出最大努力的农民；支持举行多样性市集，将不同来源（如市政、村庄、其他省份和国家基因库）的种子拥有者和需求者聚在一起；提供改善种子管理和繁育的装备等。

撰稿：罗尼·魏努力（Ronnie Vernooy）

布旺·萨彼特（Bhuwon Sthapit）

马比章·安杰利内·迪比洛恩（Mabjang Angeline Dibiloane）

恩卡泰·莱蒂·马卢莱克（Nkat Lettie Maluleke）

托夫霍瓦尼·穆科马（Tovhowani Mukoma）

塔博·芝卡纳（Thabo Tjikana）

参 考 文 献

Sthapit B, Shrestha P and Upadhyay M. 2012. On-farm Management of Agricultural Biodiversity in Nepal: Good Practices. Rome: Bioversity International; Pokhara: Local Initiative for Biodiversity, Research and Development; Khumaltar: Nepal Agricultural Research Council.

Vernooy R, Sthapit B, Tjikana T, Dibiloane A, Maluleke N and Mukoma T. 2013. Embracing Diversity: Inputs for a Strategy to Support Community Seedbanks in South Africa's Smallholder Farming Areas. Rome: Bioversity International; Pretoria: Department of Agriculture, Forestry and Fisheries, Republic of South Africa. www.bioversityinternational.org/uploads/tx_news/Embracing_diversity_inputs_for_a_strategy_to_support_community_seedbanks_in_South_Africa%E2%80%99s_smallholder_farming_areas_1698_02. pdf, accessed 3 September 2014.

第 44 章　结语：展望未来

本书总结了过去 30 年来社区种子银行在全球的推广情况及所取得的显著成绩，为此我们感到非常自豪。但同时我们发现社区种子银行存在一些共同挑战和不足，并针对下一步的前进方向提出了一些至关重要的想法。概括而言，我们提出了未来社区种子银行发展的 3 种可能情景，以供参考和行动。

44.1　与目前情况类似

第一种情景是未来社区种子银行的发展与今日类似，差异不大。社区种子银行的发展会起起落落，在开始发展社区种子银行的国家中，社区种子银行的数量可能会增加，但在早先社区种子银行迅速发展起来的国家中则数量可能会减少。尽管国际性发展资金支持减少很可能会对目前社区种子银行得到的支持水平产生负面影响，但是外部机构的支持对于社区种子银行的发展也是一个重要的推动因素。不过，这可能导致提供支持的组织没有足够的时间来了解当地情况并根据社区的需求和兴趣建立社会与人力资本。当社区种子银行在当地筹集资金（如通过村社管理基金）或者从资助机构获得资金支持的时候会面临新的挑战。少数新建立社区种子银行的国家将通过具体的政策条款或国家保护战略制定机构支持战略。在少数几个国家，现有或新兴网络将得到巩固。但在有些国家，由于缺乏认可、资金和技术支持薄弱、与研究机构和国家基因库等其他行动者难以建立有效合作，社区种子银行要想获得以上支持将很困难。世界各地社区种子银行之间的联系将仍然非常少。

44.2　走上制度化道路

第二种情景描绘了一种强有力的制度化路径。本书中介绍的多个社区种子银行已经按照这种方案进行了探索。在许多国家和国际社会上，基于社区的农业生物多样性保护制度框架已取得了进展。在这个过程中，在外部机构的技术支持下，社区种子银行将寻求与国家基因库，甚至是国际基因库互动，建立强大、动态和资金充足的国家系统，并与国际层面的基因库紧密相连。通过这一系统，社区种子银行将成为全球保护和交换系统的一部分，获得机构的认可，并得到长期充足的技术和资金支持。社区种子银行将形成一个国际"联盟"，分享知识和经验，并共同发声。社区种子银行将不仅在种子管理方面积极参与该系统，而且会涉及种子研发、种子政策和法律、农民权利的相关问题。该系统将针对提供种子和获得种子等的相关问题，以共同商定的规则和条例作为基础，实现非货币性和货币性的惠益分享。在如《粮食和农业植物遗传资源国际条约》和《生物多样性公约》的《名古屋议定书》等国际协议下，整个系统将在国家层面和国际贸易组织的扶持性政策与法律环境中运作。正如国际协议所预期的那样，社区种子银行将成为本地农民获取种子和互惠受益的重要途径。

44.3　走向开源性种子系统

第三种情景是引导在全世界建立和发展开源性种子系统。这是一个更具探索性的场景。虽然种子系统资源开放的想法并不新鲜（如 Kloppenburg，2010），但相关的实际操作非常少见（2014 年，美国明尼苏达州的开源种子计划开始小规模运作，参见 www.opensource seedinitiative.org/about/）。

为了使形成全球开源性种子系统成为现实，一是需要社区种子银行之间及其与其他种子行动者之间有良好的合作；二是需要创造一个支持性的（至少是非阻碍性的）政策和法律环境。开源性种子系统的形成将基于如下原则：如果不存在基于（私人）垄断产权的获取和使用限制，则可以实现利益最大化。其基本逻辑是农民既是技术的使用者又是技术的创新者，正如种子繁育中所体现的那样。这样的系统旨在促进试验、创新，以及共享、交换、使用或再利用种子。

开源性种子系统并不一定意味着对所有人都是免费的，而是在一个创造性的公共领域内，在开源性许可（OSL）或一般公共许可（GPL）协议下，管理、获取和使用资源。开源模型可用于植物新品种的开发，或者其他农业、农业机械、信息与知识共享的任何产品。例如，在植物育种中，任何现有的或新开发的品种都可以根据 OSL/GPL 或类似文件明确列出权利和主张。

为实施这种模式，社区种子银行必须得到授权，并可以作为协调机构或联络点，将农民、植物育种家、基因库管理者和其他人聚到一起团结起来实现以下领域的目标：①作为保护农业生物多样性，以及组织种子交易会、参与式种子交换及社区种子繁育和分发的地方组织，社区种子银行需要合法化；②通过提供可用的稀有独特的当地品种来保护和恢复现存品种；③通过参与式品种选择，为现有品种的种植和利用创造附加值；④通过参与式植物育种开发新的品种，并提供新的多样性，以应对灾难并强化农民的选种技能。

通过提高人们对保护农业生物多样性必要性的认识和关注度，这种情景可以得到当地资源的大力支持。一些国际性的惠益分享基金将成为社区种子银行的坚定支持者，可能会进一步对政府制定的支持社区种子银行的政策产生积极影响。

撰稿：罗尼·魏努力（Ronnie Vernooy）

布旺·萨彼特（Bhuwon Sthapit）

潘泰巴尔·施莱萨（Pitambar Shrestha）

参 考 文 献

Kloppenburg J. 2010. Seed sovereignty: the promise of open source biology // Wittman H, Desmarais A A and Wiebe A. Food Sovereignty: Reconnecting Food, Nature and Community. Halifax: Fernwood: 152-167.